스파이크

스파이크

마크 험프리스 지음 | 전대호 옮김

뇌를 누비는 2.1초 동안의 파란만장한 여행

SPIKE

해나무

　뉴런, 그러니까 뇌를 구성하는 800억 개가 넘는 신경세포는 뭘 하
는 녀석들일까? 일단 이들의 소통 언어는 전기 신호다. 도파민, 세로
토닌, 아세틸콜린 등 신경전달물질이라 불리는 수많은 화학물질이 분
비되지만, 정작 전기 신호를 만들어내지 못하면 인지와 사고에 아무
런 기여도 하지 못한다. 모든 뉴런은 전기 신호를 주고받으면서 대화
하고 정보를 처리한다.

　뉴런은 근처 뉴런들로부터 자극을 받으면 가지돌기를 통해 아날로
그 신호를 발생시켜 세포체로 전달하고, 그 크기가 역치값을 넘으면
다시 펄스 형태의 신호를 만들어낸다. 이것이 바로 '스파이크'다. 축
삭돌기를 따라 전송되는 스파이크는 시냅스를 통해 다음 신경세포에
아날로그 신호를 만들어내는 데 기여한다. 결국 뇌란 아날로그 신호
를 스파이크 형태의 디지털 신호로 바꾸고 다시 그것을 아날로그 신
호로 바꾸면서 '정신'이라는 놀라운 현상을 만들어내는 뉴런들의 복
잡한 네트워크다. 따라서 뇌과학자란 '스파이크'로 대표되는 뉴런의
전기 활동이 어떻게 마음을 표상하고 정신을 만들어내는가를 탐구하

는 학자들인 셈이다.

　이 책은 스파이크가 어떻게 뉴런들 사이를 돌아다니며 정보를 코딩하고 바깥 세계를 표상하며 마음과 정신을 형성하는가를 흥미진진하게 다룬 신경과학 입문서다. 스파이크가 만들어지는 과정을 수학적으로 모델링하고 신경생리학적으로 밝혀낸 앨런 호지킨과 앤드루 헉슬리가 노벨상을 받았던 만큼, 스파이크의 본질을 밝히고 해석하는 것은 모든 신경과학자들의 꿈이다. 따라서 스파이크의 근원을 파악하는 것은 뇌의 본질을 이해하는 것과 같다.

　이 책의 매력은 스파이크라는 현상을 통해 신경과학의 기초에서부터 최신 연구 결과들을 마치 소설처럼 흥미롭게 이야기 형식으로 풀어놓았다는 점이다. 특히나 '스파이크가 정보를 코딩하는 방식이 타이밍이냐 빈도냐'를 놓고 수십 년째 논쟁하고 있는 신경과학자들의 담론을 다룬 대목에선 탁월한 비유로 알기 쉽게 서술해놓아 깜짝 놀랐다. 뇌과학 책들이 대개 거시적인 인지에 초점을 맞춘 데 반해, 이 책은 뇌 활동의 가장 중요한 기본 단위인 스파이크의 관점에서 '정보처리 기관으로서의 뇌'를 기술하고 있다는 점에서 각별히 소중하다. 뇌의 본질이 궁금한 독자들에게 이 책은 수많은 스파이크들을 쏟아내게 할 것이다.

정재승(KAIST 바이오및뇌공학과 교수, 융합인재학부장)

스파이크는 뇌의 작동 방식을 직접 바라볼 수 있는 창문이다. 우리는 이 창문을 통해 전압 펄스의 생성과 전달 과정의 관점에서 뇌의 작용을 조망한다. 감각, 기억, 느낌, 의식은 모두 신경세포에서 만들어진 전압 펄스가 작용한 결과이다. 이 책은 뇌 속 전압 펄스의 작용을 '자발적 스파이크'로 설명한다. 뇌가 감각 정보를 부호화하는 방식은 지금껏 두 가지 이론, 즉 스파이크의 개수로 표상하는 '개수 방식'과 스파이크의 타이밍으로 표상하는 '시간 방식'으로 설명되었다. 일부 뇌 영역이 개수 방식과 시간 방식으로 작동하긴 하지만, 대부분의 영역에서는 신경세포 집단의 연결 회로가 감각 입력과 무관하게 자발적 스파이크를 항상 생성하고 있다. 저자 마크 험프리스의 핵심 이론은, 외부 자극에 의해 촉발된 스파이크보다 신경 집단에 의한 자발적 스파이크가 압도적으로 많으며 이 작용에 뇌 에너지의 대부분이 사용된다는 것이다.

저자는 자발적 스파이크가 하는 일이 바로 '예측'이라고 주장한다. 외부 입력과 무관하게 항상 존재하는 자발적 스파이크들은 우리가 태어나면서부터 뇌 속 신경연결망이 외부 자극에 따라 스파이크를 방출하여 자연환경을 지속적으로 부호화한 결과이다. 이렇게 만들어진 자발적 스파이크는 우리가 생존해야 하는 환경의 예측 신호로 사용된다. 바로 지금 이 순간 우리에게 들어오는 감각 입력은 자연에 대한 예측값에 오류가 발생할 때 신호를 보정하는 역할만 한다. 우리가 세계를 즉시 지각하는 이유는 감각이 입력되기도 전에 자발적 스파이크를 통해 세계에 대한 모형이 항상 작동되고 있기 때문이다. 이 책의 결론은 자발적 스파이크가 바로 우리 자신이라는 것이다. 신경세포 집단이 생성하는 자발적 스파이크들이 끊임없이 예측 신호 스파이크를 방출한다. 우리는 항상 예측하고 있으므로 행동하고 선택할 수 있다. 감각 신호가 들어오기도 전에 이미 예측하고 있으므로 세상을 즉각 알아차린다.

이 책에서 설명하는 시냅스 실패, 암흑뉴런, 자발적 스파이크는 최근들어 서서히 드러나기 시작한 뇌 작용의 새로운 측면들이다. 시냅스 실패는, 학습한 내용에서 공통점을 범주화하는 인간 뇌의 일반화 능력과 관련된다. 스파이크를 생성하는 뉴런보다 침묵하는 암흑뉴런이 훨씬 많아서 뇌가 입출력의 균형을 유지하고 에너지 효율이 고도로 높아진다는 저자의 설명은 신경 시스템을 새로운 관점에서 보게 해준다.

신경세포 집단이 스파이크를 생성하고 전달하는 과정을 통해 인간은 생각하고 행동하고 말한다. 생각하는 존재로서 인간을 이해하는 바탕에는 신경세포가 스스로 생성하는 스파이크가 있다. 쿠키 한 조각을 향해 손을 내미는 2.1초 동안 벌어지는 뇌의 작용은 스파이크가 만들어내는 기적같이 놀라운 세계이다. 이 책은 신경세포가 생성하는 스파이크에 올라타 질주하면서 감각 입력에서 운동 출력까지의 뇌 작용을 구체적으로 살펴볼 수 있는 매우 드문 책이다.

이런 책은 항상 곁에 두고 찬찬히 읽고 싶다.

박문호(《뇌, 생각의 출현》《박문호 박사의 뇌과학 공부》 저자)

닉, 애비, 세스에게 바칩니다.

차례

추천의 말 · 5

1장   우리는 스파이크다 · 13

2장   있거나 아니면 없거나 · 33

3장   군단 · 65

4장   세 갈래 길 · 99

5장   실패 · 139

6장   암흑뉴런 문제 · 165

7장   스파이크의 의미 · 193

8장   운동 · 237

9장   자발성 · 261

10장   단지 한순간 · 281

결말   스파이크의 미래 · 317

감사의 말 · 339

주 · 341

찾아보기 · 397

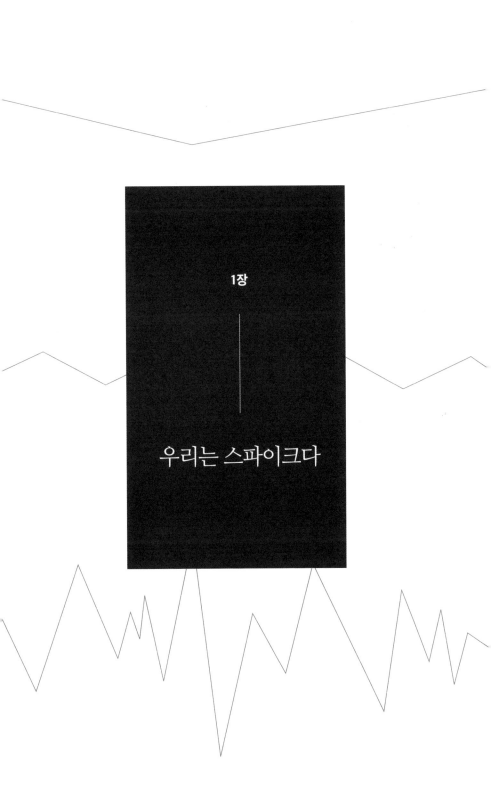

1장

우리는 스파이크다

스파이크의 등장

늦은 오후는 악마의 시간이다. 24시간 주기의 리듬이 가라앉는 것과 무심코 점심으로 먹은 핫도그와 후무스가 소화되는 과정이 겹치면서 정신이 멍해지고 낮잠이 쏟아진다. 그러나 10분 후 회의실에서 전체 회의가 열린다. 이미 경험해서 알듯이, 거기에서 요란하게 코를 골아 "항상 기뻐하라"가 아니라 "항상 코딩하라"로 요약되는 사장의 연설을 끌어내서는 안 될 일이다. '뭘 좀 먹자.' 내면이 말한다. 맞은편 책상 위 상자 안에 생강과 배와 초콜릿을 첨가한 수제 쿠키가 들어 있다. 남아프리카 시각으로 오전 10시에 예정된 그곳 사무실과의 전화 회담을 위해 디트리히가 준비한 간식이다. 묘하게 맛있고 확실히 유혹적이고 때를 놓치면 실망하게 될 쿠키다.

안 돼, 잠깐. 바삭한 쿠키의 둥근 윤곽선을 눈이 흘끗거린다. 딱 한

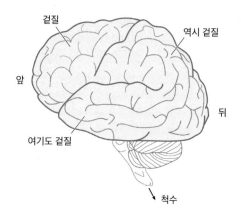

그림 1-1 인간 뇌의 기본적인 해부학적 구조. 뇌의 바깥면은 대부분 겉질이다.

개 남았다. 동료들의 위치를 파악하기 위해 주위를 둘러보고 '먹어도 될까?' 하고 생각하는 동안, 뇌가 불꽃을 일으키며 살아난다. 잠시 머뭇거리며 윤리적 딜레마를 숙고하고, 더 중요하게는 아무도 이쪽을 보고 있지 않음을 확인한 후 손을 뻗는다.

그 짧은 시간 동안 우리의 뇌는 전기 활동으로 분주하다. 생명에 필수적인, 은밀히 쿠키를 획득하는 전기 활동이다. 왜냐고?

우리의 뇌는 소통을 위해 전기를 사용한다. 신경세포 각각, 뇌 속 860억 개 뉴런 각각이 거미줄처럼 가는 케이블을 따라 미세하고 짧은 전압 신호를 전송함으로써 다른 뉴런들에게 말을 건다. 신경과학자들은 그 짧은 신호를 "스파이크spike"라고 부른다. 그 미세한 전기 펄스들은 끝없이, 끊임없이 이어지며 우리의 뇌를 누빈다. 스파이크들은 보고 듣고 느끼는 중이다. 생각하고 계획하고 행동하는 중이다. 스파이크는 뉴런들이 대화하는 방식이다. 그리고 뉴런들의 대화는 우리의 모든 활동이 이루어지는 방식이다.

스파이크들에 깃든 생명

우리가 인간 특유의 활동을 하는 것은 우리의 겉질cortex(그림 1-1)에서 스파이크들이 수다를 떠는 덕분이다. 겉질은 뇌의 외곽 층이며, 다른 어떤 동물의 겉질보다 우리의 겉질에 더 많은 뉴런이 들어 있다.[1] 워낙 뉴런이 많이 있어서 겉질을 여러 구역으로 나눠야 한다. 그 구역 각각에는 고유한 이름이 있다. (매력적인 이름은 거의 없다. 척수와 직접 소통하는 뉴런의 대다수를 보유하여 신체 동작을 가장 많이 통제하는 구역의 이름은 '일차운동겉질primary motor cortex'이다. 그 이웃 구역들은 '운동앞겉질premotor cortex', 그리고 '보조운동영역supplementary motor area'이다.) 그 구역들은 모두 같은 유형의 뉴런을 보유하지만 그 뉴런들 사이를 오가는 스파이크를 통해 사뭇 다른 일들을 한다.

많은 구역은 시각에 종사한다. 세계를 가장 단순한 성분들—경계, 선, 모퉁이—로 분해하는 구역들부터 운동, 색, 물체, 얼굴을 다루는 구역들까지, 다양한 구역이 시각을 담당한다. 어떤 구역들은 청각과 촉각을 담당하고 또 어떤 구역들은 신체 동작을 통제한다.

읽기, 말하기, 말을 이해하기처럼 인간에게 특유한 활동을 담당하는 구역들도 있다. 그리고 겉질의 앞부분에는 외부 세계에서 유래한 정보를 가지고 신비로운 일들을 하는 구역들이 있다. 그 구역들은 모종의 방식으로 정보를 이용하여 계획하고 예견하고 예측한다. 이 모든 것이 스파이크들로 이루어진다.

숫자를 보면 눈이 핑핑 돈다. 성인의 뇌 속 뉴런 860억 개 중 약 170억 개가 겉질에 있다. 그것들 각각이 평균적으로 초당 최대 1개의 스파이크를 전송한다.[2]

국제연합United Nation(UN)에 따르면, 이 행성에 사는 인간의 기대수명은 약 70년이다. 초로 따지면 20억 초가 넘고, 매초 겉질에서 발생하는 스파이크는 약 170억 개다. 따라서 인간의 수명은 겉질 스파이크의 개수로 약 340억 곱하기 10억이다.

우리가 이 세계에 등장하면서 터뜨린 울음, 조마조마한 첫걸음, 초등학교에서 친구가 거칠게 휘두른 팔에 부딪혀 원래 흔들리던 이가 빠질 때 느낀 통증, 빼곡한 나무들을 멀리서 알아보고 이제 곧 안개가 자욱하고 질척한 구릉 지역에서 빠져나와 따뜻한 자동차로 돌아갈 수 있다고 판단했을 때 밀려든 안도감, 데이트를 신청하기 위해 짜낸 용기와 허둥지둥 쏟아낸 말, 쑥스러워 붉어진 얼굴, '좋아'라는 대답이 가져다준 고요한 행복, 자주색 소파와 연두색 커튼의 부조화를 어떻게든 처리해야겠다는 결심, 엄마가 구운 빵 냄새와 아빠가 구운 치킨 냄새의 기억, 아기가 누운 요람을 흔들기, 이 문장을 읽기.

이 모든 것이 스파이크다.

대단한 것부터 시시한 것까지 우리가 해온 모든 활동은 우리의 겉질을 누비며 흐른 340억 곱하기 10억 개의 스파이크 안에 있다. 만약 스파이크 각각에 단어 하나를 할애하면서 우리의 인생 이야기를 쓴다면, 우리의 평전은 이제껏 영어로 출판된 모든 소설을 다 합친 것보다 길 것이다.[3] 절대로 과장이 아니다. 요하네스 구텐베르크가 활자 인쇄술을 유럽에 도입한 이래로 출판된 모든 영어 소설을 다 합친 것보다 약간 긴 정도가 아니라 무려 7600만 배나 더 길 것이다. 작은 아이가 몸에 지니면 쉽게 강물 속으로 가라앉을 만큼 무거운 소설들을 톰 울프, 닐 스티븐슨, 조지 마틴이 마치 공모하기라도 한 것처럼 쏟아냈지만, 소설가들이 우리의 겉질에서 평생 발생하는 스파이크만큼 많은 단어를 써내려면 앞으로 최소한 3억 8000만 년 동안 소설을 써야 한다. 게다가 겉질 아래에도 무수한 뉴런이 더 있고, 그것들도 무수한 스파이크를 전송한다.

이제부터는 조금 덜 위압적인 이야기를 해보겠다. 심하게 위압되셨다면, 양해를 바란다.

스파이크의 여행

이 책에서 나는 쿠키를 앞에 둔 짧은 시간 중 딱 2초에 관한 이야기만 들려줄 것이다. 이 책 전체는 간단한 행위 하나만, 곧 상자 속의 마지막 쿠키를 보고 '내가 먹어도 괜찮겠지?' 하고 생각하는 순간만 다룰 것이다.

스파이크의 여행은 쿠키에서 반사한 빛을 수용하는 눈에서 시작되어, 빛과 그늘의 패턴을 쿠키의 경계, 곡선, 질감, 색깔로 변환하는 시각 담당 겉질을 거치고, 지각과 결정과 기억을 담당하는 겉질 영역들을 거쳐, 운동 시스템 깊숙이 들어갔다가 나와서 척수를 통해 근육들에 도달한다. 마침내 그 근육들이 눈에 보이는 물체를 향해 손을 움직인다. 보기에서 결정하기와 움직이기에 이르는 여행, 눈에서 손에 이르는 여행이다.

이 이야기는 스파이크가 전송되는 모든 곳과 거기서 스파이크가 겪는 모든 일에 관한 것이다. 반짝이는 뉴런들의 은하, 겉질의 깊은 어둠, 더없이 외로운 뉴런. 스파이크 1개가 1,000개로 복제되는 것에 관한 이야기, 자발적인 탄생과 즉각적인 죽음에 관한 이야기, 단 한순간에 일어나는 서사시적 여행에 관한 이야기, 20억 번 반복되는 이야기다.

황금시대

내가 이 모든 이야기를 할 수 있는 것은 여러 기술의 대단한 협력 덕분이다.

한 가지 기술은 뇌 영상화, 특히 기능성 자기공명영상functional MRI(fMRI)이다. 신경과학에 관한 대중적 설명에서 숱하게 언급되는 fMRI는 큰 그림에 관하여 많은 것을 알려준다. 즉 어떻게 뇌 영역들의 집단 하나가 시각은 처리하고 청각은 처리할 수 없는지, 얼굴에 대한 감정적 반응은 창출하고 초콜릿에 대한 감정적 반응은 창출하지 않는지, 역설적이게도 우리의 정신이 멍할 때만 켜지는지 알려준다. 그러나 fMRI는 뉴런들이 어떻게 작동하는지에 관해서는 아무것도 알려주지 않는다. fMRI 이미지 속의 미세한 픽셀(색점) 각각은 뉴런 10만 개를 나타낸다. fMRI는 그 뉴런 10만 개 주위에서 산소가 풍부한 혈류를 측정한다. 그 뉴런들이 전송하는 스파이크가 많아지면 혈류가 증가한다. 스파이크를 만들려면 에너지가 필요하고, 에너지를 만들려면 산소가 필요하기 때문이다. 각각의 색점이 보여주는 것은, 에너지를 공급하는 그 혈류에 대한 수요가 뉴런 10만 개의 어느 집단에서 변화했는가뿐이다. 바꿔 말해 fMRI는 뉴런이 방출하는 스파이크는 고사하고 개별 뉴런도 포착하거나 기록하지 못한다.

fMRI는 경이로운 기술이다. 살아 있는 인간 정신의 내부 활동을 매 순간 들여다보는 유일한 수단이니까 말이다. 또한 그 기술은 신경학적 장애를 극복하는 데 크게 기여할 잠재력이 있다. 어쩌면 신경학적 진단과 치료는 각각의 뉴런이 하는 일에 관한 깊은 이해보다 더 앞서나갈 것이다. 그러나 fMRI 하나만 가지고서는 스파이크의 여행을 이야기하는 데 아무 소용이 없다. fMRI를 사용하여 뉴런의 작동을 이해하려 하는 것은 관중의 함성을 듣고 축구 경기의 상황을 알아내려 하는 것과 같다. 관중의 함성이 커지고 탄성이 터지는 것을 들으면 긴장되는 상황이 언제 벌어지는지 알 수 있을 테고, 운이 좋으면 어느 편 관중이 더 요란한지 듣고 경기장의 어느 쪽에서 숨 막히는 장면이 벌어지고 있는지도 대충 알 수 있을 것이다. 그러나 경기 자체는, 즉 90분 동안 선수들이 무엇을 하고 공이 어떻게 돌아다니는지는 전혀 모를 것이다. 경기를 이해하려면 선수들을 봐야 한다. 뇌를 이해하려면 스파이크들을 봐야 한다.

우리는 단일 뉴런이 방출한 스파이크를 1920년대에 처음으로 어렴풋이 보았다.[4] 그 후 수만 명의 신경과학자가 뇌의 상상 가능한 온갖 부분에서 유래한 스파이크들을 기록했다. 또한 오징어의 거대한 촉수 뉴런들부터 쥐의 의사결정 담당 뉴런, 심지어 또렷이 깨어 있는 의식으로 대화하는 인간의 뉴런까지, 상상 가능한 거의 모든 뇌에서 유래한 스파이크들을 기록했다. 그러나 이제 우리는 더 나아갈 수 있다.

왜냐하면 지금은 '시스템 신경과학systems neuroscience'의 황금시대가 한창이기 때문이다. 시스템 신경과학은 뉴런들이 어떻게 연결되어 있고 어떻게 협업하는지 탐구한다.

수십 년 동안 우리는 한 번에 한 뉴런의 스파이크들만 기록할 수 있었다. 이제 우리는 표준적인 장비로 수백 혹은 수천 개의 뉴런이 전송하는 스파이크들을 동시에 기록할 수 있으며, 최고 기록은 매년 지수함수적으로 향상되고 있다.[5]

과거에 우리는 한 뇌 영역의 뉴런들이 어디로 케이블을 뻗었는지를 대강의 윤곽으로만 알 수 있었다. 이제 우리는 단일 뉴런 각각의 연결선을 파악하여 스파이크들이 어디로 전송될지 정확히 알아낼 수 있다.

오늘날 우리는 한 뉴런에서 방출되는 스파이크를 기록할 수 있을 뿐 아니라, 박테리아보다 작은 틈새를 사이에 두고 연결된 다음번 뉴런에서 그 스파이크가 일으키는 미세한 효과도 기록할 수 있다. 심지어 단일한 뉴런의 여러 부위에서 일어나는 효과들을 동시에 기록하는 것도 가능하다.

기록하는 것을 넘어서, 이제 우리는 빛을 사용하여 뉴런을 켜거나 끌 수 있다. 즉 스파이크를 전송하도록 강제할 수도 있고 스파이크 전송을 완전히 멈추게 할 수도 있다.[6] 따라서 마침내 우리는 스파이크가 전송되거나 전송되지 않을 때 무슨 일이 일어나는지 봄으로써 스파이크의 역할이 무엇인지를 직접 알아볼 수 있게 되었다.

요컨대 우리는 뉴런 수백 개에서 유래한 스파이크들을 기록할 수 있고, 마음대로 스파이크들을 멈추거나 유발할 수 있고, 스파이크들이 따라가는 연결선의 목적지도 알 수 있다. 즉 우리의 새로운 기술들은 우리에게 스파이크들의 여행을 이야기해줄 수 있다.

그런데 이 기술적 성취들의 만찬에는 한 가지 맹점이 있다. 앞에 언급한 기술들 가운데 인간을 대상으로 삼을 수 있는 것은 없다. 뉴런들 사이의 배선을 추적하려면 뇌 속에 형광물질을 주입한 다음 뇌를 꺼내 얇게 저미고, 저민 조각을 현미경으로 관찰하여 형광물질이 어디에 도달했는지 알아내야 한다. 인간을 대상으로 그렇게 할 수는 없다. 빛을 사용하여 뉴런을 켜고 끄려면, 먼저 빛에 반응하는 식물이나 박테리아에서 유래한 DNA를 뉴런의 DNA에 삽입하여 뉴런을 빛에 반응하게 만들어야 한다. 이것도 인간을 대상으로 할 수는 없는 작업이다. 뉴런 수백 개가 방출하는 스파이크들을 동시에 기록하려면, 뉴런의 활동 정도에 따라 빛을 내는 독성물질을 뉴런에 주입하거나, 두개골을 뚫고 텅스텐이나 탄소섬유로 된 기다란 전극 수십 개를 뇌 속에 꽂은 다음 전선들과 연결해야 한다. 윤리적으로 보면 뇌 저미기와 유전자 삽입, 전극 꽂기는 곧장 퇴장감이다.

하지만 매혹적인 예외가 있다. 그런 드문 경우에 우리는 살아 있는 인간 뇌에 이식한 전극을 통해 스파이크를 기록한다. 이를테면 뇌심부자극 deep brain stimulation 을 위해 수술을 받는 파킨슨병 parkinson's disease 환자를 그런 기록 대상으로 삼을 수 있다. 이 파킨슨병 치료법의 목표는 뇌 속 깊숙이 위치한 구역들을 전기로 자극(그래서 "심부자극"이다. 신경학자들은 지구상에서 가장 무미건조한 명명법을 사용하는 족속이다)하는 것이다. 이를 위해서는 영구적으로 이식된 전극과 거기에 연결된 배터리가 필요하다. 그 배터리는 환자의 빗장뼈 아래에 이식된다. 전극 이식을 위한 수술은 두 단계로 이루어진다. 일단 전극을 대충 옳은 위치에 삽입한다. 하지만 그 전극의 연결선은 두개골 바깥으로 늘어지게 놔둔다. 이는 전극의 위치를 미세하게 조정하기 위해서다. 그 미세조정 과정에서 신경학자들은 연결선으로 전기 신호를 보내 뇌를 자극할 것이다. 전극이 약간 틀린 위치에 삽입되었다면 약간 잘못된 일이 벌어질 것이다. 예컨대 환자가 의료진에게 거수경례를 한다면 위치가 틀린 것이므로 전극을 옮겨야 한다. 환자의 떨리는 팔이 갑자기 고요해진다면 위치가 옳은 것이다. 따라서 이제 전극의 위치를 확정하고 수술의 둘째 단계로 접어들어 연결선을 피부 밑으로 보내 배터리와 연결하고 두개골에 뚫은 구멍을 닫는다.

이 미세조정은 느리게 진행되기 때문에 일주일 정도가 걸리고, 그 기간에 두개골 밖으로 늘어진 연결선은 전극에서 유래한 신호를 기록하는 용도로도 사용될 수 있다. 즉 그 연결선을 통해 전극 근처 뉴런들의 스파이크를 기록할 수 있다.[7] 창의적인 연구자들은 일주일 동안 환자에게 온갖 과제를 수행할 것을 요청한다. 그 과제들이 미세한 심부 뇌 구조와 어떤 식으로든 관련이 있기를 바라면서 말이다. 이와 유사하게, 중증 뇌전증에 걸려 약이 듣지 않는 환자들도 전극 이식 수술을 받을 수 있다. 목표는 뇌전증 발작이 시작되는 작은 뇌 구역—흔히 해마나 겉질—을 전극으로 자극하는 것이다. 이 경우에도 전극의 위치를 확정하는 동안 연구자들은 환자가 이런저런 과제를 수행하는 과정에서 그 전극 근처의 뉴런들이 일으키는 스파이크를 기록할 수 있다.[8] 이 두 가지 드문 경우에 우리는 살아 있는 인간의 개별 뉴런들이 일으키는 스파이크에 관한 소중한 기록을 얻을 수 있다. 이것은 값진 원천이지만 몇 안 되는 사람의 소수의 뇌 구역에 국한되며, 뇌 저미기나 유전자 조작은 여전히 허용되지 않는다.

그리하여 신경과학자들은 스파이크를 이해하려고 애쓸 때 인간은 그야말로 제쳐놓고 다양한 비인간 동물로부터 많은 데이터를 얻는다. 그 동물 중 일부는 진화적으로 우리의 가까운 친척이다. 특히 쥐와 생쥐가 자주 쓰이는데, 영리하고 DNA가 잘 연구되어 있기 때문이다. 다른 동물들도 연구되는데, 뉴런의 소통 방식에 관한 핵심 사항들을 제각기 독특한 방식으로 알려주기 때문이다. 도롱뇽, 제브라피시, 거머리, 바다민달팽이, 심지어 초파리 구더기까지 온갖 동물이 이 책에서 등장할 것이다. 이렇게 다양한 동물을 대상으로 삼을 수 있는 것은 이례적이게도 뉴런이 오랜 진화적 과거부터 보존되었기 때문이다. 뉴런은 뇌라고 할 만한 것이 있는 거의 모든 생물에서 뉴런으로 식별된다. 우리의 눈에 뉴런이 보이고 그 뉴런이 활동한다면, 그 뉴런은 스파이크들로 이루어진 삶을 살고 있는 것이다.

스파이크를 어떻게 해석할 수 있을까

비인간 동물에서 얻은 방대한 데이터, 곧 스파이크와 그것이 전송되는 장소와 시기에 관한 데이터를 해석하려면 인간 뇌에 관한 우리의 지식에 그 데이터를 끼워넣어야 한다. 뇌 영상화를 통하여 우리는 비인간 동물에서 기록한 스파이크들과 유사한 스파이크들이 인간에서도 유사한 장소와 시기에 세계 안의 유사한 사물에 대한 반응으로 유사한 뇌 구역에서 발생함을 확인할 수 있다. 심리학과 인지과학을 통해 우리는 그 스파이크들이 비인간 동물에서 관찰될 때와 유사한 때에 인간 정신에서 어떤 과정이 일어나는가에 관한 지식을 얻을 수 있다.

얼굴 인식에 관한 연구는 심리학, 뇌 영상화, 스파이크 연구가 멋지게 어우러진 사례다. 인간은 얼굴에 많은 관심을 기울인다. 심리학에 따르면 우리는 아주 어릴 때부터 얼굴을 보기를 좋아하고, 성인이 되면 약 5,000개의 얼굴을 기억하며,[9] 극도로 빈약한 정보만 가지고도 얼굴을 알아볼 수 있다. 즉 어떤 각도에서 보더라도, 단 한 번 흘끗 보더라도, 또한 가장 기초적인 시각적 단서만 활용하더라도 얼굴을 알아볼 수 있다. 심지어 :-O 또는 ;-)에서도 우리는 얼굴을 본다. 누가 친척이고 누가 아닌지, 누가 권력 서열이 높고 누가 낮은지, 누가 우리를 보면 기뻐하고 누가 실은 그렇지 않은지 알아채기 위한 얼굴 및 표정 인식은 많은 사회적 상호작용의 기초를 이룬다. 이렇게 본다면 우리의 심도 있는 얼굴 처리 능력은 아마도 놀랍지 않을 것이다. 그런데 우리 정신이 얼굴을 심도 있게 처리한다는 사실은 뇌가 상당히 많은 처리 능력을 얼굴 문제에 할애해야 한다는 것을 의미한다.

뇌 영상화에서 드러났듯이, 실제로 인간 뇌는 이 문제를 매우 진지하게 취급하여 뇌 영역 하나를 통째로 얼굴 인식에 할애한다. 오늘날 "가락모양 얼굴영역fusiform face area"으로 명명된 그 영역은 어떤 이상한 각도로 보더라도 얼굴이 보이면 켜진다. 반면에 다른 물체나 얼굴을 짓뭉개놓은 영상이 보일 때는 켜지지 않는다. 정말이지 그 영역은 오로지 얼굴에만 관심을 기울인다.[10]

　도리스 차오Doris Tsao와 빈리히 프라이발트Winrich Freiwald는 동료들과 함께 인간처럼 얼굴에 관심을 기울이는 다른 동물들—원숭이—을 찾아냈다. 그들의 목표는 그 동물들의 뇌 속 얼굴 인식 영역에 접근하여 스파이크를 기록하고, 뉴런들 사이에서 전달되는 실제 메시지를 알아내는 것이었다.[11] 그들은 얼굴 그림에 반응하여 스파이크를 전송하는 일을 전담하는 뉴런을 다수 발견했다.[12] 알고 보니, 그 영역 하나 안에 따로 떨어진 얼굴 뉴런들의 집단(패치patch)이 여섯 개나 있었고, 그 집단들은 서로 연결되어 있었다. 한 집단을 자극하면 다른 집단의 뉴런들이 활성화되었다.[13] 이 사실은 얼굴이 여러 집단에 속한 뉴런들의 공동 활동에 의해 표상됨을 시사했다. 그 공동 활동의 암호는 9년 뒤인 2017년에 밝혀졌다. 각각의 뉴런은 얼굴들이 공유한 모종의 추상적 특징—이를테면 눈썹과 코의 곡선—에 반응하여 스파이크를 전송한다. 그렇게 다양한 추상적 특징들에 반응하는 뉴런들의 스파이크가 조합되어 온전한 얼굴을 이룬다.[14]

　심리학은 인간이 얼굴에 얼마나 많은 관심을 기울이는지, 얼굴을 얼마나 치밀하게 처리하는지 알려준다. 뇌 영상화는 얼굴 처리를 전담하는 뇌 구역을 보여준다. 스파이크들은 얼굴 암호를—그 구역이 얼굴에 관한 메시지를 어떻게 전송하는지―보여준다. 얼굴에 반응하는 스파이크들을 기록하는 것만으로는 그 스파이크들이 얼굴 '보기'에 대응한다는 것을 알 수 없다. 왜냐하면 '보기'는 인간의 주관적 경험이기 때문이다. 우리는 우리 자신이 인간으로서 하는 경험을 통해 비인간 동물에서 발생하는 스파이크를 해석한다.

우리의 목표

이 황금시대의 첨단 기술은 뇌의 뉴런 드라마가 펼쳐지는 무대의 커튼을 이제 막 걷기 시작했을 뿐이다. 지난 10년 동안 뉴런들의 소통 방식에 관한 우리의 이해를 뒤집는 새로운 연구 결과가 매일 나온 듯하다. 따라서 무엇이 우리를 작동시키는가―우리가 어떻게 보는가, 어떻게 결정하는가, 어떻게 움직이는가―에 관한 우리의 이해도 숱하게 뒤집혔다. 그러나 자기네가 선호하는 뇌 구역이나 뉴런 유형을 열심히 연구하는 신경과학자들의 집단 각각은 큰 그림을 볼 수 없고, 뇌의 내부 작동에 관한 우리의 이해가 어떻게 근본적으로 변화했는가에 관한 모든 사항을 알 수 없다. 나의 과제는 바로 이 문제를 개선하는 것이다.

스파이크 하나가 눈에서 손까지 여행하는 과정을 서술할 이 책은 우리가 스파이크에 관하여 무엇을 아는지, 인간에게 스파이크가 무엇을 의미하는지, 우리가 아직 이해하지 못한 것이 무엇인지 이야기해줄 것이다. 우리는 그 스파이크와 함께 여행하면서 뇌가 어떻게 작동하고 어떻게 실패하는가에 관한 오해들을 떨쳐낼 것이다. 심지어 신경과학자들도 많은 오해를 품고 있다.

교과서는 뉴런에 명확한 기능이 있다고, 즉 뉴런이 스파이크를 보내는 명확한 이유, 세계의 어떤 외적 원인에 기초한 이유가 있다고 설명한다. 그러나 우리는 암흑뉴런dark neuron을 만나게 될 것이다. 그야말로 침묵하는 다수를, 주변에서 벌어지는 온갖 일에 아랑곳하지 않고 가만히 있는 뉴런들을 만나게 될 것이다. 그 뉴런들은 뇌 영상으로 포착할 수 없으며, 뉴런이 하는 일에 관한 가장 확고한 이론들을 위협한다. 진화는 낭비를 용인하지 않는데, 딱히 하는 일도 없어 보이는 뉴런이 수십억 개나 존재하는 이유는 무엇일까?

또한 우리는 자발적 스파이크spontaneous spike도 만나게 될 것이다. 외부 세계로부터의 입력이 없는데도 뉴런이 창출하는 기이한 스파이크들이다. 오로지 뉴런들 사이의 무수한 되먹임feedback 고리에 의해, 즉 뉴런들이 서로의 스파이크 전송을 끝없이 유발하게 만드는 되먹임 고리에 의해 창출되는 스파이크들이다. 그것들은 세계에서 유래한 메시지 혹은 운동을 통해 세계로 전달될 메시지를 운반하지 않는다. 더욱 기이한 것은 뉴런이 어떤 입력도 받지 않았는데 발생하는 스파이크, 오로지 뉴런 내부에서 일어나는 분자들의 순환에 의해 창출되는 스파이크다. 하지만 우리는 '보기'에서 '움직이기'까지 여행하는 동안 곳곳에서 이 기이한 스파이크들을 만나게 될 것이다.

자발적 스파이크와의 만남은 내가 이 책에서 제시할 새로운 생각들 중 하나로 우리를 이끈다. 즉 자발적 스파이크는 뇌 안에 방대한 뉴런들을 집어넣고 배선하는 작업에 따른 불가피한 귀결이며, 진화는 생존을 위해 자발적 스파이크를 채택했다. 스파이크들이 무수한 겉질 영역을 여행하면서 무엇이 보이는지 파악하고 그것으로 무엇을 할지 결정하고 이어서 실행하기를 기다리는 대신에, 즉 이 모든 것을 기다리는 대신에 우리는 자발적 스파이크를 활용하여 예측 능력을 얻어왔다. 자발적 스파이크는 다음 순간에 우리가 무엇을 볼지, 무엇을 들을지, 어떤 결정을 할 개연성이 높은지 예측한다. 자발적 스파이크는 우리의 다음 동작을 준비한다. 이 모든 것은 우리가 더 빠르게 반응하고 더 신속하게 움직이고 더 오래 생존할 수 있기 위해서다.

　스파이크 하나가 우리의 눈에서 출발하여 쏜살같이 뇌를 거쳐 손에 이르는 것을 추적하면서, 쿠키를 보는 것에서부터 그것을 잡기로 결정하고 손을 뻗는 것까지를 추적하면서, 우리는 험난한 산길들을 지나고 복제되고 처참하게 실패할 것이다. 우리는 눈부시게 풍부하고 복잡한 앞이마엽겉질prefrontal cortex 을 헤맬 것이며, 바닥핵basal ganglia 에서 나오는 잡음의 벽 앞에서 공포에 휩싸일 것이다. 그러나 이 모든 것은 나중 일이다. 우리의 출발점은 우리가 가장 잘 아는 대상인 스파이크 그 자체다.

2장

있거나 아니면 없거나

이진법

워런 매컬러Warren McCulloch는 1940년대 초반에 대책 없는 신념의 도약을 감행했다. 오로지 정신과 의사, 신경과학자, 철학자, 이론가를 겸한 매컬러 같은 기인奇人에게나 어울리는 도약이었다.[1] 스파이크의 어렴풋한 모습은 1920년대 후반과 1930년대 초반에 처음으로 드러났다. 옆방에서 기침만 해도 사라질 만큼 약한 전기 펄스가 오실로스코프oscilloscope 화면 속의 작은 떨림으로 나타난 것이다.[2] 매컬러는 동일한 뉴런에서 나오는 스파이크가 제각기 언제 발생하든 모양과 크기가 대체로 똑같다는 점을 주목했다. 당시까지 기록된 얼마 안 되는 뉴런들에 기초하여 그는 다음과 같은 과감한 예측을 내놓았다. "뇌 전체의 모든 뉴런에서 나오는 모든 스파이크는 있거나 아니면 없거나 둘 중 하나다. 스파이크는 미리 정해진 모양과 크기로 발생하거나, 아

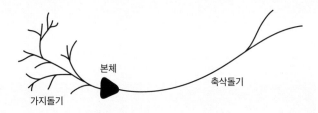

그림 2-1 뉴런의 주요 부분. 스파이크는 뉴런의 본체에서 만들어져 축삭돌기를 따라 전송되어 다음 뉴런의 가지돌기에 도달한다. 가지돌기는 축삭돌기를 따라 이동하는 스파이크의 메시지를 잡아채기 위해 뻗어 있는 나무 모양의 돌기다.

니면 전혀 발생하지 않는다.”

그 후 수십 년에 걸친 연구는 매컬러가 옳았음을 보여주었다. 이 장에서 우리는 그의 탁월한 추측을 이용하여 '왜 스파이크일까?'라는 실존적 질문을 던지고 답하려 한다.

매컬러의 추측이 옳았다고 판명된 것은 스파이크가 만들어지는 방식이 밝혀지면서였다. 모든 세포와 마찬가지로 뉴런은 막을 지녔다. 그 막은 마치 피부처럼 뉴런을 둘러싸고 뉴런의 내용물이 내부에 머물게 한다. 이 피부는 뉴런 내부에 있는 많은 이온과 외부에 있는 많은 이온을 갈라놓는다. 그런데 내부 이온들의 전하량과 외부 이온들의 전하량이 다르기 때문에 뉴런은 미세한 전압(전문용어로 '막전위 membrane potential')을 가지게 되고, 그 전압은 끊임없이 미세하게 오르내린다.

하지만 뉴런 본체의 전압이 임계점에 도달하면 뉴런의 피부에서 구멍들이 연달아 빠르게 열리고 닫히는 연쇄 과정이 일어난다. 그러면 이온들이 그 구멍들로 몰려 들어오고 몰려 나가면서 전기 펄스가 생겨나는데, 그 펄스는 뉴런 본체에서 가장 먼 변방보다 훨씬 더 먼 곳까지 이동할 수 있다. 그렇게 태어난 스파이크는 뉴런의 축삭돌기axon — 한 뉴런과 다른 뉴런을 연결하는 케이블 — 를 따라 괴성을 지르며 이동하고, 멀리 떨어진 목적지인 다른 뉴런에 도달한다(그림 2-1).

구멍들이 열리고 닫히는 연쇄 과정은 항상 똑같다. 따라서 스파이크는 모양과 크기가 항상 똑같다. 스파이크는 있거나, 아니면 없다.

둘 중 하나다. 중간은 존재하지 않는다.

스파이크가 있거나 아니면 없음을 이해하기 위한 여정은 쉽게 관리할 수 있는 동물들의 쉽게 접근할 수 있는 부위에서 시작되었다. 황소개구리의 궁둥신경(좌골신경), 투구게의 눈, 뱀장어의 눈이 출발점이었다.[3] 이곳들에서 발생하는 스파이크는 매번 각자의 고유한 모양을 똑같이 반복하는 듯했다. 그러나 1930년대 초반에 이루어진 이 기록에서 출발하여 왜 이런 일이 일어나는지 밝혀내기까지는 20년이 넘는 고된 연구가 필요했다. 그 연구는 앨런 호지킨Alan Hodgkin과 앤드루 헉슬리Andrew Huxley가 1952년에 모든 증거를 종합하면서 정점에 이르렀다.

호지킨과 헉슬리는 거대한 오징어 축삭돌기에서 스파이크를 기록했다(거대한 대왕오징어의 축삭돌기가 아니라 오징어에 있는 거대한 축삭돌기다. 바다 괴물급인 대왕오징어를 실험대 위에 올리는 것은 약간 어려운 일이었다). 그 축삭돌기는 충분히 크기 때문에 그들은 축삭돌기를 포함한 뉴런을 떼어내 욕조에 집어넣고 그 내부에 전극을 꽂고 그 축삭돌기를 따라 이동하는 스파이크를 직접 기록할 수 있었다. 이어서 그들이 떠올린 영리한 아이디어는 뉴런이 잠긴 액체 속 이온들을 조절해보는 것이었다. 그들은 특정한 이온들의 농도를 높이거나 낮추면서 그 변화가 뉴런의 스파이크 전송 능력에 어떤 영향을 미치는지 살펴보았다.

알다시피 뉴런은 이온을 많이 함유한 물속에 들어 있다. 뉴런 막의 외부에는 (양전하를 띤) 나트륨 이온과 (음전하를 띤) 염소 이온이 많다. 반면에 뉴런 내부에는 나트륨 이온과 염소 이온이 적고 (양전하를 띤) 칼륨 이온이 많다. 음전하나 양전하를 띤 이온들의―특히 칼륨 이온의―농도가 뉴런 막의 안팎에서 다르기 때문에, 막을 경계로 전위차(이른바 '막전위')가 발생한다. 따라서 호지킨과 헉슬리는 뉴런 바깥 이온들의 농도를 조절함으로써 막전위를 조작할 수 있었다. 그리고 결정적으로 그들은 어떤 이온들(나트륨 이온 등)이 스파이크 전송의 어느 단계에 영향을 미치는지 알아냈다.

그들이 욕조 속 소금물에 잠긴 오징어 축삭돌기에서 밝혀낸 것은 자그마치 스파이크의 탄생 과정이었다(그림 2-2). 뉴런의 막전위가 임계점을 초과하면, 나트륨 이온의 통과만 허용하는 막의 구멍들이 갑자기 열리고 나트륨 이온들이 몰려 들어와서 뉴런 내부의 나트륨 이온 농도가 급상승하고 막전위가 치솟는다. 하지만 이 급상승은 오래가지 못한다. 왜냐하면 나트륨 이온이 유입됨으로써 막에 있는 다른 구멍들이 열리기 때문이다. 그 구멍들은 칼륨 이온을 외부로 방출하여 내부의 양전하를 다시 원래 수준으로 줄인다. 이 급감은 나트륨 이온의 유입으로 인한 급증과 거의 똑같이 신속하게 일어난다. 이어서 그렇게 칼륨 이온이 유출된 결과로 나트륨 이온 구멍들이 닫히고, 이온들의 흐름이 단절되며, 막전위는 상승할 때만큼 신속하게 다시 마이너스 값으로 복귀한다. 막전위의 이 같은 급격한 상승과 하강이 바로 스파이크다.

이것은 멋진 관찰 결과에 그치지 않았다. 이것은 엄격한 법칙이었다. 호지킨과 헉슬리는 이 과정 전체를 서술하는 모형, 즉 뉴런 막의

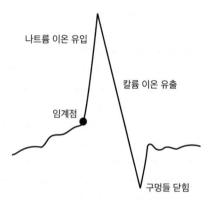

나트륨 이온 유입

칼륨 이온 유출

임계점

구멍들 닫힘

그림 2-2 스파이크. 뉴런의 막전위가 작게 요동치다 임계점에 도달한다. 그러면 뉴런의 막에 있는 구멍들이 차례로 열리면서 이온들이 몰려 들어오고 이어서 나간다. 이에 따라 막전위는 급격히 상승했다가 하강하여 정상 수준으로 복귀한다. 이 과정 전체가 약 1밀리초 안에 완결된다.

구멍들이 열리고 닫히는 것을—어떤 구멍들이 언제 그리고 얼마나 오래 열리는지—서술하는 모형을 고안했다. 그들이 제시한 수학 법칙들은 사실상 모든 뉴런에 적용된다. 사실상 모든 뉴런은 임계점에 도달할 때마다 똑같은 법칙들을 따른다.[4] 미세한 세부사항은 뉴런의 유형마다 다를 수 있다. 예컨대 뉴런이 보유한 나트륨 이온 구멍 및 칼륨 이온 구멍의 미세한 개수 차이에 따라서 혹은 그 구멍들이 얼마나 빠르게 열리고 닫히는가에 따라서 스파이크에 관한 세부사항이 달라질 수 있다. 그러므로 오징어의 거대 축삭돌기에서 발생하는 스파이크는 겨울잠쥐의 해마 뉴런에서 발생하는 스파이크와 모양이 다를 수 있다. 그러나 그런 미세한 차이에도 불구하고 그것들은 항상 스파이크다. 바꿔 말해, 있거나 아니면 없거나, 둘 중 하나다.

이런 전기 펄스가 언제 어디에서나 진실이라는 신념의 도약을 통하여 매컬러는 뇌에 관한 우리의 생각을 급진적으로 단순화할 수 있음을 깨달았다. 그 펄스의 모양이나 폭, 기울기에 관한 세부사항에 연연할 필요 없이 오로지 그 펄스가 전송되는지 여부만 알면 된다. 스파이크의 존재는 1을, 부재는 0을 의미한다. 뉴런이 전송하는 모든 메시지는 이진법적이라는 것을 매컬러는 깨달았다.

그리고 이진법은 논리를 암시한다. 매컬러는 이를 잘 알았지만 관련된 수학 연구를 혼자 해낼 능력이 없었다. 그때 다행스럽게도 이 세상 사람이 아닌 듯한 천재 월터 피츠Walter Pitts[5]와 우연히 만났다. 피츠는 버트런드 러셀Bertrand Russell과 앨프리드 노스 화이트헤드Alfred North Whitehead가 함께 쓴 기념비적 저서 『수학 원리Principia

Mathematica』를 열두 살 때 동네 깡패들을 피하려고 숨어든 공공도서관에서 읽고 나서는 그 책의 오류들을 논하는 편지를 러셀과 주고받았다. 열네 살 때 시카고 대학교로 달아난 그는 하찮은 일자리들을 전전하며 수학 강의와 논리학 강의를 도강했는데(왠지 영화 〈굿 윌 헌팅 Good Will Hunting〉이 떠오르지 않는가), 공교롭게도 그의 착한 친구 제리 레트빈Jerry Lettvin이 워런 매컬러와 아는 사이였다. 레트빈은 매컬러에게 키 크고 대인관계가 서툴고 이마가 짱구이며 딴 세상 사람 같은 논리학 천재의 도움이 필요하다는 것을 때마침 알고 있었다.

매컬러와 피츠는, 서로에게 1과 0을 전송하는 뉴런들의 집단이 모든 논리를 산출할 수 있다는 심오한 이론을 증명했다. 이를테면 한 쌍의 뉴런은 'AND' 연산을 수행할 수 있다. 두 뉴런이 모두 입력을 받을 때는 모두 스파이크를(1을) 전송하고, 나머지 모든 입력에 대해서는 둘 다 스파이크를 전송하지 않으면(0을 전송하면) 그 연산이 수행된다. 또 다른 뉴런 쌍은 'OR' 연산을 할 수 있다. 두 뉴런 중 한쪽이 입력을 받을 때는 양쪽 모두가 스파이크를(1을) 전송하고, 양쪽이 모두 입력을 받거나 모두 받지 않을 때는 양쪽 모두 스파이크를 전송하지 않으면(0을 전송하면) 그 연산이 수행된다(지금 이야기하는 OR 연산은 '배타적 ORexclusive OR' 연산이다—옮긴이). 뉴런의 개수를 점점 더 늘리면 그런 논리 명제들의 연산이 아무리 복잡하더라도 모두 해낼 수 있음을 매컬러와 피츠는 보여주었다. 따라서 "왜 스파이크인가?"라는 물음의 답은 '뇌가 계산할 수 있기 위하여'인 듯했다.

디지털 컴퓨터―책상 위에 놓인 상자, 무릎 위에 놓인 노트북, 손에 쥔 태블릿, 주머니 속의 스마트폰—에 대해서 조금이라도 아는 사람은 이 대목에서 이렇게 생각할 것이다. '아하, 이진법이로군! 그러니까 뇌는 컴퓨터야!' 그러나 뇌를 컴퓨터에 빗대는 것은 역사를 거스르는 비유다. 오히려 디지털 컴퓨터가 뇌다.

존 폰 노이만John von Neumann은 1945년에 현대적인 전자 컴퓨터 하드웨어의 구조를 제시했다.[6] 폰 노이만은 매컬러를 잘 알았으며 매컬러와 피츠가 함께 쓴 논문을 읽었다. 그런 다음에 그는 0과 1을 전기 회로의 요소로 구현한다는 아이디어와 그 요소들을 조합해 논리 계산을 한다는 아이디어를 활용하여 컴퓨터의 구조를 고안했다. 실제로 '에드박EDVAC' 컴퓨터의 구조를 제시하는 보고서 전체에서 폰 노이만은 자신의 컴퓨터가 뇌의 작동 방식을 모범으로 삼았다고 말한다. 컴퓨터 하드웨어의 토대는 부분적으로 뇌 과학에 있다. 뇌 과학의 부분적 토대가 컴퓨터 하드웨어에 있는 것이 아니다.

여기에 논리는 없다

책상 앞에 앉아 오후의 졸음에 시달리며 쿠키를 갈망하는 사람에게 "왜 스파이크인가?"에 대한 대답은 어쩌면 '먹을거리를 얻기 위하여'라는 더 세속적인 형태일 수도 있다. 맞은편 책상 위에 디트리히가 준비한 쿠키 상자가 놓여 있다. 뚜껑이 반쯤 열린 채 비스듬히 놓여 있는데, 거기에 "쿠키"라는 글자가 아이가 사인펜으로 쓴 듯한 글씨체로 적혀 있는 것이 보인다. 글자는 거꾸로 보이고 상자 내부가 뚜껑에 가려져 있긴 하지만, 내용물이 완전히 은폐되지는 않았다.

우리의 시선이 이 장면을 두루 훑다가 상자 속에 외롭게 남은 맛깔스러운 마지막 쿠키에 꽂힐 때, 쿠키에서 나온 빛이 눈 속으로 쏟아져 들어와 망막에 충돌하고 거기에서 첫 뉴런들이 흥분한다. 여기에서 우리는 놀라운 것을 발견한다. 눈 속의 처음 두 층의 뉴런들은 서로 대화할 때 스파이크를 사용하지 않는다. 대신에 전압의 요동과 화학물질들의 확산을 통해 직접 끊임없이 대화한다.

빛―책상과 상자와 쿠키에서 반사된 광자들―은 우리 눈 뒤쪽 벽의 원뿔세포cone cell들에 도달한다. 그 세포들은 망막의 첫째 뉴런 층에 있다. 솔직히 원뿔세포는 약간 이상하다. 어둠 속에서 그 세포들은 둘째 뉴런 층을 향해 끊임없이 분자들을 방출한다. 보아하니 빛 감지 장치인 그 뉴런들은 빛이 없다는 메시지를 끊임없이 전송하는 중이다. 원뿔세포가 광자들을 흡수하면 원뿔세포의 전압이 잠시 하강하고 분자들의 일정한 흐름이 잠깐 중단된다. 둘째 뉴런 층을 이룬 양극세포bipolar cell들은 이 중단을 감지하고 자신의 전압 변화로 변환한다. 일부 양극세포는 어둠을 선호한다. 그래서 그것들은 이 중단을 전압하강으로 변환한다. 다른 양극세포들은 빛의 존재를 원한다. 따라서 그것들은 이 중단을 전압 상승으로 변환한다. 이 처음 두 층의 뉴런들은 화학을 이용하여 빛을 전압으로 변환하므로, 여기에서는 스파이크를 전혀 볼 수 없다.

둘째 뉴런 층은 셋째 뉴런 층으로 메시지를 전달한다. 이 과정은 동일한 수법을 거꾸로 구사함으로써 이루어진다. 둘째 층의 양극세포들은 셋째 층의 뉴런들을 향해 끊임없이 분자들을 방출한다. 그러나 이번에는 방출되는 분자의 개수가 양극세포의 전압에 비례한다. 그 전압이 높을수록 더 많은 분자가 방출된다. 이 분자들을 셋째 층의 뉴런들이 받으면 그 뉴런들의 전압이 변화한다. 그렇게 둘째 층에서 셋째 층으로의 메시지 전달 과정에서 전압이 화학물질로 바뀌고 다시 전압으로 바뀐다. 셋째 층에 있는 뉴런들의 다수는 신경절세포ganglion cell다. 신경절세포는 뇌의 나머지 부분에 메시지를 전달하는 뉴런들이다. 이를 위해 신경절세포들은 자신의 전압을, 있거나 아니면 없는 스파이크로 변환한다.

망막은 그저 수동적인 빛 수집 장치가 아니라 복잡한 소형 뇌임이 분명하다. 다양한 역할을 맡은 뉴런들이 그 소형 뇌를 이룬다.[7] 그 뉴런들의 목록은 (인간에서는) 세 가지 유형의 원뿔세포를 포함한다. 그 유형들은 우리가 빨간색, 녹색, 파란색이라고 부르는 세 가지 파장의 빛에 대응한다. 어둠 속에서 볼 수 있게 해주는 막대세포rod cell도 그 목록에 들어 있는데, 막대세포가 원뿔세포보다 훨씬 더 많다. 둘째 층에는 최소 아홉 가지 유형의 양극세포가 있고, 추가로 원뿔세포에서 둘째 층으로의 분자 흐름을 조절하는 사이뉴런internal neuron이 형성한 복잡한 망이 있다. 셋째 층에는 40여 가지 유형의 무축삭뉴런amacrine neuron이 있는데, 이들의 역할은 둘째 층에서 셋째 층으로의 분자 흐름을 조절하는 것이다. 둘째 층과 셋째 층에 있는 50여 가지 유형의 뉴런 가운데 대다수는 메시지 전송에 스파이크를 사용하지 않는다.

(이처럼 눈에 스파이크가 없다는 사실은 그곳의 뉴런들이 매컬러와 피츠가 사랑한 논리 연산을 하고 있을 수 없음을 의미한다. 이 같은 이진법 논리의 부재에 대한 확실한 증거를 다름 아닌 매사추세츠 공과대학MIT의 친구들이 1950년대에 최초로 제시했을 때, 피츠는 자신의 박사학위 논문을 불태워버렸다. 그 논문은 뇌의 논리 연산에 관한 것이었으니, 어느 정도 납득할 만한 행동이었다.[8])

망막에 있는 그토록 많은 뉴런이 스파이크를 사용할 필요가 없다면, 대체 왜 스파이크를 전송하는 뉴런들이 있는 것일까? 융통성 있고 연속적인 분자들과 아날로그 전압 신호가 왜 융통성 없고 불연속적인 이진법 신호로 변환되는 것일까? 그 변환에서 유용한 정보가 버려지는 듯한데도, 왜 그 변환이 일어날까?

대답은 스파이크 덕분에 뉴런들이 정보를 정확하고 빠르게 멀리 전송할 수 있다는 것이다.

정확하고 빠르게 멀리

정확하게

스파이크는 "바로 지금 사건이 일어났다"라고 말해주는 타임스탬프(시간을 표시하기 위해 찍는 도장—옮긴이)다. 여기서 사건이란, 작고 휘어진 검은 물체의 미세한 운동으로 인해 개구리의 망막에 도달하는 빛이 약간 변화한 것일 수 있다. 혹은 어젯밤에 먹다 남은 카레를 다시 데우는 작업이 완료되었다고 알려주는 전자레인지의 신호음일 수도 있다. 혹은 부주의하게 깨문 혀가 갑자기 엄청난 압력을 받는 것일 수도 있다. 이러한 사건이 일어나면 다른 뉴런들로부터 우리가 주목하는 뉴런으로 들어오는 스파이크들이 변화한다는 것이 거의 확실하다. 이에 관한 복잡한 이야기는 다음 장에서 다룰 것이다.

스파이크가 만들어지는 데 드는 시간은 1밀리초가 채 되지 않는다. 따라서 스파이크의 타이밍은 1밀리초 미만의 오차로 정확할 수 있다. 스파이크는 세계에서 사건이 일어난 시간을 대단히 정확하게 알려주는 메시지다.

이 대단한 정확성의 멋진 예로 쥐의 뇌가 수염으로부터 정보를 받는 과정을 들 수 있다. 설치류의 수염 시스템은 뇌가 감각 정보를 어떻게 다루는지 이해하려 애쓰는 신경과학자들이 아주 좋아하는 연구 대상이다. 왜냐하면 그 시스템은 아주 적은 부분으로 이루어졌기 때문이다. 쥐의 주둥이 양쪽 각각에는 겨우 30개에서 35개의 주요 수염이 있으며[9] 그 수염들은 5열로 가지런히 배치되어 있다. 인간의 눈에 600만 개 이상의 원뿔세포가 있음을 상기하라. 우리는 그 수염의 뿌리에 있는 신경에서 뇌로 이어진 경로를 추적하여 정확히 어떤 뉴런들이 어떤 수염에 반응하는지 알아낼 수 있다. 특정한 수염 하나로부터 가장 먼저 입력을 받는 뉴런들을 발견하고 나면, 우리는 그 수염을 자극하면서 그 뉴런들이 어떻게 반응하는지 살펴볼 수 있다.

맨체스터 대학교에 있는 라스무스 페테르센Rasmus Petersen의 실험실은 2015년에 마이클 베일Michael Bale의 지휘 아래 오로지 그 실험만

했다. 목표는 그 최초의 수염 뉴런들 각각이 얼마나 정확하게 스파이크 메시지를 전송할 수 있는지 알아보는 것이었다.[10] 그들은 아주 작은 모터를 사용하여 수염 한 가닥을, 무작위로 선택한 하나의 패턴으로 앞뒤로 빠르게 흔드는 작업을 계속 반복했다. 그러면서 그 수염의 뿌리와 연결된 뉴런들 중 하나의 활동을 기록했다. 수염 흔들기 패턴을 한 번 진행하는 동안, 그 뉴런은 복잡한 스파이크 계열을 전송했다. 만일 그 스파이크 계열이 수염의 구체적인 변화―어쩌면 수염이 얼마나 빠르게 움직이는지, 또는 수염이 얼마나 많이 휘어지는지―에 관한 메시지를 전달하는 것이라면, 수염 흔들기 패턴이 진행될 때마다 그 스파이크 계열이 거의 똑같이 반복되어야 할 것이다.

실제로 그 스파이크 계열은 아주 똑같이 반복되었고, 페테르센 실험실은 최첨단 기록 장치를 갖췄음에도 식별의 한계에 부딪혔다. 지금은 디지털 시대다. 그 수염 뉴런 곁에 꽂힌 전극으로부터 신호를 받는 기록 장치는 24.4킬로헤르츠로 신호를 샘플링했다. 즉 초당 2만 4,400번 신호를 측정했다. 이런 터무니없을 만큼 높은 시간적 해상도에도 불구하고, 수염 흔들기 패턴을 반복할 때마다 정확히 똑같은 순간에 발생하는 스파이크 몇 개가 계열 안에 있는 듯했다. 이때 "정확히 똑같은 순간"에 발생한다는 것은 그 스파이크들이 기록 장치가 만든 단일 샘플 내에서 발생한다는 뜻, 즉 41마이크로초의 오차 이내로 똑같이 발생한다는 뜻이다. 41마이크로초는 터무니없이 짧은 시간이다. 이 오차의 의미는, 첫 번째 수염 흔들기 패턴이 진행될 때 한 스파이크가 기준 시점부터 따져서 3.68092초에 발생했다면, 그 후 다른 많은 수염 흔들기 패턴에서도 3.68091초와 3.68092초 사이에 스파이크가 발생했다는 것이다. 측정 기술의 한계에 봉착한 페테르센 실험실의 과학자들은 샘플링을 훨씬 더 빠르게 해내는 기록 장치를 특별히 제작해야 했다. 새 장치의 샘플링 빈도는 500킬로헤르츠다. 바꿔 말해 새 장치는 전극으로부터 오는 신호를 초당 50만 회 측정한다. 목표는 스파이크들이 얼마나 정확하게 반복되는지 알아보는 것이었다.

새로운 기록 장치를 사용한 그들은 스파이크 전송의 정확성을 제한하는 절대적 한계를 발견했다. 그들은 쥐들이 수염을 사용하는 모습을 동영상으로 촬영하여 수염의 운동이 도달한 최고 속도를 알아냈다. 그 운동이 빠르면 빠를수록, 그 운동이 일으키는 스파이크들이 더 정확할 필요가 있을 터였다. 이제 그들은 아주 작은 모터를 사용하여 수염을 그 최고 속도로 반복해서 운동시키면서, 매번 운동이 시작될 때부터 최초의 스파이크가 전송될 때까지의 시간 간격을 측정했다. 정말 놀랍게도, 가장 정확한 뉴런은 매번 대략 5마이크로초 이내의 시간 간격으로 최초 스파이크를 전송했다. 스파이크들 덕분에 쥐의 수염들은 방금 자기네에게 무슨 일이 일어났는지를 쥐의 뇌에 극도로 정확하게 말해줄 수 있다.

쥐의 수염에 관한 정보를 담은 스파이크들이 대단히 정확한 것은 우연이 아니다. 수염은 쥐의 생존에 필수적이다.[11] 쥐는 예민한 시각이 쓸모없을 어스름과 어둠 속에서 먹이를 찾는다. 실제로 쥐의 눈은 성능이 형편없다. 쥐의 눈이 수행하는 주요 임무는 세계 안의 모든 것을 상세히 분석하는 것이 아니라 무언가에 다가가야 하는지 아니면 달아나야 하는지 알려주는 것이다. 쥐가 만물을 발견하는 수단은 수염이다. 수염은 발견된 사물이 무엇인지 쥐에게 말해준다. 쥐의 수염은 끊임없이 앞뒤로, 초당 약 8회 움직이면서 벽을 발견하고 물체들을 탐색한다. 레고 블록을 쥐 앞에 놓으면 쥐는 블록의 색깔을 알아내지 못할 것이다. 그러나 쥐는 수염으로 블록을 누르기도 하고 두드리기도 하면서 철저히 조사하여 블록의 모양과 질감을 파악할 것이다.[12] 쥐의 수염은 사실상 우리의 눈에 해당한다. 무언가를 자세히 알고 싶으면 쥐는 그것을 수염으로 '응시할' 것이다. 즉 수염들을 앞으로 뻗어 그 물체에 대고 평소보다 네 배 빠르게 흔들 것이다.[13] 쥐의 수염에 관한 정보를 뇌로 전달하는 스파이크들이 이토록 정확하다는 것은 쥐에게 행운이다.

빠르게

세계 안에서 빠르게 일어나는 사건에 관한 정보는 신속하게 뇌로 전달되어 구석구석 퍼지고 이어서 뇌 바깥으로 전달되어야 한다. 쥐의 수염을 건드리면, 쥐는 즉각 고개를 돌릴 것이다. 우리의 시선이 사무실 안을 훑다 바삭한 쿠키에 꽂히면 우리는 그것을 집어들겠다는 결정을 재빨리 내릴 필요가 있다. 스파이크는 정보를 신속하게 전송하는 과제를 해결하기 위한 뇌의 해결책이다.

인간의 뇌에 있는 거의 모든 뉴런에는 단 하나의 축삭돌기가 있다. 축삭돌기는 뉴런에서 뻗어나온 특화된 케이블로서 뉴런의 스파이크들을 목표 지점으로 전달한다. 일부는 속력을 내기 위한 맞춤형 축삭돌기다. 겉질에서 스파이크는 축삭돌기를 따라 초속 약 233밀리미터로 이동할 수 있다. 우리의 겉질을 1초 안에 종단할 수 있는 속력이다.[14] 척수에 있는 감각 축삭돌기들의 스파이크 전송 속력은 100배 더 빠르다.[15] 뾰족뒤쥐의 좌골신경은 스파이크를 초속 82미터로 전송한다. 코끼리에서는 그 속력이 초속 70미터에 달하며 시속으로 따지면 무려 250킬로미터. 코끼리는 페라리 신경을 가졌다.

뉴런 간 정보 전송이 다른 방식으로 이루어지면 속력이 훨씬 더 느려진다. 뉴런이 오직 전압의 확산에만 의지할 때보다 스파이크를 전송할 때 정보 전송이 20배 더 빠르게 이루어진다. 또 스파이크 전송은 분자 방출을 통한 메시지 전송보다 1,000배 빠르다.[16] 이런 유형의 연속적 메시지를 한 뉴런에서 다른 뉴런으로 전송하려면, 두 뉴런이 서로 막이 닿을 정도로 밀착하여 신호의 느림을 거리의 짧음으로 만회할 필요가 있다. 실제로 인간의 망막 첫째 층에서는 그런 식으로 메시지 전송이 이루어진다. 거기에서 양극 뉴런들은 원뿔뉴런들과 밀착해 있다. 그러나 우리의 겉질 뒤쪽 끝에서 앞쪽 끝까지의 거리를 채우려면 뉴런 약 700개가 필요하다.[17] 따라서 늘어선 사람들이 물동이를 이어받는 방식으로 그 뉴런들이 메시지를 전송한다면 터무니없이 긴 시간이 걸릴 것이다. 더구나 메시지가 옮겨질 때마다 질이 떨어지고 잡음에 오염될 가능성이 있다. 따라서 그런 식으로 수백 번 옮겨지면 메시지가 엉망으로 망가져 "상자 안에 쿠키가 있다"가 "자 아에 우키다"로 바뀔 것이다. 그리하여 우리는 몹시 출출하고 적잖이 당황한 상태로 회의에 참여할 것이다. 빠른 축삭돌기를 통한 스파이크 전송은 이 모든 문제를 극복한다.

속력은 쥐의 수염이 뇌로 정보를 전송할 때 스파이크를 사용하는 또 다른 이유다. 쥐가 어둠 속에서 달릴 때 쥐의 수염들은 앞쪽의 바닥을 더듬어 장애물이 없는지 확인한다. 그 수염들 덕분에 쥐는 구멍과 돌부리를 피하고 다른 쥐들도 피한다. 쥐는 빠르게 달린다. 걸음을 내디딜 때마다 쥐의 앞발은 약 200밀리초 전에 수염이 놓인 자리에 놓인다.[18] 이는 쥐의 뇌가 200밀리초 이내에 수염으로부터 정보를 받고 처리하여 반응한다는 것을 의미한다. 여기서 반응이라 함은 발과 다리를 조종하기, 뛰어넘기, 급히 멈추기 등이다. 스파이크 덕분에 쥐의 수염은 뇌를, 이어서 발들을 정확하고 신속하게 업데이트한다.

멀리

몸이 크면—뉴런 규모에서 크다는 술어는 맨눈으로 보이는 모든 것에 붙일 수 있는데, 예컨대 구더기도 크다—뉴런들이 뉴런 하나의 크기보다 훨씬 더 먼 곳으로 메시지를 전송할 필요가 있다. 우리의 손가락 끝에서 척수까지의 거리를 생각해보라. 손가락 끝에 특정한 온도와 압력이 느껴지면, 손가락은 우리의 뇌에 "방금 손가락 끝을 차갑고 끈적하고 찝찝한 무언가에 댔는데, 제기랄. 느낌이 민달팽이 같아. 으악, 민달팽이 맞아!"라고 신속하게 말할 필요가 있다. 스파이크는 거리 문제에 대한 뇌의 해결책이기도 하다.

스파이크는 몇 미터 길이의 축삭돌기를 따라 이동할 수 있다. 가까운 곳에 있는 뉴런들을 연결하는 축삭돌기는 가늘다. 반면에 멀리 떨어진 뉴런들을 연결하는 축삭돌기는 굵다. 긴 축삭돌기일수록 더 굵고 스파이크를 더 빨리 전송한다. 멀리 뻗은 축삭돌기의 다수는 일정한 간격으로 배치된 끈적한 지방질 싸개들로 감싸여 있다. '미엘린 myelin'이라고 불리는 그 싸개가 축삭돌기를 절연한다. 절연의 효과는 두 가지다. 첫째, 스파이크가 미엘린 싸개로 감싸인 구간에서 더 빠르게 이동할 수 있다. 둘째, 싸개들 사이의 틈에서는 축삭돌기 막의 구멍들이 열리고 닫히는 사이클을 반복하여 스파이크를 재생한다. 다시 말해 그 틈들은 중계소 구실을 한다. 중계소들이 신호를 강화하여 종착점까지 온전히 유지되도록 만든다.

한 뉴런에서 멀리 떨어진 다른 뉴런으로 메시지를 전송하는 다른 모든 방식은 실패할 수밖에 없다. 분자 방출은 정보를 미세한 틈 너머로만 전달할 수 있다. 우리는 이 사실을 망막에서 보았으며, 다음 장에서 다시 보게 될 것이다. 뉴런을 둘러싼 소금물의 바다로 방출된 분자들은 퍼져나가 금세 행방불명이 될 것이다. 따라서 몇 마이크로미터 이상의 거리로 정보를 전송하기 위해 분자를 방출하는 것은 부질없는 짓이다. 또 스파이크 없이 뉴런의 전압만 있다면, 뉴런의 전압은 거리가 멀어짐에 따라 신속하게 잦아들어 1~2밀리미터도 이동하기 전에 잡음과 구별할 수 없게 될 것이다. 반면에 축삭돌기를 따라 스파이크를 전송하는 뉴런은 자기 본체 길이의 10만 배보다 더멀리 신호를 보낼 수 있다. 기린의 척수와 뒷발의 근육을 연결하는 뉴런 본체의 크기가 지구만 하다면, 그 뉴런의 축삭돌기는 지구에서

태양까지 거리보다 더 길다.[19]

기린

기린은 재미있는 동물이다. 기린이 생존 가능한 동물인 것은 전적으로 정보를 정확하고 빠르게 멀리 보내는 스파이크 덕분이다. 기린은 목이 터무니없이 길어서, 기린의 뇌는 발에서 최대 5.5미터 떨어져 있다. 이 때문에 상당히 심각한 제어 문제가 발생한다. 기린이 탁 트인 초원에서 껑충껑충 뛰어다닐 때 발이 바위나 나뭇가지나 잠든 개를 그려놓은 표지판에 부딪치더라도 기린은 자세가 무너져 꼴불견으로 넘어지지 않는다. 어떻게 그럴 수 있을까? 기린의 뇌는 이 모든 것에 반응할 필요가 있다.

기린이 꼴불견으로 넘어지지 않으려면, 최소한 발굽의 촉각 센서로부터 척수로 메시지가 전달되고, 그 메시지가 뇌에서 내려온 메시지와 통합되고, 이어서 두 메시지가 함께 운동 뉴런들에서 다리 근육으로 전송되는 신호를 변경함으로써 발걸음에 대한 제어를 수정할 필요가 있다. 실제로 기린의 발이 장애물에 부딪히면, 다수의 감각 뉴런에서 발생한 스파이크들이 즉각 함께 전송된다. 기린의 발굽과 척수를 연결하는 감각뉴런의 축삭돌기는 스파이크를 초속 50미터가 넘는 속력으로 전송한다. 척수에서 다리 근육으로 신호를 전달하는 축삭돌기도 똑같이 빠르게 작동한다. 그리고 단 하나의 케이블이 신호를 그먼 거리까지 전달한다. 안 그러면 신호 전달 과정에서 시간을 까먹는 정체가 수십 번 일어날 것이다.

정확하고 빠르게 멀리. 이 덕분에 기린은 돌부리에 발이 걸려도 몇 십 밀리초 안에 발굽을 뒤로 빼면서 걸음을 조절할 수 있다. 기린의 척수에 있는 반사 뉴런들과 기린의 발굽들은 몇 미터나 떨어져 있는데도 말이다.

눈에서 뇌로

정확하고 빠르고 먼 신호 전달의 필요성은 눈이 스파이크를 송출하는 이유이기도 하다. 정보가 눈에서 뇌까지 이동하려면, 눈알의 뒷면에서 뇌 중앙의 중간 정거장까지의 먼 거리를 주파해야 한다. 그 거리는 망막 내부에서 화학물질들이 뉴런들 사이의 틈을 건널 때 이동하는 거리보다 25만 배 넘게 멀다. 이 정도로 먼 거리는 오로지 스파이크만 주파할 수 있다. 더구나 그 정보는 빠르고 정확하게 뇌에 도달해야 한다. 그래야만 얼굴로 날아오는 공을 피하고, 탁자 귀퉁이에서 넘어져 떨어지는 컵을 잡을 수 있고, 무성한 풀숲 속에서 어른거리는 오렌지색 줄무늬 털가죽이 뚱뚱한 얼룩 고양이나 곰돌이 옷을 입고 파티에 가는 누군가가 아니라 굶주린 채 어슬렁거리는 호랑이임을 알아채고 달아날 수 있다. 눈은 (앞서 거론한 예를 다시 언급하면) 쿠키에 관한 방대한 정보를 스파이크들로 변환하여 초당 수백만 개의 스파이크를 광활한 겉질로 배급한다.[20]

눈이 뇌에게 말해주는 바는 저 바깥에 있는 모든 것의 복잡하고 상세한 목록이다. 단순히 빛을 수집하여 스파이크들로 변환하는 것과 영 딴판으로, 망막은 세계의 이미지를 짜 맞추고 단순화하고 처리하는 작업의 상당 부분을 이미 해놓았다.

  망막 셋째 층의 신경절세포들이 뇌에게 말해주는 바에 관하여 우리는 많은 것을 안다. 가장 기초적인 정보는 '어디에where'다. 쿠키의 경계에서 반사한 빛은 망막의 특정 위치에 있는 원뿔세포들에 도달한다. 그 경계 바로 옆의 두툼한 초콜릿 덩어리에서 오는 빛도 바로 옆 원뿔세포들에 도달한다. 바꿔 말해 원뿔세포들의 활동은 외부 세계에 있는 광원들의 위치를 코드화한다. 그리고 이 위치 정보는 망막의 뉴런 층들을 거치는 내내 보존된다. 즉 근처 원뿔세포들은 둘째 층의 근처 뉴런들과 연결되고, 그 뉴런들은 셋째 층의 근처 신경절세포들과 연결된다. 따라서 신경절세포들에서 유래한 스파이크들은 뇌에게 위치에 관한 말을 자동으로 해준다. (물론 눈이 말해주는 위치는 외부 세계에서의 위치와 비교할 때 위아래와 좌우가 뒤바뀌어 있다. 왜냐하면 직선으로 나아가는 빛이 눈동자의 핀홀렌즈pinhole lens를 통과하기 때문이다. 그래서 물체의 맨 아래에서 오는 빛이 망막의 맨 위에 도달하고, 거꾸로도 마찬가지다. 또 왼쪽 부분에서 오는 빛은 망막의 오른쪽에 도달하고 거꾸로도 마찬가지다.) 각각의 신경절세포는 지금 세계의 특정 위치에서 빛이 어떤 일을 겪는지 알려주는 스파이크들을 전송한다.

  그 스파이크들은 쿠키 아래에 상자가 있고 상자 아래에 책상이 있다고 말한다. 또 상자 뚜껑은 상자 귀퉁이에 비스듬히 걸쳐 있다고 말한다. 정확히 설명하자면, 그 스파이크들은 결국 그런 뜻으로 해석

될 것이다. 그러나 스파이크들이 전송될 때 보유한 의미는 단지 이것이다. "이 위치에 다른 빛 패턴이 있다. 또한 그 위와 오른쪽의 위치, 그리고 이 방향의 직선을 따르는 모든 위치에도 그러하다." 우리 눈은 쿠키와 상자와 책상에 대해서는 전혀 모른다. 그 모든 것은 나중에 빛 패턴들이 물체들로 조립되고, 그 물체들의 명칭이 저장소에서 소환되고, 그 물체들의 의미가 명백해질 때 뇌가 알아낼 것이다. 눈은 단지 빛에 관해서만 안다. 빛이 어디에 있고 어떤 패턴을 형성하는지만 안다.

하지만 망막은 빛 패턴에 관하여 할 말이 많다. 신경절세포들이 전송하는, 그다음으로 가장 근본적인 정보는 특정 위치에서 언제 빛이 켜지거나 꺼지는가 하는 것이다. 이 정보 전송은 세 가지 유형의 신경절세포가 나눠 맡는다. 그 유형들은 켜짐 유형, 꺼짐 유형, 켜짐-꺼짐 유형이다. 켜짐 유형은 자신이 대표하는 세계의 부분에서 빛이 증가할 때 스파이크들을 전송한다. 켜짐 유형 신경절세포들과 개수가 대략 같은 꺼짐 유형 신경절세포들은 자신이 대표하는 위치에서 빛이 감소할 때 스파이크들을 전송한다. 더 드문 켜짐-꺼짐 유형은 자신이 대표하는 위치에서 빛이 증가할 때와 감소할 때 모두 스파이크들을 전송한다.

개구리의 눈이 뇌에게 말해주는 바를 연구하는 과정에서 제리 레트빈—월터 피츠의 MIT 친구—은 이 세 가지 유형의 존재를 증명하는 데 기여했으며, 개구리의 망막에는 적어도 한 유형이 더 있음을 보여주었다.[21] 그것은 '볼록함 탐지기convex detector'로서, 배경 앞에서 움직이는 작고 볼록한 무언가로부터 빛이 유래할 때 스파이크들을 전송하는 세포 유형이다. 혹은 레트빈과 동료들이 1959년 논문에서 제기한 추측에 따르면, "벌레 탐지기bug detector"다.

처음 세 가지 유형의 존재만으로는 부족하다면(실제로 부족했다), 이 벌레 탐지기는 뇌가 순전히 논리적이라는 매컬러와 피츠의 이상을 무너뜨리는 치명타일 것이었다. 왜냐하면 두개골 밖의 눈에 위치한 이 뇌의 첫 부분조차도 진화로 인해 해당 동물에게 중요한 사물들에 맞춰진 메시지와 그 동물의 생태 보금자리에 맞춰진 메시지를 전송하기 때문이다. 그 스파이크들은 망막이 자체 보유한 뉴런들이 빛을 많이 처리해냄으로써, 빛이 켜진 위치들과 꺼진 위치들이 곡선을 이룬다는 정보를 종합해낸 결과임이 틀림없다. 이 처리는 다량의 계산이긴 하지만 논리는 아니다.

실상은 더 복잡하다. 오늘날 우리는 신경절세포의 이 같은 세 가지 기본 유형, 곧 켜짐 유형, 꺼짐 유형, 켜짐-꺼짐 유형도 실은 영 다른 사항들에 관심을 기울이는 온갖 뉴런들을 뭉뚱그려 부르는 용어일 뿐임을 안다. 톰 베이든Tom Baden, 필립 베런스Philipp Berens, 토머스 오일러Thomas Euler와 동료들은 최근에 레트빈의 개구리 눈 연구를 21세기에 어울리게 업데이트했다.[22] 그들이 제기한 질문은 쥐의 눈이 쥐의 뇌에게 무엇을 말해주는가 하는 것이었다. 그들은 레트빈이 상상도 하지 못했을 도구들을 사용했다. 과거에 레트빈은 투박한 전극 하나를 시신경에 꽂았다. 시신경은 뇌의 나머지 부분으로 스파이크들을 운반하는, 신경절세포 축삭돌기들의 굵은 다발이다. 반면에 베이든과 동료들은 신경절세포 수백 개 각각에서 유래한 신호들을 동시에 직접 기록했다. 기록된 신경절세포의 총수는 1만 1000개가 넘었다. 과거에 레트빈은 개구리들에게 무작위로 고른 대상들을 보여주었고, 레트빈 자신이 손에 쥔 자석의 영향으로 금속 돔 위에서 움직이는 검은 점을 '벌레' 삼아 보여주었다. 반면에 베이든과 동료들은 신경절세포들 각각을 컴퓨터가 통제하는 빛 디스플레이 소나기에 노출시켰다. 그 디스플레이 각각은 가능한 빛 변화의 한 측면을 실험하기 위해 고안되었다. 이를테면 빛이 어디에 있는지, 빛이 얼마나 빠르게 변화하는지, 빛이 어떤 패턴으로 변화하는지, 빛이 어떤 색깔인지에 따라 신경절세포가 어떻게 반응하는가 실험하기 위해서 고안되었다.

기록된 1만 1000여 개의 뉴런을 그 입력 소나기에 대한 반응의 유사성에 따라 분류함으로써, 베이든과 동료들은 적어도 32가지 유형의 신경절세포를 찾아냈다. 어떤 세포들은 빛이 갑자기 켜지거나 꺼질 때 반응했다. 어떤 세포들은 변화의 다양한 빈도에 반응하고, 또 어떤 세포들은 변화의 다양한 폭에 반응했다. 몇몇 세포는 빛의 운동 방향에 주의를 기울이고, 다른 몇몇 세포는 그렇지 않았다. 일부 세포는 어스름한 빛 속에서 반응하고, 다른 세포는 환한 빛 속에서 반응했다. 일부 세포는 주의를 기울이는 것에 반응할 때 잠깐 스파이크들을 분출했다. 다른 일부 세포는 스파이크들의 꾸준한 계열로 반응했다. 그리고 무엇에 반응하든 상관없이, 신경절세포의 유형 각각이 망막 전체에 골고루 분포했다. 따라서 눈이 볼 수 있는 세계의 어느 위치에서 유래한 빛에 대해서든지 각 유형의 매우 특화된 처리 작업이 이루어질 수 있다.

이 모든 다양한 유형은 무엇을 위해서 존재할까? 각각의 유형은 두 가지 이유 중 하나 때문에 존재한다. 일부 유형은 세계 안의 무엇에 반응하는가 하는 측면에서 매우 선택적이다. 따라서 그 유형들은 매우 특화된 문제들을 해결하는 메시지를 전송하기 위해 존재한다. 나머지 유형들은 선택적이지 않다. 이 신경절세포 유형들 각각은 세계의 아주 평범한 면모 하나를 담당한다.

매우 선택적인 유형의 아주 좋은 예로는, 켜지자마자 왼쪽이나 오른쪽같이 특정 방향으로 움직이는 빛에만 반응하는 켜짐 세포가 있다. 이런 켜짐 반응은 축제 마당에서 저 건너편에 있는 친구가 휴대전화가 고장 나 손전등으로 모스 부호 메시지("맥-주-갖-다-줘")를 보낼 때 그것을 탐지하는 데 매우 유용하다. 하지만 그런 모스 부호 탐지를 위해 이 유형의 세포가 진화한 것은 당연히 아니다. 이런 방향 선택적 켜짐 유형 세포가 진화한 이유 중 하나는 흔들리는 머리를 감당하기 위해서다. 예컨대 걸어가면서 무언가를 계속 바라보고자 할 때, 우리의 뇌는 머리가 흔들리면서 눈이 위아래로 움직이는 것을 보정하기 위해 눈을 아래위로 움직여야 한다. 방향 선택적 켜짐 세포들에서 나오는 신호를 분석하면, 머리가 눈을 얼마나 많이 움직이는지 알아낼 수 있다.[23] 머리가 위로 움직이면 눈도 위로 움직이므로, 응시하는 대상에서 나와 망막에 도달하는 빛은 아래로 움직일 것이다. 따라서 망막의 더 아래쪽에 위치한 위아래 선택적 켜짐 세포들이 스파이크를 전송하기 시작하면, 뇌는 눈이 얼마나 많이 움직였는지 알고 이 움직임을 보정하기 위해 눈을 아래로 움직이라는 신호를 눈 근육들에 전송할 수 있다(거꾸로 머리가 아래로 내려올 때는 뇌가 반대 신호를 전송할 수 있다).

대다수의 신경절세포 유형은 특수한 신체 협응 문제를 해결하는 데 필요한 한정된 조합들에 반응하는 선택적 유형이 아니다. 오히려 대다수 유형 각각은 우리가 보는 세계 안의 모든 것이 공유하는 특징 하나에 주의를 기울인다. 작거나 큼, 빠르거나 느림, 곧거나 굽음, 색깔, 밝기 등에 말이다. 그리고 망막의 뉴런들이 세계의 어떤 특징들에 주의를 기울일지는 그 뉴런들이 어떤 동물의 것인지에 달려 있다.[24] 다양한 종들은 이런저런 방식으로 서로 다르다. 이들 종들은 덩치가 작거나 중간이거나 크고, 포식자이거나 피포식자이고, 낮이나 밤, 여명과 황혼에 주로 활동하며, 추운 곳이나 온화한 곳, 더운 곳, 뜨거운 곳, 숲, 초원, 사막, 툰드라, 눈밭, 산, 강, 얕은 바다, 깊은 대양에 서식한다. 그리고 이 다양한 삶의 방식에 따라 제각기 다른 정보가 눈을 거쳐 뇌에 도달한다. 깊은 대양에서 플랑크톤을 먹고 사는 생물에게 숲을 덮은 녹색 나뭇잎을 포착하는 능력이 탁월한 뉴런들로 가득 찬 망막이 있는 것은 좋지 않다.

우리는 신경절세포들이 좋아하는 특징들을 생쥐의 망막에 대한 연구를 통해 가장 잘 알지만, 또한 우리의 망막이 다양한 정보를 더 많이 수집하고 있음이 틀림없다는 것도 안다. 예컨대 우리는 우리가 생쥐에게는 없는 신경절세포 유형 몇 가지를 지녔음을 안다. 왜냐하면 우리의 눈은 세 가지 유형의 원뿔세포(빨강, 초록, 파랑 원뿔세포)

를 지닌 반면, 생쥐는 두 가지 유형을 지녔기 때문이다. 따라서 우리의 망막에는 생쥐의 눈은 전혀 다루지 못하는 정보를 다루는 신경절세포들이 있다. 그러나 만일 신경절세포의 유형을 신경절세포가 주의를 기울이는 세계의 특징들로 정의하지 않고 신경절세포가 발현하는 유전자들로 정의하면, 우리가 생쥐보다 더 적은 신경절세포 유형들을 지녔음을 안다. 이 정의에 따른 유형은 생쥐에서는 무려 40가지인 반면, 인간에서는 고작 20가지다(이 유전적 유형들이 베이든과 동료들이 발견한 30여 가지의 특징-유형들과 어떻게 대응하는지는 밝혀지지 않았다).[25] 또 하나의 큰 차이는 우리는 원뿔세포들이 엄청나게 밀집한 구역인 중심오목fovea이 있지만 생쥐는 그렇지 않다는 것이다. 우리가 세계 안의 무언가를 '바라볼' 때, 우리는 머리와 눈을 움직여 광자들이 중심오목에 있는 원뿔세포들에 도달하게 만든다. 원뿔세포들이 엄청나게 밀집한 이 구역은 엄청나게 밀도 높은 처리를 필요로 한다. 따라서 눈의 나머지 부분보다 중심오목에 신경절세포가 더 조밀하게 모여 있고, 중심오목에만 있는 뉴런 유형도 몇 가지 존재한다. 생쥐와 비교하면 우리의 눈은 세계에 관하여 몇 가지 결정적으로 다른 정보를 뇌로 전송한다.

이 모든 것이 의미하는 바는 다음과 같다. 우리의 시선이 쿠키에 꽂히면 망막은 쿠키와 그 주변에 관한 정보를 세분하여 서로 별개인 정보 통로channel 수십 개로 배분한다. 그 통로들은 쿠키에 관하여 제각각 다른 메시지를—쿠키의 둥근 모양, 초콜릿 덩어리의 갈색, 상자 뚜껑의 각도—겉질로 운반한다. 또한 쿠키 조각들의 상대적 위치에 관한 메시지를 운반하는 통로도 있고, 그 조각들이 어느 방향에 있는 지에 관한 메시지를 운반하는 통로도 있다. 우리가 머리를 왼쪽에서 오른쪽으로 돌리며 쿠키 상자를 주시하면, 오른쪽에서 왼쪽으로 움직이는 빛에 반응하는 신경절세포들이 가장 많이 흥분한다(우리의 머리가 움직이는 반대 방향으로 빛이 우리의 망막을 가로지른다). 이 혼란스러운 메시지가 신경절세포 축삭돌기들을 따라 전송된다. 최소 100만 개의 축삭돌기가 다발을 이뤄 굵고 하얀 밧줄을 형성하는데, 그 밧줄이 시신경이다. 전송된 메시지가 어떻게 되는지 알아보기 위해, 쏜살같이 지나가는 스파이크 하나에 매달려 축삭돌기를 따라 머나먼 겉질로 이동하자.

3장

군단

틈새

우리의 스파이크는 겉질의 일차시각영역first vision area(V1)에 진입한다. 겉질에서 시각을 담당하는 부분은 전체의 3분의 1에 달하는데, V1은 그 많은 영역 중 첫 번째 영역이다.[1] 그 스파이크가 운반하는 메시지―바삭바삭한 초콜릿 쿠키 이미지의 작은 픽셀 하나에 관한―는 계속 위쪽으로 전달되어 이 모든 영역을 거치면서 다른 수백만 개의 스파이크가 운반하는 다른 모든 메시지와 결합하여 '쿠키'에 대한 지각을 창출해야 한다.

우리는 우선 상륙해야 한다. 우리의 겉질은 층이 섬세하게 나뉘어 있는 케이크다. 모두 여섯 층이 있는데, 다섯 층은 즙이 많은 뉴런으로 빽빽이 채워져 있고, 맨 위의 1층에는 뉴런이 전혀 없다. 우리는 V1 영역의 4층에 위치한 축삭돌기 말단에 도달하기 직전이다. 우리

위에는 뉴런들로 꽉 찬 3층과 2층이 있고, 그 위에는 1층이 있다. 1층에는 희소한 작은 뉴런들도 조금 있지만 주로 다른 곳으로 뻗은 축삭돌기들과 뉴런이 아닌 뇌세포들이 들어차 있다. 그 뇌세포들은 아교세포glia cell인데, 말하자면 받침대, 뒤치다꺼리 담당자, 하층 노동자다. 우리 아래에는 5층과 6층의 더 큰 뉴런들이 보인다. 그 뉴런들은 위협적일 정도로 거대하다.

뉴런의 본체는 한 층 안에 국한되어 있더라도 뉴런의 돌출부는 그렇지 않다. 우리 주위는 온통 뉴런들의 돌출부가 이룬 숲이다. 모든 뉴런 각각의 본체에서 뻗어나온 풍성한 가지돌기들이 보인다. 나무 모양인 가지돌기의 가지들은 가늘지만 갈라지고 뒤틀린다. 가지돌기가 차지한 부피는 뉴런의 본체를 난쟁이처럼 보이게 만든다. 가지돌기는 뉴런이 다른 뉴런들에서 오는 입력들을 수집하여 몽땅 본체로 이동시키는 수단이다. 무수히 많은 듯한 다른 뉴런들에서 뻗어온 축삭돌기 말단들이 우리 주변 모든 뉴런의 구불구불한 가지돌기에 화학물질을 뿌린다.

가지돌기의 모양과 개수는 해당 뉴런이 하고자 하는 일에 관하여 많은 것을 알려준다. 실제로 신경과학의 역사에서 과학자들은 흔히 가지돌기를 기준으로 뉴런을 분류했다. 망막에서 여행을 시작한 우리는 겉질에 있는 첫 뉴런의 가지돌기에 도달하려는 참이다. 그 가지돌기는 온갖 방향으로 무성하게 가지를 뻗었다.[2] 우리 아래에는 겉질 뉴런의 전형인 5층의 피라미드세포pyramidal cell 가 있다. 그 세포는 두 가지 유형의 가지돌기를 지녔는데, 한 유형은 본체 꼭대기에서 뻗어

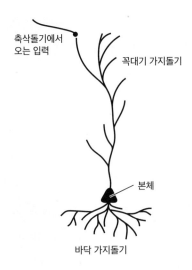

그림 3-1 겉질 5층의 피라미드 뉴런. 본체가 대충 (3차원) 피라미드 모양이기 때문에 그런 명칭을 얻었다.

나와 거의 겉질 표면까지 이어진 길고 날씬한 단일 줄기가 주요 특징이며, 다른 유형은 본체 바닥에서 돌출됐으며 전체적으로 펑퍼짐하다(그림 3-1). 우리 위의 3층과 2층에는 더 수수한 피라미드세포가 있다. 그 세포의 가지돌기는 무성하고 본체를 감싸고 있으며 5층의 피라미드세포에 비해 시선을 덜 끈다. 모양과 크기가 어떠하든 이 모든 가지돌기는 다른 뉴런들에서 유래한 입력들로 뒤덮여 있다.[3]

그러나 우리가 4층 깊숙이 뛰어들어 축삭돌기 말단에 도달하자마자, 스파이크의 여행은 갑자기 중단된다. 스파이크와 다음 뉴런 사이에는 틈새(전문용어로 '시냅스틈새synaptic cleft')가 있는데, 스파이크는 그 틈새를 건널 수 없다. 그럼 스파이크의 메시지를 어떻게 계속 전달할 수 있을까? 우리는 어떻게 그 틈새를 건너고, 어떻게 다음 뉴런에서 새로운 스파이크를 만들어 메시지를 재건해야 할까?

우리의 스파이크가 축삭돌기 말단에 도달하면 거기에 저장되어 있던 꾸러미들이 찢어지며 열린다. 그러면 꾸러미의 내용물이 틈새로 쏟아져나와 건너편으로 퍼져나갈 수밖에 없다(그림 3-2). 이 분자들이 건너편 뉴런에 포획되면 그 뉴런의 전압이 약간 변화한다. 하지만 아주 약간 미세하게만 변화한다. 그리고 그 미세한 전압 펄스가 뉴런의 긴 돌출부를 따라 이동한다.

도착하는 스파이크 각각이 다음 뉴런의 가지돌기에 정확히 어떤 영향을 미치는지는 틈새 너머로 전달되는 분자가 어떤 유형인지에 달려 있다. 한 뉴런이 축삭돌기 말단들에 지닌 분자 꾸러미들은 모두 동일하다. 또 동일한 유형의 모든 뉴런은 동일한 꾸러미들을 지녔다.

1. 스파이크가 도착한다.

축삭돌기

다음 뉴런

틈새

2. 분자들이 방출된다.

3. 전압 펄스가 발생한다.

그림 3-2 스파이크를 뉴런들 사이의 틈새 너머로 보내기.

그러나 서로 다른 유형의 뉴런들은 다른 분자 꾸러미들을 지녔으며, 분자의 유형은 표적 뉴런에서 전압 펄스가 더 강해질지 아니면 약해질지 결정한다.

우리가 주목하는 쿠키-픽셀 스파이크는 축삭돌기 말단에 들이닥쳐 글루타메이트glutamate 분자 꾸러미들을 찢어 연다. 꾸러미가 열리면 글루타메이트 분자들이 축삭돌기 말단에서 방출되어 마이크로미터 규모의 틈새 너머로 확산하고 결국 건너편의 글루타메이트 모양 수용체들에 도달한다. 운 좋게 방향을 잘 잡은 글루타메이트 분자는 수용체와 꼭 맞게 결합할 것이다. 이 모든 과정은 퍼즐 조각들을 무작위로 맞춰보다가 가끔 서로 들어맞는 조각들을 발견하는 방식으로 2년 동안 퍼즐을 다 맞추는 것과 비슷하다. 실제로 글루타메이트 분자들은 무작위로 수용체들에 접근하지만, 수용체와의 결합이 이루어지면 그 주변의 뉴런 막에서 구멍들이 열린다. 그러면 이온들이 그 구멍들을 통과하여 표적 뉴런의 가지돌기의 해당 부분에서 전압 펄스를 창출할 수 있게 된다. 그리고 지금 거론되는 수용체는 글루타메이트를 원하는 수용체이므로, 이온들의 흐름은 표적 뉴런의 해당 위치에서 전압을 약간 증가시킨다. 이를 일컬어 '흥분excitation'이라고 한다.

그 근처, 가지돌기의 (표적 뉴런의 본체에 더 가까이 위치한) 아래쪽 부분 곁에는 망막에서 뻗어온 것이 아닌 축삭돌기 말단들이 있다. 그 말단들은 GABA(가바)라는 다른 분자를 틈새 너머로 전달한다. GABA가 동일한 가지돌기에 있는 GABA 모양 수용체와 결합하면, 전압 펄스가 약해진다. 쉽게 짐작하겠지만, 이를 일컬어 '억제

inhibition'라고 한다.

축삭돌기 말단과 표적 가지돌기 사이 틈새에서 강화되거나 약화된 전압 펄스는 가지돌기를 따라 이동하여 표적 뉴런의 본체에 도달한다. 이동 중에 더 작아진 그 전압 펄스는 표적 뉴런의 본체에서 많은 전압 펄스들과 합쳐져 스파이크의 형성에 기여한다. 상향 펄스는 표적 뉴런이 스파이크를 창출할 확률을 높이고, 하향 펄스는 그 확률을 낮춘다.

이 모든 과정은 약간 미친 짓처럼 느껴진다. 우리의 뇌는 스파이크를 만들기 위해 온갖 노력을 했다. 많은 에너지가 드는 그 노력은, 단지 분자들을 쏟아놓거나 전압 펄스를 확산시키는 방법으로는 장거리 메시지 전달을 할 수 없다는 문제를 우회하기 위해서 필요했다. 그런데도 우리의 뇌는 지금 스파이크를 분자 무더기로 다시 변환하고 그 분자들은 전압 펄스를 일으키고 있다.

하지만 그렇게 할 이유가 충분히 있다. 일단 전압과 화학물질의 확산은 에너지가 훨씬 더 적게 든다. 실제로 아주 작은 뇌에서는 모든 것이 스파이크가 아니라 전압과 분자들의 확산을 통해 전달된다. 그러나 핵심 이유는 어쩌면 융통성일 것이다. 스파이크를 다시 화학물질로, 이어서 전압으로 변환할 때 뇌는 있거나 아니면 없거나 둘 중 하나인 스파이크를 해석하는 방법에 관한 선택지들을 얻게 된다.

이 융통성은 틈새의 강도가 다양하다는 점에서 유래한다. 동일한 분자 꾸러미를 사용하는 동일한 유형의 틈새들이라고 하더라도 동일한 크기의 전압 펄스를 일으키지는 않는다. 모든 조건이 동일하더라도 어떤 틈새들에서는 다른 틈새들에서보다 더 큰 펄스가 발생한다. 이 같은 펄스 크기의 변이는 틈새 양편의 여러 요인에 의해 발생할 수 있다. 예컨대 틈새 너머 표적 뉴런이 분자들을 받아들이는 수용체들을 더 많이 보유했을 수 있다. 분자와 결합하는 수용체가 많을수록 더 많은 구멍이 열리고 더 큰 전압 펄스가 발생한다. 또한 눈치 빠른 독자라면 이미 짐작할 테지만, 간단히 더 많은 분자를 틈새에 쏟아놓음으로써 더 큰 전압 펄스를 일으킬 수도 있다. 더 많은 분자를 쏟아놓으면 우연히 방향을 옳게 잡은 분자의 수가 증가하고, 따라서 수용체와 결합하는 분자의 수가 증가한다. 이 모든 것이 의미하는 바는 이렇다. 도착하는 스파이크의 있거나 아니면 없거나의 양자택일이 표적 뉴런에서는 일정한 범위의 효과로—약한 효과부터 강한 효과까지 펼쳐진 스펙트럼으로—변환될 수 있다는 것이다.

그러나 틈새의 강도에는 엄격한 한계가 있다. 이 모든 일에 관여하는 요소들—축삭돌기 말단, 틈새, 건너편의 수용체들—의 크기는 겨우 몇 마이크로미터 정도다. 이렇게 작은 공간 안에 있을 수 있는 수용체의 개수는 한정적이며, 축삭돌기 말단이 저장할 수 있는 분자의 개수도 한정적이다. 이렇게 엄격한 한계들이 있기 때문에, 도착하는 스파이크 하나는 새로운 스파이크를 만들어내기에 충분하지 않다.[4] 이런 연유로, 우리는 망막에서 하나의 스파이크에 매달려 여기에 도착했지만 그렇게 망막에서 여기로 흘러오는 스파이크의 총수는 몇백만 개에 달한다. 새로운 스파이크 하나를 만들어내려면 스파이크들의 군단이 필요하다.

많음

새로운 스파이크 하나의 발생은 다른 많은 스파이크가 뉴런에 도착한 결과다. 그 많은 스파이크 각각이 일으킨 작은 전압 펄스가 모두 합쳐지고 축적되고 조합된 결과로 마침내 뉴런은 임계점에 도달하여 스파이크 하나를 뱉어낸다. 겉질에 있는 뉴런에게 다가오는 스파이크들은 흡사 군단처럼 보일 것이다. 무수한 스파이크들이 도착하여 화학물질을 부려놓음으로써 전압을 요동시킨다. 이 군단은 메시지를 계속 전달하는 데 필수적이다. 새로운 스파이크 하나를 만들어내려면 많은 스파이크가 필요하다.

이 군단은 얼마나 클까? 새로운 스파이크 하나를 만들어내려면 정확히 몇 개의 스파이크가 필요할까?

뉴런이 받는 입력의 개수를 셈으로써 몇 가지 대략적인 답을 얻을 수 있다. 1980년대에 발렌티노 브레이튼버그Valentino Braitenberg와 알무트 슈츠Almut Schuz는 생쥐의 겉질 뉴런들이 받는 입력의 개수를 공들여 셌다.[5] 그들은 겉질 뉴런 하나가 약 7,500개의 입력을 받는다는 결론에 이르렀다. 당연히 그 입력 각각이 독자적으로 스파이크를 유발할 수는 없다. 그렇지 않다면 겉질은 스파이크들의 홍수에 잠길 것이다. 그러나 새로운 스파이크를 유발하기 위해 1개보다는 많고 7,500개보다는 적은 스파이크가 필요하다는 대답은 여전히 아주 막연하다.

입력의 유형을 고려하면 개수의 범위를 약간 줄일 수 있다. 기억하겠지만, 일부 틈새에 도달한 입력은 뉴런의 전압을 높이지 않고 낮춘다. 즉 그 입력은 뉴런을 억제하여 스파이크가 발생할 확률을 낮춘다. 따라서 우리가 제기하는 진짜 질문은 이것이다. 새로운 스파이크를 만들어내려면 뉴런을 흥분시키는 입력이 몇 개 필요할까? 브레이튼버그와 슈츠는 이 개수도 공들여 세었다. 그들은 헌신적이고 존경스러운 과학자들이지만, 우리를 앞에 세워둔 채 세 시간 동안 생쥐의 뇌를 웨이퍼처럼 얇은 조각들로 저미고 시냅스의 개수를 세는 최선의 방법에 관하여 혼자 떠들 만한 인물들이다. 식탁 위에서 계속 미지근해지는 맥주를 한 모금 마실 새도 없이, 악몽 속에 갇히게 할 법한 사람들. 그들의 연구 결과에 따르면, 겉질 뉴런으로 들어오는 입력의 약 90퍼센트가 그 뉴런을 흥분시킨다. 억제성 입력은 약 10퍼센트에 불과하다. 따라서 우리가 알아내려는 스파이크 개수의 상한값은 6,750으로 약간 떨어진다. 뭐, 대단한 성과는 아니라고 해도 좋다. 내가 "약간"이라고 말하지 않았는가.

지금 논의되는 질문이 쉽다고 생각할지 모르겠다. 뉴런의 전압이 임계점에 도달하도록 만드는 데 필요한 입력 스파이크의 개수를 그냥 세기만 하면 질문에 답할 수 있을 듯하니까 말이다. 그러나 실제 뉴런들에서 이 질문의 답을 알아내기는 어렵다. 왜냐하면 단일한 뉴런으로 들어오는 수천 개의 입력을 동시에 감시하는, 실행 가능한 방법이 우리에게 없기 때문이다. 몇몇 과학자는 이 문제를 우회하려고 했다. 미하엘 호이서Michael Häusser의 실험실에서 일하는 과학자들은 어느 멋진 실험에서 특정 뉴런에 입력을 보내는 뉴런들 중 하나가 강제로 스파이크를 점화fire하도록 해놓고 그 특정 뉴런의 반응을 기록했다.[6] 이 실험을 반복함으로써 그들은 입력 스파이크 하나가 추가되면 표적 뉴런에서 스파이크가 발생할 확률이 약 2퍼센트 증가함을 발견했다. 이 발견은, 스파이크의 발생을 확실히 보장받으려면 추가 입력 스파이크가 약 50개 필요함을 함축한다. 표적 뉴런이 현재 받고 있는 입력들 외에 추가로 50개가 더 필요하다는 것이다. 따라서 우리가 알아내려는 개수의 하한값은 약 50개, 상한값은 여전히 6,750개다. 이것보다 더 나은 답을 얻을 수 있을까?

모형 뉴런을 탐구 대상으로 삼아 입력 스파이크의 개수를 세는 것은 더 쉬운 과제다. 우리는 수학 용어로 서술하고 컴퓨터에서 시뮬레이션할 수 있는 다양한 유형의 모형 뉴런을 가지고 있다. 호지킨과 헉슬리는 뉴런 막에 있는 구멍들의 열림과 닫힘이 실제로 축삭돌기에서 전압 스파이크를 일으키리라는 것을 증명하기 위하여 기초적인 모형 뉴런들 중 하나를 만들었다(그리고 그 모형—서로 연결된 복잡한 방정식 4개—을 손잡이를 돌려 작동시키는 계산기와 연필을 사용하여 시뮬레이션했다). 그들이 1963년에 받은 노벨상은 천재성에 대한 보상인 것에 못지않게 불굴의 인내심에 대한 보상이기도 했다. 요컨대 우리는 모형 뉴런 중 하나를 선택해서 그것의 모형 틈새로 모형 스파이크를 입력으로 보내면서 이렇게 물을 수 있다. 네가 점화하려면(스파이크를 점화하려면) 얼마나 많은 입력이 필요하니?

모형들의 대답은, 경우에 따라 다르다는 것이었다. 대략 몇 개일까? 100개에서 200개다. 만일 우리가 모형 가지돌기들과 (모형 신경전달물질 분자들과 결합하는) 모형 수용체들을 온전히 갖춘 복잡한 모형 겉질 뉴런을 표적으로 삼고 입력 스파이크들이 거의 동시에 도착하게 만들면, 새로운 스파이크의 발생을 보장하는 데 필요한 도착 스파이크의 개수는 약 180개다.[7] 하지만 이것은 우리가 많은 요인을 무시할 때 얻을 수 있는 결론이다. 예컨대 스파이크들의 도착 시점이 상대적으로 얼마나 다른지, 곧 스파이크들이 시간상에 넓게 퍼져 있는지 아니면 모두 뭉쳐 있는지가 그런 요인이다. 또한 도착 스파이크들이 항상 있을 것이므로, 언제 스파이크 개수를 세기 시작해야 하는지가 불분명하다. 또 틈새에 도착하는 일부 스파이크들은 표적 뉴런을 억제한다. 게다가 틈새들의 상대적인 강도도 중요한 요소다. 더 강한 틈새일수록 더 적은 개수의 도착 스파이크를 필요로 할 것이다. 또 틈새에서 산출된 전압 펄스가 존속하는 시간이 얼마나 긴가 하는 것도 중요하다. 그리고 이 모든 이야기는 겉질에 있는 단 하나의 뉴런 유형에만 적용된다. 그 유형은 피라미드 뉴런이다.

"얼마나 많은 스파이크가 필요할까?"라는 질문은 사실상 그 답이 무수한 요인에 달려 있는 심오하고 난해한 질문이다. 그리고 그 무수한 요인들은 뇌가 작동하게 하기 위해 스파이크를 어떻게 사용하는지에 관하여 많은 것을 알려준다. 쉽게 눈에 띄는 요인은 세 가지다. 첫째, 뉴런에 도착하는 흥분성 입력과 억제성 입력의 비율. 둘째, 입력들의 동시성. 셋째, 가지돌기에서 입력들이 도착하는 정확한 위치.

골디락스 구역

스파이크 군단이 입력되는 것은 위험한 일이다. 스파이크 몇백 개만 입력되면 새 스파이크를 일으키기에 충분하다. 그러나 그 입력들은 수천 개의 입력선에 분산되어 있다. 바꿔 말해 가능한 입력의 최대수는 수천 개에 달한다. 더구나 모든 입력 중에서 흥분성 입력이 억제성 입력보다 최소 5배 많다. 수천 개의 입력 가운데 잉여 스파이크 2~3개만 폭주 고리runaway loop ─ 스파이크가 일으킨 스파이크가 또 스파이크를 일으키는 일이 끝없이 계속되는 상황 ─ 를 형성하더라도 뇌는 고장 날 것이다. 뇌전증은 그런 고장의 한 예다. 뇌전증 발작이 일어나면 거대한 스파이크 물결이 겉질을 휩쓴다. 물결에 맞닥뜨린 모든 뉴런은 즉각 임계점에 도달하여 동시에 스파이크를 발생시키고, 그렇게 다음번 물결이 형성된다.

그러나 이런 고장은 드물다. 왜냐하면 뇌는 골디락스 구역 안에 있기 때문이다. 즉 뇌는 너무 활동적이지도 않고 너무 고요하지도 않다. 뇌는 딱 적당한 정도로 활동한다.[8] 그렇게 골디락스 구역 안에 머무르기 위하여 뇌는 흥분과 억제의 균형을 완벽하게 유지한다.

우리는 뇌의 균형 잡기 행동을 스파이크들 사이의 간격에 관한 간단한 수수께끼에서 찾아냈다. 1992년, 윌리엄 소프트키William Softky와 크리스토프 코흐Christof Koch는 겉질의 일차시각영역에 있는 뉴런들이 보내는 스파이크들이 뭔가 이상하다고 보고했다.[9] 그 뉴런들은 우리가 지금 논하는 뉴런과 정확히 같은 유형이다. 단일 뉴런들을 기록하는 작업을 수백 회 실행한 끝에 그들은 각각의 뉴런에서 나오는 스파이크들이 눈에 띄게 불규칙한 간격으로 발생함을 알아챘다. 짧은 간격 다음에 또 짧은 간격이 있을 수도 있고 중간 간격이 있을 수도 있고 때로는 긴 간격이 있을 수도 있었다. 간단히 말해서 어떤 조합이든 가능했다. 실제로 몇몇 뉴런에서는 간격들의 계열이 거의 완벽하게 무작위해서, 그 간격들을 재배열하여 또 다른 계열을 만들어 원래 계열과 비교하면 어느 쪽이 원래 계열이고 어느 쪽이 재배열된 계열인지 분간할 수 없을 정도였다.[10]

이론가들인 소프트키와 코흐는 뭔가 이상함을 곧바로 깨달았다. 뉴런의 스파이크 창출을 흉내 낸 가장 좋은 모형들에서는 스파이크들 사이의 간격이 무작위하게 변화하지 않는다. 그 모형들은 입력 스파이크들을 아무리 불규칙한 간격으로 받더라도 일정한 간격으로 스파이크들을 창출한다. 그 스파이크들 사이의 간격들은 소프트키와 코프가 겉질에서 관찰한 간격들보다 훨씬 더 규칙적이다. 그 이유를 이해하기 위해, 한 뉴런에 도착하는 스파이크의 총수를 생각해보자. 입력선 각각으로 스파이크들이 매우 불규칙하게 들어오더라도 그런 입력선이 수천 개 존재한다. 따라서 우리가 도착 스파이크의 총수를 따지면 그 값은 시간적으로 상당히 일정하게 나온다. 따라서 한 모형 뉴런이 새 스파이크를 창출하기 위해 입력 스파이크 175개를 필요로 한다면, 입력 스파이크 175개가 채워지는 순간이 매번 시계처럼 규칙적으로 도래할 테고, 따라서 새 스파이크도 시계처럼 규칙적으로 발생할 것이다(그림 3-3).

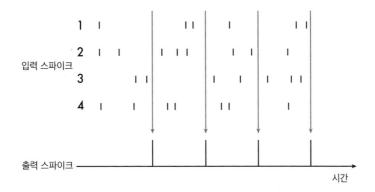

그림 3-3 간격이 무작위한 입력 스파이크들로부터 간격이 일정한 출력 스파이크들이 발생하는 방식. 각기 다른 뉴런 4개로부터 입력을 받는 뉴런 위에 우리가 앉아 있다고 상상하자. 위 그림은 그 다른 뉴런 각각이 보내는 스파이크 계열을 보여준다. 세로 눈금 각각은 스파이크이며, 그 눈금들의 행(가로 배열) 하나는 다른 뉴런 하나가 우리 뉴런으로 보내는 스파이크 계열이다. 각 행은 아주 무작위하다. 즉, 스파이크들 사이의 간격이 명확한 규칙 없이 길거나 짧다. 하지만 다른 뉴런 4개에서 도착하는 스파이크들을 모두 세어보자. 그리고 그 총수가 7이 될 때마다 출력 스파이크의 발생을 (회색 화살표로) 표시하자. 그러면 규칙적인 출력 스파이크 계열이 산출된다. 왜냐하면 제각기 무작위한 입력선 4개로 들어오는 입력의 총수가 7이 되는 것은 규칙적인 사건이기 때문이다.

우리가 구성한 최선의 모형들에 따르면, 불규칙하게 입력되는 스파이크들은 규칙적이고 단정하며 간격이 일정한 출력 스파이크들로 변환될 것이다. 하지만 그렇다면 역설이 발생한다. 뉴런들이 규칙적인 간격의 스파이크들을 창출한다면, 무작위하고 간격이 불규칙한 겉질의 스파이크들은 대체 어디에서 나오는 것일까?

이론가들은 역설을 사랑한다. 과학에서 역설은 우리의 이해에서 구멍이 어디에 있는지 알려주고, 역설을 풀면 세계의 작동을 새로운 관점에서 보게 되리라는 기대를 품게 만든다. 적절하게도, 그 불규칙 스파이크 역설은 수많은 이론가의 호기심을 자아냈고, 무엇이 불규칙한 스파이크들을 만들어낼 수 있을지에 대하여 많은 제안이 나왔다.[11]

이에 관한 토론의 결과로 균형입력 이론balanced-input theory이 우위를 점했다. 역설이 제기되었을 때, 만일 뉴런으로 들어오는 흥분성 입력의 총량과 억제성 입력의 총량이 무작위하게 변화함에도 평균적으로 대략 동일하다면 확실히 불규칙한 스파이크들이 발생할 것이라고 마이클 섀들런Michael Shadlen과 빌 뉴섬Bill Newsome은 신속하게 지적했다.[12] 즉 흥분과 억제가 균형을 이루는 것이 중요하다. 무슨 말이냐면, 일부 뉴런들은 표적 뉴런을 흥분시키는 불규칙한 스파이크들을 보내고, 다른 일부 뉴런들은 동일한 표적 뉴런을 억제하는 불규칙한 스파이크들을 보낸다. 그러면 두 유형의 스파이크들이 상쇄되지만 정확히 상쇄되지는 않는다. 왜냐하면 전압이 무작위로 요동칠 것이기 때문이다. 때때로 전압 펄스가 충분히 크면 뉴런이 임계점에 도달하여 무작위하게 스파이크가 탄생할 것이다. 그러므로 결국 스파이크들 사이의 간격은 불규칙할 것이다.

멋진 이론이다. 그러나 우리가 방금 배웠듯이, 흥분성 입력이 억제성 입력보다 훨씬 많다. 따라서 이 이론이 옳으려면, 영 자명하지 않은 예측 몇 가지가 옳은 것으로 판명되어야 한다. 흥분성 입력과 억제성 입력이 상쇄된다는 것은, 억제성 뉴런이 흥분성 뉴런보다 훨씬 더 많은 스파이크를 보낸다는(따라서 흥분성 스파이크의 개수와 억제성 스파이크의 개수가 균형을 이룬다는) 뜻이거나, 억제성 스파이크의 효과가 더 크다는(따라서 전압의 총량이 균형을 이룬다는) 뜻이거나, 이 두 가능성의 적당한 조합이 옳다는 뜻이다. 현재 그 가능성들은 둘 다 증거로 뒷받침되어 있다.[13] 우리 뉴런으로 억제성 입력을 보내는 인근의 겉질 뉴런들은 스파이크를 2~3배 더 많이 점화한다. 또 그 스파이크들이 도착하는 틈새들은 흥분성 입력이 도착하는 틈새들보다 4~5배 더 강할 수 있다. 따라서 균형 입력 이론은 왜 우리의 겉질이 망가지지 않는지 설명해준다. 겉질에서는 억제의 총량과 흥분의 총량이 정확히 상쇄되게 되어 있다.

하지만 여기까지는 한 뉴런에 들어오는 입력에 관한 이야기일 뿐이다. 뇌가 정말로 균형이 잡혀 있는지 알려면 뉴런들의 연결망이 균형을 유지할 수 있는지 알 필요가 있다. 다수의 흥분성 모형 뉴런과 몇몇 억제성 모형 뉴런을 함께 연결해놓으면, 그 모형 뉴런들 각각이 불규칙한 스파이크들을 만들어 다른 각각의 뉴런에 불규칙한 입력을 보낼 수 있게 된다. 이런 연결망에서도 균형이 이루어질지는 불분명하다. 하지만 예컨대 뉴런의 출력 스파이크들이 불규칙하지만 입력보다는 약간 더 규칙적이라고 해보자. 만일 뉴런 각각의 출력이 항상 입력보다 약간 더 규칙적이라면, 전체는 결국 모든 스파이크가 시계처럼 규칙적으로 전송되는 상태에 안착할 것이다. 여기에서 이론의 승리는 그런 균형 잡힌 연결망들이 존재할 수 있다는 것뿐 아니라[14] 그 연결망들이 스스로 발생할—자기 조직화할self-organize[15]—수 있다는 것을 보여주는 쾌거였다.

이에 관한 수학은 난해하지만 아이디어는 간단하다. 우리는 대다수가 흥분성이고 나머지는 억제성인 모형 뉴런들을 무작위로 연결해놓았다. 이제 필요한 것은, 뉴런 각각으로 들어오는 입력이 그 뉴런이 스파이크를 일으키는 데 필요한 입력보다 확실히 더 많도록 만드는 것뿐이다. 그러면 음의 되먹임 고리들의 망이 형성된다. 즉 스파이크를 일으키려 애쓰지만 억제되는 뉴런들의 망이 형성된다. 구체적으로는 이런 식이다. 몇몇 흥분성 뉴런이 많은 스파이크를 전송한다고 해보자. 그러면 억제성 뉴런들이 스파이크를 일으키고, 그 스파이크가 흥분성 뉴런들로 되먹임되어 그것들의 스파이크를 줄일 것이다. 그러나 억제성 뉴런들이 모든 흥분성 뉴런을 너무 심하게 억누를 수는 없다. 왜냐하면 그렇게 억누르면 억제성 뉴런 자신들이 입력을 잃고 점화를 멈출 것이기 때문이다. 하지만 흥분성 뉴런들이 점화하고 있으므로 억제성 뉴런들은 점화해야 한다. 이 역설이 함축하는 바는 연결망 전체에 자기 모순적이지 않은 상태가 존재한다는 것이다. 그 상태에서는 억제성 뉴런들과 흥분성 뉴런들이 딱 적절한 양의 스파이크를 전송하게 되고, 따라서 연결망 내 흥분과 억제의 밀고 당기기가 균형을 이룬다. 그리고 우리 모두가 이미 알듯이, 흥분성 입력과 억제성 입력의 균형은 스파이크들의 불규칙성을 의미한다. 금상첨화로 이 이론은 균형 잡힌 연결망이 튼튼한 옛날 연장과도 같음을 보여주었다. 우리가 억제성 입력과 흥분성 입력의 강도를 정밀하게 조정할 필요는 없다. 뉴런들이 스파이크를 일으키는 방식에 관한 세부사항을 건드릴 필요도 없다. 그냥 각각의 뉴런이 받는 입력의 총량을 많게 만들어 약간의 되먹임을 일으키면 놀랍게도 균형이 발생한다.

이론의 성공에 뒤이어 이 아이디어들을 검증하는 실험 데이터가 쏟아져 나왔다. 겉질의 다양한 부분―쥐의 수염을 담당하는 부분[16]부터, 페럿의 시각을 담당하는 부분[17]과 청각을 담당하는 부분[18]까지―에 속한 뉴런의 내부에서 얻은 모든 기록은 겉질 뉴런으로 들어오는 흥분과 억제의 총량이 대략 균형을 이룸을 일관되게 보여주었다.

그런데 이 까다롭고 정교한 실험들은 예상 밖의 문제를 일으켜 공을 다시 이론가들의 진영으로 넘겼다. 이론들은 일반적인 균형에 관한 것이었다. 한 뉴런 회로에서 억제와 흥분의 총량이 상쇄된다는 것이 핵심이었다. 그러나 데이터는 모든 각각의 뉴런으로 들어오는 입력에서 균형이 유지되는 듯함을 보여준다. 그저 유지되는 정도가 아니라 놀랄 만큼 정확한 균형이다. 흥분의 양이 줄거나 늘면 억제의 양도 딱 그만큼 줄거나 는다.[19]

불규칙 스파이크 역설에 관한 이야기는 한창 진행 중인 과학의 멋진 사례, 이론과 실험의 대화, 명확히 제기된 문제에 창조적 이론들이 폭발적으로 등장한 경우다. 이 대화는 뇌의 골디락스 구역을 드러냈다. 요컨대 망막에서 출발하여 겉질 뉴런에 도착해서 작은 상향 전압 펄스를 일으키는 우리의 스파이크는 같은 가지돌기에 도착하는 다른 스파이크 수백 개와 연합하여 함께 상향 펄스들과 하향 펄스들의 격류를 일으키고, 그 두 가지 펄스들은 균형을 이뤄 새로운 스파이크 하나를 만들어냄을 우리는 안다.

뉴런 오케스트라

한 뉴런이 스파이크를 점화하게 하고 싶다면, 가장 효과적인 방법은 흥분성 입력들이 모두 한꺼번에 그 뉴런에 도착하게 만드는 것이다. 그 입력들이 더 동시에 도착할수록 전압 펄스들이 더 빠르게 축적될 테고 새 스파이크를 만드는 데 필요한 입력의 개수가 더 줄어들 것이다. 스파이크들이 중요한 메시지를 뇌의 반대편으로 전달하되 실패할 염려 없이 안전하게 전달하는 방식을 당신이 설계하려 한다면 설계도에 맨 먼저 동시성을 집어넣을 것이다. 뉴런으로 들어오는 스파이크들을 동시화하면 그 스파이크들의 메시지는 새로 발생하는 스파이크로 확실히 전달될 것이다.

만일 진화가 동일한 설계도를 따랐다면 뇌는 뉴런 오케스트라여야 할 것이다.[20] 무슨 말이냐면, 조화롭게 함께 점화하면서 자기네 메시지를 함께 전달하는 합창단원 뉴런들이 존재해야 할 것이다. 그리고 어쩌면 독주자, 곧 행복하게 고립된 채 점화하면서 핵심 주제를 보충

하는 뉴런들도 있어야 할 것이다.

멋지게도 실제로 합창단원과 독주자가 존재한다. 다수의 뉴런을 동시에 기록하면, 각각의 뉴런에게 오케스트라 안에서 맡은 역할을 물을 수 있다. 유니버시티칼리지런던(UCL)에 있는 마테오 카란디니Matteo Carandini와 케네스 해리스Kenneth Harris의 공동 실험실은 마이클 오쿤Michael Okun이 지휘한 연구를 통해 뉴런들이 오케스트라 안에서 맡은 역할을 알아내는 무척 간단한 방법을 발견했다.[21] 연구자들은 각각의 뉴런에게 간단히 이렇게 물었다. '너의 점화는 너를 포함한 집단의 평균 점화와 얼마나 많이 닮았니?' 그리고 그들은 연속적인 스펙트럼을 발견했다. 한쪽 끝에는 합창단원들이 있다. 그 뉴런들은 집단 활동의 상승과 하강을 똑같이 따른다. 반대쪽 끝에는 독주자들이 있다. 그 뉴런들은 자신의 고유한 길을 가면서 마음에서 우러나는 대로 연주한다.

오케스트라 비유는 화음을 함축한다. 즉 독주자들과 합창단이 같은 조성으로 연주함을 함축한다. 그러나 실제로는 그렇지 않다. 겉질에서 독주자들은 합창단과 무관하다. 마일스 데이비스Miles Davis(미국의 트럼펫 연주자―옮긴이)의 즉흥 독주를 생각해보라. 또 합창단들도 서로 무관하다. 실제로 겉질이 연주하는 음악은 종종 헨델보다 죄르지 리게티György Ligeti(20세기 헝가리 작곡가―옮긴이)에 더 가깝다. 심지어 우리가 영화 〈2001 스페이스 오디세이〉에서 '모노리스monolith'(돌기둥)를 처음 볼 때 터져 나오는 탄성, 아무렇게나 쌓인 목소리들에 더 가깝다. 합창단들은 제각기 다른 화음으로 연주하고 독주자들은 자유롭게 합창단들에 합류하고 빠져나간다.

합창단원들은 유형이 다양할 수 있다. 일부 뉴런 합창단은 동일한 것에 반응하는 뉴런들로 구성된다. 우리의 시선이 쿠키 위에 얹힌 촉촉하고 둥글고 허연 배 조각에 꽂힐 때, 우리는 그 메시지가 눈에서부터 뇌까지 온전히 전달되기를 바란다. 배 조각이 놓인 위치의 빛 패턴을 주목하는 망막의 뉴런들은 스파이크들을 함께 전송할 것이다. 그것은 올림다장조로 "흐음, 배야!"라고 외치는 스파이크 합창이다.

이때 우리의 스파이크는 임시 합창단원, 즉 망막에서 집단적으로 발사된 스파이크들 중 하나다. 그 스파이크 집단은 망막의 동일한 위치에 있는 동일한 유형의 신경절세포에서 발사되어 겉질에 위치한 동일한 첫 뉴런에 도착한다. 그리고 어쩌면 당신도 짐작하겠지만, 우리가 거론하는 단일한 겉질 뉴런에 그 합창단이 도착하면 그 뉴런의 스파이크가 합창단의 메시지를 반영할 것이다.

이런 연유로 우리의 스파이크가 도달한 뉴런을 단순 세포simple cell 라고 부른다. 단순 세포는 단순한 것을 좋아한다.[22] 바꿔 말하면, 세계의 밝은 구역과 어두운 구역이 특정한 각도로 인접해 있는 것을 좋아한다. 즉 이른바 '모서리'를 좋아한다. 몇몇 단순 세포는 쿠키의 환한 갈색과 상자 뚜껑의 어두운 갈색이 만들어낸 모서리를 좋아할 것이다. 또 어떤 단순 세포들은 사무실 공간에 퍼진 빛과 대비되는 상자 뚜껑의 어두운 갈색을 좋아할 것이다. 또 어떤 단순 세포들은 나의 동료 그레이엄이 화요일마다 고집스럽게 입는 흉측한 검은색-자주색 줄무늬 셔츠와 대비되는, 사무실 공간에 퍼진 빛을 좋아할 것이다. 필시 그레이엄은 주말에 도달하려면 노동으로 점철된 먼 길을 가야 함을 모두에게 상기시키려고 그 셔츠를 고집하는 듯하다. 단순 세포는 자기가 좋아하는 것을 보면 스파이크들을 전송한다. 그리고 단순 세포가 무엇을 좋아하는지는 망막에서 오는 수백 개의 입력으로 정의된다. 단순 세포들이 하나의 특정한 사물에 반응한다는 것은, 그 세포들에 도착하는 입력 대다수가 그 사물에 관한 것이어야 함을 의미한다. 바꿔 말해, 그 입력들이 합창단이어야 함을 의미한다.

우리의 스파이크가 속한 합창단이 중요한 이유는 두 가지다. 첫째, 합창단이 정보를 조화롭게 만드는 것이 중요하다. 기억하겠지만, 신경절세포들은 어두운 구역에 반응하여 스파이크를 전송하는 유형(꺼짐 세포들)과 밝은 구역에 반응하여 스파이크를 전송하는 유형(켜짐 세포들)으로 나뉜다. 단순 세포는 어두운 구역과 밝은 구역의 특정한 조합에 반응한다. 따라서 단순 세포의 반응을 유발하려면, 입력 스파이크 합창단은 한 위치의 꺼짐 세포들의 기여와 근처 다른 위치의 켜짐 세포들의 기여를 포함해야 한다.

또한 합창단이 대체로 함께 도착하는 것도 중요하다. 왜냐하면 눈에서 오는 입력들보다 겉질의 다른 뉴런들에서 오는 입력들이 훨씬 더 많기 때문이다. 눈에서 유래한 정보를 직접 먹여주는 입력들이, 겉질의 다른 뉴런들에서 유래한 스파이크를 되먹여주는 입력들보다 훨씬 적다. 따라서 단순 세포가 눈에서 유래한 정보에 반응하려면, 눈에서 오는 스파이크들이 대략 동시에 도착할 필요가 있다. 그래야 전압을 임계점까지 높일 수 있으니까 말이다.

합창단의 다른 유형들은 뇌를 더 깊이 살펴보면서 추가로 보게 될 것이다. 한 유형은—음악 비유를 계속 밀어붙이면—앙상블ensemble, 곧 항상 함께 스파이크를 전송하는 뉴런들의 집단이다. 단지 외부 세계의 무언가가 그것을 유발하기 때문에 그런 집단적 스파이크 전송이 일어나는 것은 아니다. 심지어 뇌를 얇게 저민 조각을 접시 안에 고정해놓고 측정하더라도, 앙상블을 이룬 뉴런들은 함께 스파이크를 전송한다. 또 다른 유형의 합창단은 미덥지 않게 가끔 집단으로 스파이크를 전송한다. 마치 집중력이 약한 초등학교 합창단에서 그때그때 다른 단원들이 소리를 내는 것과 유사하다.

모든 유형의 합창단은 입력을 받는 뉴런에서 새로운 스파이크가 발생할 확률을 극적으로 높인다.[23] 이 때문에 일부 학자들은 합창단이 불규칙 스파이크 역설의 해법이기도 하다고 제안했다. 무슨 말이냐면, 한 뉴런이 전송하는 스파이크들 사이의 불규칙한 간격은 그 뉴런이 받는 입력들이 불규칙하지만 동시화되어 있기 때문에 발생한다는 것이다. 즉 그 입력 코러스의 집단적 스파이크가 무작위로 도착할 때마다 출력 스파이크가 발생하여, 마찬가지로 무작위하게 간격을 둔 출력 스파이크들이 형성된다는 것이다.[24] 이 제안은 실제로 일리가 있다. 스스로 균형을 잡는 연결망들은 한 뉴런이 받는 입력들을 어느 정도 자동으로 동시화한다.[25] 그러나 균형과 마찬가지로 동시성도 딱 적당해야 한다. 동시성이 너무 적으면 효과가 없고 너무 많으면 뇌가 망가진다.

또한 균형과 동시성은 협력하여 정확한 스파이크들을 창출한다. 겉질 뉴런들에서는 흥분성 입력이 증가하는 것에 상응하여 균형을 맞추는 억제성 입력이 증가하는데, 그사이에 몇 밀리초의 지연이 신뢰할 만하게 나타난다.[26] 이 지연은 흥분성 입력들의 합창단이―우리가 망막을 다룰 때 등장한 입력 소나기처럼―단 하나의 정확한 스파이크를 만들어내고 억제되어 꺼지기에 딱 맞춤한 듯하다.

그러나 합창단원들이 정확히 어떤 효과를 일으키는지는 확정되어 있지 않다. 왜냐하면 그 효과는 합창단원들을 운반하는 축삭돌기들이 표적 뉴런의 어느 위치로 모이느냐에 따라 다르기 때문이다.

"모두 합하기"

균형과 동시성은 뉴런에 들어오는 입력들이 지닌 속성이다. 하지만 뉴런 자신의 가지돌기도 새로운 스파이크의 탄생에 결정적으로 기여한다. 도착하는 스파이크 각각이 뉴런의 어느 위치에 닿는가 하는 것이 중요하다. 그 위치는 스파이크가 창출할 전압 펄스가 얼마나 클지를 정확히 통제할 수 있고, 따라서 새로운 스파이크가 탄생하려면 얼마나 많은 입력 스파이크들이 필요할지도 정확히 결정할 수 있다.

부동산을 구매할 때 가장 중요한 "위치, 위치, 위치"라는 상투적인 문구에 걸맞게, 가지돌기는 새 스파이크의 탄생에 필요한 입력 스파이크의 개수에 세 가지 방식으로 영향을 미친다. 첫째, 입력 스파이크가 도착한 위치가 뉴런 본체에서 얼마나 멀리 떨어져 있는지가 중요하다. 둘째, 입력 스파이크들이 시간상으로 얼마나 뭉쳐서 도착하는지가 중요하다. 셋째, 입력과 뉴런 본체 사이의 경로에 무엇이 있느냐가 중요하다.

틈새를 건너 표적 뉴런의 가지돌기에 상륙한 스파이크는 뉴런의 본체에서 멀리 떨어져 있을 수 있다. 그 거리의 최댓값은 1밀리미터다. 그런데 전압 펄스가 그 먼 거리를 이동하여 본체에 이르는 동안 전압 펄스의 크기는 급격히 감소하여 도착점에서는 거의 0에 가까워진다. 따라서 그 전압 펄스가 뉴런의 임계점 도달에 기여하는 바는 거의 없다. 반면에 본체에 가까운 틈새에 도착한 스파이크에 의해 발생한 펄스는 조금만 줄어들고, 따라서 임계점에 접근하는—또는 임계점에서 멀어지는—데 크게 기여할 수 있다. 이것은 이해하기 쉽지 않은 진화의 수수께끼라고 할 만하다. 가지돌기의 머나먼 변방에서 입력을 받는 것은 살짝 무의미해 보인다. 그런데도 그 변방으로 입력들이 들어온다.

이 대목에서 함께 뭉친 입력들이 요긴한 구실을 한다. 겉질에 있는 큰 뉴런들, 예컨대 우리 바로 아래에 있는 5층 피라미드 뉴런은 무례하게도 4층에 위치한 단순 뉴런을 지나 겉질의 꼭대기인 1층까지 가지돌기를 뻗는다. 이 무지막지한 놈들은 묘수를 부린다. 즉 덧셈을 틀리게 한다.[27]

이 뉴런들의 단일한 가지에 도착하는 스파이크 1개나 약간의 시차를 두고 도착하는 스파이크 2개는 표준적인 작은 전압 펄스를 산출한다. 그러나 그 동일한 가지에 함께 도착하는 3~4개의 스파이크는 거대한 전압 펄스를 산출한다. 그 펄스는 스파이크 각각이 홀로 도착하여 일으키는 개별 펄스들의 단순 합보다 더 크다.

이 초선형supralinear 합은 입력들이 상륙한 가지에서 전압이 급등함을 의미한다. 충분히 많은 입력이 함께 도착하면, 뉴런의 막에서 새로운 구멍들이 열려 뉴런 내부로 이온들이 추가로 유입되어 그 가지의 전압을 높인다. 이 현상이 스파이크의 발생과 유사하다고 생각한다 해도 영 터무니없진 않다. 스파이크와 완벽하게 같지는 않지만, 가지돌기에서 발생하는 이 갑작스러운 전압 펄스는 스파이크와 동일한 구실을 한다. 즉 가지돌기의 머나먼 변방에서부터 뉴런의 본체까지 정보를 온전히 전달해준다. 요컨대 입력들의 뭉치가 한꺼번에 도착하면 그 입력들은 이런 슈퍼 펄스를 일으키고, 그 슈퍼 펄스는 가지돌기를 따라 빠르게 이동하여 뉴런이 임계점에 도달하는 데 주요하게 기여한다.

우리는 이 슈퍼 펄스를 우리의 모형 뉴런들에 주입하고 그것이 스파이크의 발생에 정확히 얼마나 크게 기여하는지 알아볼 수 있다. 이를 위하여 우리는 동시적인 스파이크들을 운반하는 입력들의 집합 각각이 가지돌기의 먼 가지에 뭉쳐서 도착하게 만든다. 그러면 일제 사격과도 같은 각각의 입력 집합이 가지돌기의 한 가지에서 슈퍼 펄스를 산출하곤 한다. 이 뭉치기를 이용하면, 가지돌기의 머나먼 끄트머리에 입력들이 도착하더라도 겨우 스파이크 3개로 새로운 스파이크를 만들어낼 수 있다. 이것은 가지돌기 전체에 분산되어 도착하는 스파이크들과 영 딴판이다.[28] 위치와 동시성이 협력하면 새로운 스파이크가 발생할 확률을 극적으로 높일 수 있다.

억제는 위치 3부작의 마지막 핵심 요소다. 저 앞에서 호랑이가 기다리고 있을 수 있다. 스파이크가 가지돌기에 상륙한 위치에서 뉴런 본체까지 이르는 경로에는 다른 많은 입력이 놓여 있다. 그중 다수는 다른 흥분성 입력이어서 상향 전압 펄스의 개수를 늘린다. 그 입력들은 길 위에서 우리를 돕는 친구들이다. 하지만 일부 입력들은 GABA를 방출하는 뉴런들에서 유래한 것들로, 하향 전압 펄스들을 일으킨다. 이 하향 펄스들은 규모가 크다. 만일 우리와 본체 사이의 한 지점에서, 우리가 그 지점을 통과하기 직전에 GABA 입력들이 발생하면 우리의 펄스는 상쇄되어 소멸할 것이다.[29] 우리는 영영 뉴런 본체에 도달하지 못할 것이다.

더욱 심각하게도 우리는 GABA 입력이 다가오는 것을 전혀 보지 못할 수도 있다. 억제는 닌자처럼 고요하고 보이지 않으며 치명적이다. 앞서 설명한 대로, 입력에 의해 생겨나는 전압 펄스의 크기는 그 입력이 상륙한 가지가 애당초 띠었던 전압에도 의존한다. 이 의존성은 특히 GABA 입력에서 강하게 나타난다. 무슨 말이냐면, 뉴런이 통상적으로 띠는 전압의 범위 안에 "역전 전위reversal potential"라는 특정한 전압이 존재하는데, 이 전압에서 GABA 입력은 전압 펄스를 전혀 창출하지 않는다. 역전 전위에서는 뉴런 막의 열린 구멍들을 통해 흘러들거나 흘러나가는 이온이 없다. 그러나 입력된 GABA는 엄연히 존재한다. 그 물질은 수용체와 결합한 상태이고, 구멍들은 열린 채로 이온의 흐름을 받아들일 준비를 하고 있다. 따라서 흥분성 상향 전압 펄스가 통과하려고 하면 GABA는 국지적 전압을 역전 전위에서 멀어지게 만든다. 그러면 이미 열려 있는 구멍들로 이온들이 흐르기 시작한다. 이런 식으로 GABA는 지나가는 흥분성 펄스를 이온들의 썰물의 형태로 빠져나가게 만든다. 요컨대 비록 전압으로는 눈에 띄지 않지만 GABA 입력은 흥분성 펄스를 없애버린다. 생각해보니 닌자는 틀린 비유일 수 있겠다. 뱀파이어가 더 적절하다.

단일 뉴런의 이 같은 '위치, 위치, 위치' 의존성은 인공지능(AI)에 근본적인 영향을 미친다. 인공지능이라는 브랜드를 단 신경망들은 모두 동일한 유형의 모형 뉴런으로 제작된다. 그 모형 뉴런은 단지 다른 모형 뉴런들에서 들어오는 입력들을 합산하는 단순한 놈이다. 그리고 합산이 끝나면, 인공지능의 모형 뉴런은 결과가 0보다 큰지 점검하여 만일 0보다 크면 그 결과를 모든 표적들에 전송한다(크지 않으면 0을 전송한다). 가장 심층적인 심층신경망들도 모두 이 기본적인 모형 뉴런 수백만 개로 제작된다. 그러나 방금 내가 5,000개 이상의 단어를 써서 이야기했듯이, 우리의 겉질에 있는 개별 뉴런은 들어오는 입력들을 단순 합산하지 않는다. 뉴런이 입력을 어떻게 처리하는지는 감당할 수 없을 만큼 많은 요소의 상호작용에 의존한다. 입력들의 균형과 동시성, 입력들이 상륙하는 위치와 뭉친 정도, 합산이 틀리게 되는지 여부, 입력들이 상륙할 때 가지돌기의 전압, 입력과 뉴런 본체 사이의 경로에 무엇이 있는지 등이 그 요소다. 현재의 인공지능 신경망들은 뇌가 하는 일의 표면만 간신히 건드린 수준이다.

실제로 세밀한 뉴런 모형들은 개별 뉴런 하나가 그 자체로 2층 신경망일 수 있음을 보여주었다.[30] 만일 가지돌기의 가지 각각이 초선형 합산 능력을 지녔다면, 각각의 가지는 인공지능 브랜드 신경망의 모형 뉴런처럼 작동하는 셈이다. 즉 가지들의 출력들(신경망의 1층)이 뉴런 본체(신경망의 2층)로 모이는 것이다. 그렇다면 개별 뉴런의 능력은 혼자서 많은 논리 함수들을 계산할 수 있는 수준이다.[31] 따라서 계산할 수 있는 함수들의 집합을 기준으로 따지면 개별 뉴런 각각은 책상 위에 놓인 노트북, 텅 빈 월말 보고서 첫 페이지에서 깜박이는 커서, 납작한 쿠키 상자를 가리지 않은 밝고 기울어진 노트북 스크린과 유사하다. 겉질에 있는 뉴런 각각은 근사적으로 컴퓨터다.[32]

알고 보면 새 스파이크 하나를 만드는 일은 지독하게 복잡한 사업이다. 눈에서 유래한 우리의 스파이크는 틈새를 건너면서, 있거나 아니면 없는 전압 파동에서 화학물질로 변환되었다가 다시 작은 전압 펄스로 역변환된다. 우리의 스파이크와 더불어, 눈에서 유래한 다른 많은 스파이크가 겉질의 한 뉴런에 도착한다. 이 스파이크들이 유발하는 펄스들이 그 뉴런을 임계점으로 몰아간다. 우리의 스파이크는 '책상 위 상자 안에 쿠키'라는 노래를 부르는 요란한 합창단의 미세한 일부다. 합창단 외부에서도 다른 스파이크들의 군단이 도착한다. 그 스파이크들은 GABA를 방출하는 인근 뉴런들에서 유래한 것으로, 그것들이 유발하는 전압 펄스들은 뉴런의 전압을 낮춰 임계점에서 멀어지게 만든다. 가지돌기를 따라 뉴런 본체로 이동하면서 모이는 상향 펄스들과 하향 펄스들은 균형을 이뤄 뇌를 딱 적당한 상태로 유지한다. 그러나 그 이동 중에 우리는 몇몇 동료가 잦아들고 죽는 것을 목격했다. 또 다른 일부 동료는 GABA 닌자에게 느닷없이 죽임을 당했다. 그런 대혼란을 뚫고 갑자기 일련의 상향 펄스들이 함께 뉴런 본체에 무작위로 도착하여 전압을 임계점까지 높인다. 그리고 마침내 겉질에 위치한 첫 뉴런에서 새로운 스파이크가 태어난다. 그 스파이크는 어디로 갈까?

4장

세 갈래 길

축삭돌기의 가지 뻗기

스파이크는 축삭돌기가 뻗어가는 곳으로 간다. 축삭돌기 각각은 뉴런 본체에서 뻗어나온, 거미줄처럼 가는 케이블이다. 그 케이블이 한 뉴런에서 다음 뉴런으로 메시지를 전달하는 통신선이다. 두 뉴런을 연결하는 것을 생각하면, 축삭돌기가 한 가닥의 철선처럼 느껴질 수도 있겠다. 한 뉴런을 다른 뉴런과 연결하는 전용 통신선처럼 말이다. 그렇다면 두 뉴런은 한 가닥의 끈으로 연결된 깡통 2개와 같을 것이다. 그러나 축삭돌기는 한 뉴런에서 친밀한 상대 뉴런으로 스파이크의 메시지를 전달하는 한 가닥의 전용 통신선이 아니다.

축삭돌기는 길고 복잡한 구조물이다. 갈라지고 또 갈라지면서 왕성하게 가지를 뻗는가 하면, 구불거리고 뒤틀리고 느닷없이 방향을 바꾼다. 단순 세포의 축삭돌기는 우리 앞길에서 몸부림치며 100번 넘게 갈라진다. 가지들은 겹겹이 포개지는데, 그 간격은 일정하지 않다. 몇몇 가지는 본체 근처에 있고, 어떤 가지들은 우리 위층과 아래층에 있고, 또 어떤 가지들은 멀리 떨어져 있다. 단순 세포가 지닌 축삭돌기만 그러한 것은 아니다. 겉질에 있는 뉴런의 대다수는 길고 복잡한 축삭돌기를 뻗으며, 그 축삭돌기가 차지하는 공간은 뉴런의 본체와 가지돌기를 난쟁이처럼 보이게 만든다. 실제로 우리의 단순 세포보다 훨씬 더 높은 곳을 보면, 3층에 속한 피라미드 뉴런들의 축삭돌기들이 수백 번씩 갈라지며 엄청나게 가지를 뻗은 것이 보인다. 긴 가지 하나는 아래로 뻗어 우리를 지나친 후 아래의 5층에서 갈라지고 또 갈라진다. 우리가 그 모습을 제대로 볼 겨를도 없이 스파이크는 마치 구불거리며 갈라지는 강처럼 우리 앞에 놓인 축삭돌기의 첫 분기점에 도달한다.

모든 각각의 분기점에서 우리의 스파이크는 복제되어 각각의 새로운 가지로 전송되면서 계속 메시지를 운반한다. 수백 개의 가지를 따라 스파이크들이 이동한다. 그러니까 뉴런 본체에서 발사된 스파이크 하나에서 수백 개의 복제 스파이크가 만들어지는 것이다. 그 복제 스파이크들은 가지들을 따라 도처에 있는 틈새들에서 분자 방출을 유발한다. 우리의 축삭돌기와 또 다른 뉴런의 가지돌기 사이의 틈새들은 우리의 경로 전체에 분포해 있다. 일부 구간에서 우리는 5마이크로미터 이동할 때마다 그 틈새를 지나친다. 틈새들의 분자적 메커니즘이 허용하는 한도만큼 조밀하게 틈새들이 모여 있는 것이다. 각각의 틈새는 분자들을 방출하여 건너편에서 전압 펄스를 유발할 준비가 되어 있다. 축삭돌기의 다른 긴 구간들은 갈라지지도 않고 다른 뉴런과 연결되지도 않으면서 뻗어나간다. 이 구간들은 흔히 기이할 정도로 곧은데, 이 로마풍 도로들의 임무는 스파이크를 다른 장소로, 마구 갈라지고 뒤틀리는 또 다른 구간으로 전송하는 것이다.

축삭돌기의 말단에 도달할 때까지, 우리의 스파이크는 다른 뉴런 수천 개와 접촉했다. 대다수 틈새의 건너편에는 매번 다른 뉴런이 있다. 따라서 겉질 뉴런 하나로 들어오는 약 7,000개의 흥분성 입력 중 대다수는 제각각 다른 뉴런에서 발생하여 다른 축삭돌기를 통해 운반된다. 바꿔 말해 겉질에 있는 흥분성 뉴런 각각은 자신의 축삭돌기를 통해 약 7,000개의 표적 뉴런과 연결된다. 이토록 다양한 표적 뉴런들과의 연결은 축삭돌기의 진로가 뒤틀리고 구불거리고 갑자기 방향을 바꾸기 때문에 가능하다. 축삭돌기는 각각의 접촉점을 떠나 구불거리고 가지를 뻗어 확산하면서 새로운 표적 뉴런과 접촉한다.

뒤틀리고 갈라지고 스파이크를 복제함으로써, 뉴런의 축삭돌기는 단일한 스파이크를 겉질 곳곳의 청취자(표적 뉴런) 수천 명에게 방송한다. 그 청취자들이 누구이고 뇌의 어느 위치에 있는지를 알면, 방송을 송출하는 뉴런의 역할에 관하여 많은 것을 알 수 있다. 스파이크가 운반하는 메시지를 완전히 이해하려면 그 스파이크를 생산한 뉴런에 관하여 두 가지를 알 필요가 있다. 첫째, 그 뉴런은 무엇에 반응하는가? 바꿔 말해 애당초 무엇이 그 스파이크를 유발했는가? 이 질문의 답은 앞 장에서 다룬 군단이다. 둘째, 그 뉴런은 그 스파이크를 어디로 전송하는가? 그 스파이크는 누구에게 전달되는 중인가? 축삭돌기는 스파이크를 겉질의 어느 곳에나 공급할 수 있다. 더 많은 친척 뉴 런들을 끌어들여 메시지를 증폭하고 명확히 하기 위하여 가까운 곳 에 공급할 수도 있고, 스파이크의 메시지를 겉질의 다른 영역으로 운 반하여 거기에서 다른 메시지를 실은 스파이크들과 조합되어 더 복 잡한 표상과 계산을 산출하도록 먼 곳에 공급할 수도 있다. 또한 양쪽 뇌 반구의 동시성을 유지하기 위하여 더 멀리 다른 뇌반구에 공급할 수도 있다.

가까운 곳

우리 스파이크의 첫 표적은 다른 단순 세포들이다. 우리가 도달한 겉질 일차시각영역의 중간 층, 정확히 4층에서 우리를 둘러싼 단순 세포들 말이다. 단순 세포의 축삭돌기는 뱀처럼 꿈틀거리며 나아가면 서 거듭 가지를 뻗는다. 세포 본체를 중심으로 모든 방향으로 뻗어가 는 그 가지들 각각이 다른 단순 세포의 가지돌기를 스쳐 지나간다. 우 리가 그 가지들을 따라가는 복제 스파이크 각각을 쫓아 틈새들을 건 너면, 반대편에서 우리가 방금 떠난 세포와 놀랄 만큼 유사한 수많은 단순 세포를 발견하게 된다. 단순 세포들은 같음을 좋아한다.

단순 세포들은 명칭과 달리 다채로운 집단을 이룬다. 우선 단순 세 포들은 망막에서 온, 시각적 세계의 질서정연한 지도를 유지한다. 즉 근처의 단순 세포들은 세계의 근처 위치들에 대응한다. 둘째, 망막에서 유래한 정보 통로 수십 개가 우리 주위의 단순 세포들로 연결되어 있다. 30여 개의 통로가 시각 공간의 모든 위치를 담당한다. 중앙, 왼쪽, 오른쪽, 위쪽, 아래쪽, 모든 곳을 말이다. 따라서 뭉쳐 있는 단순 세포들의 집단은 세계 내 동일한 위치의 다양한 속성들에 관심을 기울인다. 몇몇 세포는 3시 방향의 윤곽선에, 몇몇은 5시 방향의 윤곽선에, 몇몇은 12시 방향에서 오른쪽으로 41.3도 회전한 방향의 윤곽선에 관심을 기울인다. 또 몇몇은 위쪽의 환한 구역과 아래쪽의 어두운 구역이 이룬 경계에, 또 몇몇은 두 구역이 거꾸로 배치되어 이룬 경계에 관심을 기울인다. 또한 그 사이의 모든 조합에 관심을 기울이는 세포들도 있다.

만일 단순 세포가 그냥 아무렇게나 축삭돌기를 뻗는다면, 우리의 스파이크가 이 다채로운 집단에 속한 임의의 단순 세포 갈 확률과 다른 임의의 단순 세포 갈 확률은 동일해야 할 것이다. 그러나 실제로는 그렇지 않다. 우리가 이 사실을 아는 것은 UCL에 있는 토머스 므르식-플로걸Thomas Mrsic-Flogel의 실험실에서 일하는 연구자들 덕분이다. 그들은 일차시각겉질first visual cortex에서 단일 스파이크의 국지적 목적지들을 대단히 기발한 실험들을 통해 추적해왔다.[1] 그들은 생쥐 영화관에 눌러앉아 슬라이드 쇼와 영화를 보는 생쥐의 시각겉질에서 뉴런 수백 개를 동시에 기록했다. 그리고 기록된 뉴런 활동에 기초하여, 각각의 뉴런이 시각 세계의 사건 중 어디에 있는 무엇을 좋아하는지 알아냈다.

그리하여 각각의 뉴런이 무엇을 좋아하는지를 ─뉴런의 튜닝을─

알게 된 과학자들은 이제 뉴런들 사이의 연결을 알아낼 필요가 있었다. 그들은 소수—최대 4개—의 뉴런에서 발생하는 모든 전압 펄스를 동시에 기록하기 위하여 정교하고 난해한 기술을 새로 채택했다. 그들은 뉴런 각각의 본체 막에 직접 전극(인간의 머리카락 굵기보다 10배 작은 미세한 점)을 배치하는 정교한 기술을 써서 한 뉴런과 다른 뉴런이 직접 연결되어 있다는 확실한 증거를 얻으려 했다. 한 뉴런에서 스파이크를 일으키고, 곧이어 다른 뉴런에서 전압 펄스가 발생하는지 점검하는 방법으로 말이다. 전압 펄스가 발생하지 않는다면 두 뉴런은 연결되어 있지 않은 것이다. 반대로 한 뉴런('알레프'라고 부르자)에서 스파이크를 일으킨 후에 다른 뉴런('베르타'라고 부르자)에서 신뢰할 만하게 펄스가 측정된다면, 이는 알레프가 베르타와 직접 연결되어 있다는 확고한 증거다. 므르식-플로걸 연구팀은 연결을 발견한 뒤 다시 생쥐 영화관 데이터로 돌아가 이런 질문을 제기할 수 있었다. 이 연결된 뉴런들은 시각 세계의 무엇에 관심을 기울였을까?

연구 과정은 복잡했지만 결론은 간단했다. 튜닝이 유사한 두 뉴런 사이에서 연결을 발견할 확률은 우연히 연결을 발견할 확률보다 훨씬 더 높다. 시각 세계 내의 아주 유사한 위치에 있는 아주 유사한 것을 좋아하는 뉴런들은 함께 연결되는 것도 좋아한다. 또한 그냥 연결되는 것이 아니라 강하게 연결되는 것을 좋아한다. 전압 펄스의 크기를 기준으로 측정되는, 유사하게 튜닝된 뉴런들 간 연결의 강도는 우연히 정해질 법한 강도보다 훨씬 더 높다(그림 4-1).[2]

우리의 스파이크는 단순 세포 하나에서 유래했는데, 그 세포는 우

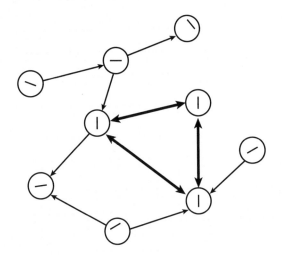

그림 4-1 V1에서 근처 뉴런들이 연결된 방식. 각각의 원은 V1에 속한 뉴런이다. 각각의 화살표는 한 뉴런에서 다른 뉴런으로 가는 연결선이다. 각각의 원 안에는 해당 뉴런이 가장 좋아하는 윤곽선의 위치와 각도를 보여주는 선이 그어져 있다. 유사한 윤곽선을 좋아하는 뉴런들 사이의 연결선(굵은 화살표)은 더 강하고 개수도 더 많다. 유사하지 않은 윤곽선을 좋아하는 뉴런들 사이의 연결선은 더 약하고 더 적다.

리의 시야 우상귀에 있으며 각도가 30도 기울어진 윤곽선에 반응한다. 우연히도 거기에는 쿠키 상자 뚜껑의 *ㄲ*트머리가 놓여 있다. 그리고 우리의 스파이크는 망막에서 온 메시지가 통과하는 다수의 통로로 운반된다. 그 축삭돌기의 국지적 가지들은 우리 스파이크의 클론들을 취향이 같은 단순 세포들로 곧장 전송한다. 시각 세계의 우상귀에 있는 30도 기울어진 윤곽선을 좋아하는 뉴런들로 말이다. 그리고 그 뉴런들은 보답으로 똑같은 행동을 할 것이다. 즉 복제된 스파이크를 우리가 방금 떠난 뉴런으로 다시 전송할 것이다.

므르식–플로걸의 실험실에서 행한 연구는 세계 안의 유사한 것을 좋아하는 뉴런들이 스파이크를 주고받는다는 것을 보여주지만 그 이유는 말해주지 않는다. 그 이유는 간단하다. 새로운 스파이크 하나를 만들어내려면 군단 만큼 많은 스파이크가 필요하다는 점을 상기하라. 뇌의 나머지 부분이 우상귀 30도 각도의 경계선에 관하여 알게 만들려면, 동일한 메시지를 담은 스파이크를 최대한 많이 동원하는 것이 합리적이다. 즉 가까운 데 있는 뉴런들을 꼬드겨 스파이크들을 전송하게 하고, 그것들과 우리 스파이크가 함께 겉질을 가로지르는 여행에 나서도록 만드는 것이 좋다.[3]

겉질 4층에 있는 우리의 주위에 단순 세포들만 있는 것은 아니다. 눈에서 오는 정보의 더 복잡한 조합을 좋아하는 뉴런들도 있다. 약간 뻔한 명칭이지만, 그것들을 일컬어 복합 세포complex cell라고 한다. 복합 세포들은 자기가 좋아하는 것을 볼 때 스파이크를 전송하는데, 그것은 밝은 부분들과 어두운 부분들의 조합이며 그 조합에서 밝은 부분과 어두운 부분으로 이루어진 쌍 각각은 특정한 각도로 놓여 있다.

이미 들어봐서 익숙한 말로 느껴진다면, 맞다. 실제로 시각의 작동 방식에 관한 가장 간단한 설명은 단순 세포들에서 온 입력들을 조합함으로써 복합 세포의 출력이 만들어진다는 것이다.[4] 단순 세포 각각은 정확히 한 유형의 윤곽선을 포착하는 특징 탐지기이며, 복합 세포 하나는 특징 탐지기 몇 개의 출력을 합쳐서 윤곽선들의 조합을 구성한다. 다시 본론으로 돌아가면, 우리 스파이크의 클론들은 우리 주위의 복합 세포들로도 이동하면서 세계 안의 단순한 특징들 중 하나에 관한 메시지를 운반한다. 복합 세포는 그런 단순한 특징들을 종합할 것이다.

이 깔끔한 설명은 안내문으로서 유용하지만 완벽하게 정확하지는 않다. 단순 뉴런과 복합 뉴런은 무 자르듯 구별되는 것이 아니라 하나의 연속선을 이룬다.[5] 일부 뉴런은 정말 단순해서 단 하나의 각도로 놓인 단 하나의 윤곽선에 반응한다. 다른 일부 뉴런은 완벽하게 복합적이어서 정말 단순한 세포들의 출력을 종합한다. 그리고 이 양극단 사이에 많은 복합형 세포complex-like cell가 있다. 하지만 방금 한 모든 이야기는 임의의 복합형 세포에 대해서도 참이다. 복합형 세포는 시각 세계의 유사한 위치를 좋아하도록 튜닝된 유사한 뉴런들과 연결될 개연성이 더 높다.

이처럼 일차시각겉질에 있는 뉴런들은 튜닝이 유사한 인근 뉴런들과 연결될 개연성이 더 높긴 하지만 오로지 그렇게만 연결되는 것은 아니다. 이를 금세 알 수 있는 것이, 시각겉질 4층에 위치한 뉴런들은 세계 안의 동일한 위치에 있는 대략 같은 유형의 단순하거나 복잡한 윤곽선을 좋아하는 뉴런들보다 훨씬 많다. 따라서 우리가 우리 스파이크의 클론들을 타고 진입할 (틈새들의 건너편에 있는) 인근 뉴런들의 대다수는 우리가 방금 떠난 뉴런과 그리 유사하지 않을 것이다. 실제로 이 뉴런들(우리가 방금 떠난 뉴런을 포함해서)의 관점에서 보면, 자신에게 들어오는 입력들 가운데 취향이 유사한 뉴런들에서 오는 입력은 한 줌에 불과하다. 하지만 방금 보았듯이 그 입력들은 예상보다 훨씬 많고 강하기 때문에, 그것들이 창출하는 펄스들은 뉴런의 불안정한 전압을 임계점으로 몰아가 스파이크를 일으키는 데 핵심 역할을 한다.

하지만 다른 입력들도 많다. 현대 신경과학의 경이로운 성과 중 하나는 우리가 그 개별 입력들의 작용을 볼 수 있다는 것이다. 우리는 스파이크가 가지돌기의 미세한 한 구간에서 일으키는 효과를 동영상으로 촬영할 수 있다(정확히 말하면, 세포 속의 칼슘에 형광성 분자를 부착한 뒤 형광의 변화를 동영상으로 촬영한다. 단일 전압 펄스는 해당 가지돌기 부분에 있는 칼슘의 양을 변화시킬 것이다. 따라서 형광의 증가는 방금 입력이 활성화되었음을, 즉 스파이크가 도착했고 분자들이 방출되었고 전압 펄스가 유도되었음을 의미한다). 심지어 이 동영상을 가지돌기에 있는 짧고 가는 돌출부인 '가시spine'에서도 촬영할 수 있다. 가시에는 축삭돌기와 가지돌기 사이의 틈새가 딱 하나 위치할 공간밖에 없는데도 말이다. 따라서 우리는 가시에서의 입력을 촬영할 때 한 뉴런과 다른 뉴런의 단일한 외톨이 접촉 사건을 보고 있음을 전적으로 확신할 수 있다. 그리고 그 전압 펄스는 시각 세계 안의 무언가에 반응하는 스파이크에 의해 만들어지므로, 우리는 그 단일한 입력이 세계 안의 무엇에 관심을 기울이는지 탐구할 수 있다.

바젤 대학교의 소냐 호퍼Sonja Hofer 연구팀은 영화를 보는 생쥐의 시각겉질 뉴런들로 들어오는 단일 입력들을 동영상으로 촬영했다. 그리고 가지돌기 각각이 다른 (유사하지 않은) 뉴런들에서 온 온갖 입력으로 둘러싸여 있는 것을 보았다.[6] 가장 놀라운 것은, 시각 세계의 동일한 부분을 보고 있는 뉴런이 전혀 아닌 뉴런들에서 온 한 줌의 입력들이었다. 연구팀이 시각 세계 좌하귀에 있는 것들을 좋아하는 뉴런으로 들어오는 입력들을 기록한다면, 그 입력들 중 소수는 무언가가 시각 세계의 중앙을 통과할 때 발생한 것들이고 다른 소수는 무언가가 시각 세계의 꼭대기 부분을 통과할 때 발생한 것들이며 그밖에도 다양한 입력들이 있을 것이다.

예컨대 우리 스파이크의 클론들 중 일부는 틈새를 건너, 상자 뚜껑의 중심부와 기우뚱하게 뒤집힌 필기체 글씨 "Cookies"를 바라보는 뉴런들에 도달한다. 다른 일부는 틈새를 건너, 상자를 떠받친 널찍하고 따분한 가짜 원목 책상의 상판을 바라보는 뉴런들에 도달한다. 또 다른 일부가 도달한 뉴런들은 가장 큰 배 조각과 튼실한 초콜릿 조각이 만나는 지점을 뚫어지게 응시하고 있다. 그리고 이 입력들 중 어느 것도, 도달한 뉴런이 스파이크를 창출하게 만들기에는 충분하지 않다. 그러나 이 입력들은 그 뉴런이 스파이크를 만들어내는 정확한 시점을 변화시킬 수 있다. 이 입력들은 맥락을 제공하고, 우리의 시야 한 부분에 있는 정보가 다른 부분으로 전달될 수 있게 해준다.

우리 인근에 있는 뉴런의 유형이 하나 더 있다. 이 유형은 일차시각겉질에 속하지만 딱히 시각에 기여하지 않는다. 이제껏 우리가 도달한 모든 것은 흥분성 뉴런이거나 방사형 가지돌기를 지닌 별세포 stellate cell 또는 위 가지돌기와 아래 가지돌기를 지닌 피라미드세포다. 그러나 우리 스파이크의 클론들은 축삭돌기의 일부 가지를 따라 이동하다가 틈새를 건너, GABA를 보유한 드문 뉴런들에 도달한다. 이 뉴런들은 망막으로부터 입력을 받지 않으며 자신의 본체가 위치한 겉질 구역 안에서만 축삭돌기를 뻗는다. 그래서 이 뉴런들을 일컬어 사이뉴런이라고 한다. 사이뉴런은 우리가 첫 뉴런의 가지돌기를 따라 질주할 때 마주쳤던 치명적인 억제 메커니즘의 원천이다. 사이뉴런은 알곡과 쭉정이를 선별하기 위해 존재한다.

이 사이뉴런들은 주위의 흥분성 뉴런들로부터 입력을 받고 자신의 스파이크를 똑같은 흥분성 뉴런들과 기타 뉴런들에 되돌려준다. 틈새를 건너 이 사이뉴런들에 도달한 우리 스파이크의 클론들은 다른 흥분성 뉴런들에 대한 억제를 고의로 강화하려 애쓴다. 즉 그 뉴런들을 억누르려 한다. 실제로 아주 최근에 나온 증거는 단 하나의 흥분성 뉴런에서 유래한 단일 스파이크가 주위의 (최대 500마이크로미터 떨어진) 모든 뉴런에서 스파이크가 발생할 확률을 미약하지만 측정 가능할 정도로 낮출 수 있음을 시사한다.[7] 이 억제 작용은 GABA를 보유한 사이뉴런들의 힘을 이용하여 이루어지는 것이 거의 확실하다.[8] 하지만 이미 보았듯이 그 단일 뉴런은 자신과 매우 유사하게 반응하는 소수의 뉴런들에서 스파이크가 발생할 확률을 미약하지만 측정 가능하게 높일 것이다.

왜 그렇게 많은 뉴런을 억누르고 취향이 유사한 소수의 뉴런을 강화하는 것일까? 간단한 이론적 대답은, 전송될 필요가 있는 것만 전송하기 위해서라는 것이다. 시각 세계에 대한 튜닝이 정확히 같지는 않지만 거의 같은 다수의 뉴런이 겉질 곳곳으로 스파이크를 전송하면, 수신 뉴런들은 불필요할뿐더러 모호한 정보를 많이 받게 될 것이다. 우리의 스파이크는 시각 세계의 우상귀에 30도 각도로 기운 윤곽선이 있다는 뜻을 담고 있다. 그런데 다른 뉴런들이 전송한 스파이크들은 거의 같은 위치에 28도나 32도로 기운 윤곽선이 있다고 말한다면, 스파이크가 낭비될뿐더러 세계 안에 정확히 무엇이 있는지가 불분명해진다(그 결과는 뿌옇게 번진 상자 뚜껑이다). 사이뉴런들을 동원하여 튜닝이 대략 유사한 다른 뉴런들을 억누름으로써, 우리의 스파이크는 이 불필요하고 모호한 메시지들을 차단하려 하는 것이다. 이는 에너지를 절약하고 명확성을 창출하기 위해서다.

이제 이 되먹임의 대혼란을 뒤로할 때다. 우리가 상륙한 구역의 겉질 뉴런들을 연결하는 축삭돌기 가지들의 복잡한 망을 벗어나자. 이제껏 눈여겨보지 않은 축삭돌기 가지 하나를 따라 질주하는 스파이크 클론에 올라타 함께 이동하다 보면, 우리는 갑자기 위로 급회전하여 위쪽의 겉질 층들에 도달하게 된다. 거기에서 축삭돌기는 다시 거듭해서 가지를 뻗고, 각각의 가지를 따라 질주하는 스파이크 클론은 3층과 2층에 걸쳐 있는 피라미드세포들에 도달한다. 그 뉴런들은 겉질을 가로지르는 장거리 여행의 출발점이다.

먼 곳: 고속도로

많은 스파이크 클론들을 따라가면서 우리는 클론들이 축삭돌기 가지를 따라 질주하여 말단에 도달하고 틈새 건너편 뉴런의 가지돌기에 분자들을 쏟아붓는 것을 보았으며, 그 분자들이 수용체들과 결합하여 유발한 전압 펄스들이 가지돌기를 따라 표적 뉴런의 본체에 접근하는 것을 보았다. 그러나 지금 우리는 위쪽의 3층과 2층을 향해 계속 이동하는 중이다. 이제 한 단계 뛰어오를 때다. 우리는 틈새 건너 2층 피라미드세포의 가지돌기 변방에 도달하여 익숙한 전압 펄스를 느낀다. 이어서 그 펄스와 함께 세포의 본체로 이동하여 그 뉴런을 임계점으로 몰아가는 펄스들의 소나기에 합류한다. 그 결과 새로운 스파이크가 발생하면, 우리는 그 스파이크와 함께 이동하면서 그것의 클론들이 피라미드세포의 축삭돌기 가지 수백 개를 따라 질주하는 것을 추적한다.

우리가 나아가는 경로는 겉질 층들 사이에서 회로를 완성한다. 우리는 여기에서 출발해서 3층과 2층으로 뻗은 축삭돌기 가지들을 통해 5층 피라미드세포의 가지돌기에 도달하는 스파이크 클론들을 따라갈 수 있다. 그 가지돌기의 길고 가는 줄기는 여러 갈래로 갈라져 마치 지붕처럼 우리 위에 우거져 있다. 혹은 우리는 축삭돌기를 따라 다시 4층으로 돌아와서 겉질의 바닥층인 6층 피라미드세포의 가지돌기에 도달하는 스파이크 클론을 따라갈 수 있다.

이 피드포워드feed-forward 회로(정보를 역방향으로 전달하는 일 없이 늘 앞으로 전달하는 회로 ―옮긴이)를 따라 4층에서 3층과 2층으로 상승하고 다시 5층과 6층으로 하강하는 동안, 우리는 겉질에 있는 피라미드 뉴런의 세 가지 유형을 모두 만나게 된다.[9] 세 유형 모두 글루타메이트를 분자로 사용한다. 따라서 이 뉴런들은 연결된 표적 뉴런을 흥분시킨다. 다들 자신이 속한 층에서 같은 유형의 뉴런과 연결되지만 때로는 긴 축삭돌기 가지를 통해 멀리 떨어진 뉴런과 연결된다. 5층에서 우리는 일부 스파이크 클론이 '피라미드로 뉴런pyramidal tract neuron'에 진입하는 것을 본다. 피라미드로 뉴런은 축삭돌기의 긴 가지를 뇌의 끝까지, 아래로 뇌간까지, 때로는 더 아래로 척수까지 뻗는다. 6층에서는 다른 스파이크 클론들이 틈새를 건너 겉질-시상 뉴런cortico-thalamic neuron에 진입한다. 이 뉴런의 긴 축삭돌기 가지는 아래로 뻗어 겉질을 벗어나서, 중간뇌 위에 얹힌 작은 덩어리인 시상에 도달한다. 시상에 속한 뉴런들은 겉질 전역으로 축삭돌기를 뻗어 복잡한 되먹임 고리들을 형성한다. 그리고 (1층을 제외한) 모든 층에 겉질-겉질 뉴런cortico-cortical neuron이 있다. 이 뉴런의 긴 가지는 겉질의 한 구역과 다른 구역을 연결하여 스파이크를 같은 뇌 반구 겉질의 먼 곳이나 다른 뇌 반구의 겉질로 운반한다. 뉴런들은 우리가 방금 떠난 뉴런과 그리 다르지 않다.

일단, 겉질 바깥으로 축삭돌기를 뻗은 뉴런들에 진입한 스파이크 클론들은 제쳐두기로 하자(이 클론들은 8장에서 다룰 것이다). 우리는 2층에 있는 피라미드 뉴런의 축삭돌기의 긴 가지를 따라 내려가 4층을 지나고 5층을 지나고 6층을 지나 백색질에 진입한 후 머리가 흔들릴 정도로 급하게 90도 회전하여 겉질을 가로지르는 축삭돌기들의 고속도로에 합류한다.

시각에 대해서는, 몇십 년의 연구를 통해 그런 고속도로 중 2개가 특히 자세히 밝혀졌다. 그것들은 '무엇 고속도로Highway What'와 '하기 고속도로Highway Do'다(그림 4-2).[10] 첫째 고속도로로 전송된 우리의 스파이크는 한 영역에서 다른 영역으로 건너가며 '무엇' 메시지의 창조에 기여할 것이다. 곡선, 윤곽선, 갈색, 흰색 등에 관한 메시지를 운반하는 스파이크들이 종합되어, 손이 닿을까 말까 한 책상 구석에 쿠키 상자가 있고 뚜껑이 비스듬히 열려 있으며 그 안에 생강과 배와 초콜릿을 첨가한 쿠키가 딱 하나 남아 있음을 드러낼 것이다. 둘째 고속도로로 전송된 스파이크가 통과하는 영역들은 우리가 무언가를 '하려면' 무엇을 알 필요가 있는지에 관한 메시지를 창조할 것이다. 그 고속도로를 따라 이동하면서 주위의 거리, 크기, 윤곽선과 곡선의 운동에 관한 메시지를 운반하는 스파이크들은 우리가 팔을 뻗으며 손가락들을 적당히 벌려 멈춰 있는 쿠키를 집어드는 것이 이론적으로 가능함을 드러낼 것이다.

무엇 고속도로
우리는 V1을 떠난다. 그리고 시각을 담당하는 겉질의 둘째 영역 내

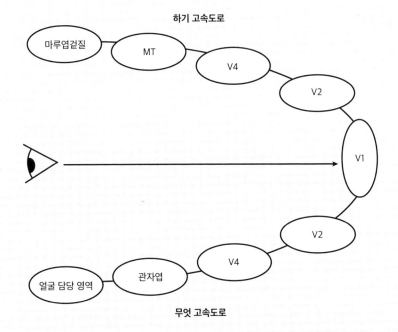

그림 4-2 겉질의 시각 고속도로들. 눈에서 온 정보는 V1에 도착한 다음에 축삭돌기들로 이루어진 고속도로 2개를 따라 이동한다. 그 고속도로들은 겉질의 시각 영역들을 연결한다. 한 영역에서 다음 영역으로 건너갈 때마다 축삭돌기는 백색질 속으로 침몰했다가 다음 영역에서 다시 부상한다.

에서 축삭돌기를 따라 상승하여 백색질을 벗어난다. 이 영역의 명칭은 우습게도 V2다. 미리 알려주는데, 명칭들은 전혀 개선되지 않는다. 앞으로 우리는 수많은 겉질 구역들을 거론할 텐데, 그 구역들은 철자와 숫자가 뒤죽박죽으로 이루어진 고유 명칭으로 가장 잘 식별된다. 마치 뇌가 감옥이고 그 구역들은 수감자인 것과도 같다. "7a 영역이 교도소장실에 즉각 보고할 것이 있습니다"라는 목소리가 들리는 듯하다.

V2에서 우리의 스파이크를 따라 틈새들을 건넌 우리는 결합된 윤곽선들, 곧 시각 공간의 특정 부분에 있으며 서로 붙어 있는 윤곽선들을 좋아하는 피라미드 뉴런들에 도달한다. 그 뉴런들 중 일부는 상자 뚜껑의 위로 뻗은 긴 모서리에 반응하여 스파이크를 창출하고, 다른 일부는 상자 뚜껑과 상자가 만나는 각도에 반응한다.

여기에서도 마찬가지로, V2에 있는 뉴런 하나가 무엇을 좋아하는지는 그 뉴런으로 들어오는 입력들의 군단이 무엇에 관하여 이야기하는지에 의해 정의된다. 우리의 스파이크는 V1으로부터 오는 군단의 일원이다. 그 군단은 시각 공간의 서로 가까운 구역들을 바라보는 단순 세포들과 복합형 세포들에서 유래하여 모두 V2에 있는 동일한 뉴런에 도착한다.[11] 자, 만일 우리가 시각 세계의 서로 가까운 비트 안에 특정 각도의 윤곽선들이 있음을 알리는 입력들을 받는 뉴런이라면, 우리는 무엇을 좋아하겠는가? 쉽게 짐작할 수 있듯이, 결합된 윤곽선들을 좋아할 것이다. 이는 V2 뉴런 각각이 우리가 떠난 V1의 어떤 뉴런보다 더 큰 덩어리를 본다는 것도 의미한다. 왜냐하면 V2 뉴런은 시각 공간의 다양한 부분들을 바라보는 V1 뉴런들에서 오는 입력들을 통합하기 때문이다.

시각 공간의 더 큰 덩어리를 본다는 것은 V2에 있는 많은 뉴런이 V1 뉴런들은 전혀 모르는 무언가를 안다는 뜻이다. 그 무언가는 결 texture이다. 우리는 시각 세계를 '사물들 things'과 '바탕 stuff'으로 나눌 수 있다. 사물은 윤곽선들로 정의되는 대상, 바탕은 그 윤곽선들 사이를 채우는 대상이다.[12] 눈밭의 반짝임, 삐걱거리는 안락의자의 가죽, 칼날의 차가운 강철, 쿠키 겉면의 바삭함 등이 바탕이다. 우리는 눈밭, 의자, 칼날, 쿠키의 윤곽선들 사이에서 바탕을 볼 수 있다. 그런 바탕(곧 결)은 빛이 반사되는 방식의 변이 패턴, 비교적 밝은 구역들과 어두운 구역들의 배열, 이를테면 골판지로 된 쿠키 상자 뚜껑의 물결 주름이다. V1에서 이미 배웠듯이, 비교적 밝은 구역과 비교적 어두운 구역이 만나는 곳이 바로 윤곽선이다. 그렇다면 결은 다양한 각도와 길이와 굵기의 윤곽선들이 조밀하게 모여서 이룬 특정한 조합이다. V1에 있는 개별 뉴런들은 그 윤곽선들을 볼 것이며, 각각의 뉴런은 자신이 볼 수 있는 픽셀에 자신이 특히 선호하는 각도, 길이, 굵기의 윤곽선이 있으면 스파이크를 전송할 것이다. 그리고 그런 V1 뉴런들의 스파이크들이 단일한 V2 뉴런으로 들어오는 입력 군단을 이룰 것이다. 따라서 한 V2 뉴런의 스파이크들은 각도, 길이, 굵기가 다양한 윤곽선들의 특히 조밀한 조합이 저 바깥의 세계에 있다는 메시지를 전달할 것이다.[13] 이것이 결에 관한 메시지, 바탕에 관한 메시지다.

V2 뉴런들은 상자 뚜껑의 물결 주름 골판지에 반응하거나, 책상 상

판의 매끄러운 합판에 반응하거나, 컴퓨터 모니터 뒷면의 거칠거칠한 검정 플라스틱에 반응하여 스파이크를 전송한다. 실제로 우리가 V2에서 맨 먼저 만나는 이 뉴런들은 우리가 시각겉질 전체를 여행하면서 일관되게 보게 될 것을 압축적으로 보여준다. 즉 각각의 정거장에서 뉴런들은 우리가 방금 떠난 영역에서 온 입력들을 결합하고 변형하여 더 복잡한 세계 표상을 창조한다.

이 사실은 우리가 V2의 층들을 거듭 훑은 다음에 다시 백색질로 내려가 시각겉질의 다음 주요 구역인 V4로 이동하면 충분히 명확해진다(시각겉질에 V3 구역은 없냐고? 물론 있다. 그러나 우리는 그 구역이 무엇을 하는지 모른다). 이 구역에서 우리가 진입하는 뉴런들은 전경과 배경의 명확한 대비를 좋아하고 또 색깔도 좋아한다.[14]

틈새를 건넌 우리는 회의 전 원기회복제로 안성맞춤인 쿠키를 발견하려는 우리에게 결정적으로 중요한 한 뉴런에 진입한다. 뉴런으로 들어오는 입력에서 알 수 있듯이, 그 뉴런은 쿠키 표면의 밝은 갈색과 상자의 칙칙한 갈색이 이루는 대비를 좋아한다. 이 뉴런이 전송하는 메시지는 윤곽선들과 곡선들과 대비들의 집합을 우리가 찾는 작고 맛있고 부서지기 쉬운 쿠키로 식별하는 데 결정적으로 중요할 것이다.

이 뉴런이 어떻게 갑자기 갈색을 알게 되는지 이해하려면 시각 시스템의 출발점으로 돌아갈 필요가 있다. 정확히 말하면, 망막의 원뿔세포들로 돌아가야 한다. 그 세포들은 쿠키나 상자나 책상에서 되튄 광자를 흡수하면 전령 분자들의 방출을 잠깐 중단한다. 그리고 그럼으로써 이 모든 스파이크 전송 소동을 촉발한다. 알다시피 원뿔세포는 빛의 세 파장과 짝을 이룬 세 유형으로 나뉜다. 특정 유형의 원뿔세포는 특정한 빛 파장을 좋아한다. 우리는 그 세 파장을 편의상 '빨간색' '녹색' '파란색'으로 부를 것이다(더 정확히 말하면, '빨간색'은 특정 파장을 부르는 이름일 뿐이므로, 우리는 '빨간색' 원뿔세포라는 명칭 대신에 '긴 파장에 튜닝된 원뿔세포'라는 명칭을 써야 할 것이다. 하지만 이 명칭은 쓰기도 따분하고 읽기도 따분하므로 '빨간색'이 적당하다. 그러나 곧 알게 되겠지만, 아무튼 그 파장의 빛은 빨간색이 아니다).

세 유형의 원뿔세포는 각각 고유한 경로를 따른다. 그 경로들은 망막을 통과하고 신경절세포들을 거쳐 뇌로 향한다. 그 세 경로 각각은 망막에서 보내는 다른 모든 정보도 운반한다. '빨간색' 켜짐 반응과 꺼짐 반응, '빨간색' 어둑함 또는 밝음 등으로 모든 통로에 '빨간색'이 붙는다. 그리고 V1에 있는 뉴런들은 이 세 가지 원뿔세포 경로의 다양한 조합에도 반응한다.[15] 예컨대 일부 V1 뉴런은 외톨이 '파란색'에 반응하여 스파이크를 전송하고, 일부는 '빨간색'과 '녹색'의 합에, 일부는 '빨간색'과 '녹색'의 차이에 반응하며, 다른 많은 뉴런은 이 세 가지 선택지의 혼합에 반응한다.

하지만 이 대목에서 짚어두자면, 지금 언급되는 '빨간색' '녹색' '파란색'은 우리가 아는 색깔이 아니다. 이것들은 단지 대상에서 반사한 빛의 파장들에 대한 반응들일 뿐이며 대상의 실제 색깔이 흰색이나 빨간색 혹은 싸구려 분홍색이더라도 발생할 것이다. 예컨대 V1에 있는 '파란색' 뉴런들은, 만일 제니스의 분홍 머리 요정 열쇠고리가 그 뉴런들이 바라보는 위치에 나타나도 스파이크를 전송할 것이다. 왜냐하면 자연광은 모든 파장—'빨간색' '녹색' '파란색'—을 포함하므로, 그 열쇠고리에서 모든 파장의 빛이 어느 정도씩 반사되어 눈으로 들어올 것이기 때문이다. 관건은 각각의 파장이 얼마나 많이 반사되는가 하는 것이다.[16] 대상에 부딪히는 빛은 '빨간색' '녹색' '파란색'을 특정한 비율로 보유하고 있다. 색깔은 그 대상에서 반사되어 눈에 들어오는 빛의 비율에 따라 결정된다. 만일 본래의 빛에서 그 비율이 '파란색' 쪽으로 치우쳤는데 반사된 빛에서는 '빨간색'의 비중이 더 높아졌다면 우리는 빨간색을 본다.

(다음을 반복해서 강조할 필요가 있다. 색깔은 가시광선의 파장이 아니다. 색깔은 특정 파장의 빛의 총량을 기준으로 할 때 반사된 파장의 빛의 비율이다. 전혀 낯선 이야기더라도 걱정할 것 없다. 뉴턴도 색깔이 파장이라고 생각했는데, 그가 오류를 범한 것이다. 나도 오류를 범했다. 물론 나의 오류는 중요하지 않을 테지만 말이다.)

이 모든 일을 해내는 것은 V4에 있는 뉴런들이다. 우리는 V1(그리고 V2)에 있는 뉴런들에서 유래한 스파이크 군단의 일원으로서 V4에 도착했으며, 그 뉴런들 각각은 방금 언급한 원뿔세포 경로 조합 중 하나에 반응한다. 그 뉴런들 각각이 얼마나 많은 스파이크를 전송하는지 보면, 뉴런들이 반응하는 원뿔세포 경로 조합이 얼마나 많이 가동되는지 알 수 있다. 몇몇 뉴런은 약한 신호(곧 적은 스파이크)를 전송할 것이다. 왜냐하면 그 뉴런들의 원뿔세포 경로 조합이, 반사된 빛을 조금 받아들이고 있기 때문이다. 몇몇 뉴런은 강한 신호(많은 스파이크)를 전송할 것이다. 왜냐하면 그 뉴런들의 원뿔세포 조합이, 반사된 빛을 많이 받아들이고 있기 때문이다. 이런 원뿔세포 경로 2개 이상에서 오는 신호들을 수용함으로써 V4 뉴런들은 그 신호들을 비교하고 '색깔'을 판단한다. 즉 어떤 파장 조합이 강하게 반사되고 어떤 파장 조합이 약하게 반사되는지 판단한다. 우리가 상륙한 V4 뉴런, 곧 쿠키의 갈색을 좋아하는 뉴런은 원뿔세포 경로 3개를 모두 비교해야 한다. '빨간색'이 74퍼센트 반사되고 '녹색'이 55퍼센트 반사되고 '파란색'이 38퍼센트 반사되어 혼합 광을 이루면 귀리로 만든 쿠키의 먹음직스러운 갈색이 대략 만들어진다.

이 사실을 기록할 시간조차 빠듯하다. 우리는 V4 뉴런에서 전송되는 다음 스파이크에 서둘러 올라타야 한다. 그 스파이크는 또 다른 축삭돌기를 따라 질주한다. 각각의 가지에서 스파이크 클론들이 모든 방향으로 퍼져나가고 겉질 층들을 넘나드는 고리를 거듭 순환한다. 결국 우리의 스파이크는 다시 백색질로 내려간다.

이어서 관자엽temporal lobe 중심부에서 다시 부상한다. 거기는 모양에 관심을 기울이는 겉질 조직이다.[17] 우리의 스파이크는 한 피라미드 뉴런으로 진입하는 입력 군단의 일원이다. 그 뉴런은 우리 스파이크를 비롯한 스파이크들이 운반해온, 우리 앞 공간 안의 길고 삐죽삐죽한 곡선에 관한 메시지들을 종합하여 쿠키 윗면의 타원 모양을 산출할 것이다. 상자의 곧은 윤곽선에 의해 일부가 잘려나가 타원임을 알아보기 어렵게 된 타원이다. 상자 모양도 근처 뉴런들에 의해 조립된다. 그 뉴런들은 궁극적으로 우리의 출발점 바로 아래의 망막 구역으로부터 정보를 얻는다. 몇 밀리미터 떨어진 곳의 다른 뉴런들은 입력 군단을 종합하여 직사각형 뚜껑을 산출하고 있다. 모든 것이 척척 들어맞는다. 밝은 갈색 쿠키, 어두운 갈색 상자, 자단목 책상. 그리고 사무실을 가득 채운 베이지색 배경.

그리고 우리가 도달한 관자엽 중심부 바로 아래에는 인간이 궁극적으로 가장 큰 관심을 기울이는 모양, 곧 얼굴을 다루는 뉴런들이 있다. 바로 지금 우리도 아래 질문에 답하기 위해 얼굴에 깊은 관심을 기울인다. '내가 이 쿠키를 주시하는 동안 나를 보는 얼굴들이 혹시 있을까?' V1을 거쳐 V2에서 간단하지만 독특하게 결합된 코와 눈썹과 턱의 윤곽선, 입의 직선, 광대뼈의 곡선이 산출된다. 이것들이 V4에서 산출된 색깔들—창백한 피부, 희끗한 짧은 수염으로 둘러싸인 옅은 분홍색 입술—과 결합되면 우리는 그레이엄의 얼굴을 얻는다. 사무실 저쪽 멀리 있으며 옆모습이고 눈은 천장을 향했다. 한가롭게 생각에 잠긴 모습이다.

우리 스파이크의 여행은 오직 인간만이 관심을 기울이는 일련의 모양을 식별하는 데도 결정적으로 중요하다는 점을 지적하지 않는다면 그것은 나의 태만일 터다. 그 모양들은 글자다. 글자들은 윤곽선, 직선, 모서리, 각으로만 이루어졌다. 시각 시스템은 글자를 포착하면 매우 흥분한다. 우리가 V4를 떠날 때 마지막으로 있던 곳으로부터 몇 밀리미터 떨어진 자리에서 한 뭉치의 뉴런들이, 윗부분과 아랫부분이 대략 대칭인 곡선의 존재를 알리는 고유의 스파이크들을 창출하고 있었다. 그 곡선은 사인펜으로 적은 "Cookies"에서 "C"가 뒤집힌 것이었다. 그 뉴런 뭉치 근처의 다른 뉴런들은 출발점과 끝점이 같은 연속적인 곡선을 이룬 윤곽선을 좋아한다. 즉 "o"들을 좋아한다. 또 다른 뉴런들은 억센 직선에서 짧은 가지 두 개가 뾰족한 각을 이루며 위아래로 짧게 뻗은 모양, 곧 "k"에 매료된다. 읽기는 일차적으로 시각 시스템의 활동이다. 구체적으로 말하면, 읽기는 아주 많은 윤곽선과 곡선과 각을 특유의 모양들로 조립하고 그 모양들을 조합하여 더 큰 모양─단어─을 만드는 활동이다. 그 와중에 연달아 스파이크들이 전송된다. 지금 이 문장을 읽는 동안에도 마찬가지다.

하기 고속도로

다시 분기점으로 복귀하기 위해 V1으로 돌아가자. 우리의 스파이크가 통과하던 V1 뉴런의 축삭돌기가 갈라질 때, 우리가 올라탄 스파이크 클론은 백색질 속으로 하강한 후 V2에 이르러 '무엇 고속도로'의 출발점에 있는 뉴런에 진입했다. 그러나 그 분기점에서 우리 또한 복제되어 또 다른 가지를 따라가는 스파이크 클론에도 올라탔다면, 우리는 '하기 고속도로'의 출발점에 있는 V1 뉴런에 도달했을 것이다.

'하기 고속도로'의 고유한 특징은 운동 계산이다. V2에 있는 단순 뉴런과 복합형 뉴런의 일부는 국지적 운동을 안다.[18] 나머지 뉴런과 마찬가지로 그 뉴런들 각각은 시각 세계의 특정 위치에 놓인 특정 굵기와 각도의 윤곽선을 좋아한다. 그러나 그 뉴런들은 그런 윤곽선이 움직일 때, 특히 뉴런 자신이 좋아하는 각도와 90도 어긋난 방향으로 움직일 때 가장 많은 스파이크를 전송한다. 예컨대 그런 방향 선택적 V1 뉴런이 45도 기운 윤곽선을 좋아한다면, 그 뉴런은 자신이 볼 수 있는 세계의 미세한 픽셀 안에서 그런 윤곽선이 좌상귀에서 우하귀로 내려올 때 가장 많은 스파이크를 전송할 것이다. 그리고 이런 방향 선택적 뉴런들이 축삭돌기를 뻗어 '하기 고속도로'의 첫 구간을 이룬다.

V1에서 시작된 '하기 고속도로'는 V2와 V4도 통과하지만 '무엇 고속도로'에 있는 것들과는 다른 뉴런들을 거친다. 그 다른 뉴런들의 역할은 솔직히 말해서 잘 이해되어 있지 않다. (물론 지식에 기초한 추측은 어느 정도 가능하다. V2 뉴런들이 윤곽선들의 결합을 좋아함을 감안할 때, '하기 고속도로'에 속한 V2 뉴런들은 윤곽선들이 결합되어 특정 방향으로 움직이는 것을 좋아하리라고 추측하는 것이 합리적일 터다.) 그러나 '하기 고속도로'의 독특한 첫 정거장은 우리가 가장 잘 아는 구역이기도 하다. 그곳은 V5, 전문가들이 사용하는 명칭으로는 MT 영역이다.

MT 영역 뉴런들은 전체 그림을 만든다. 그것들은 시야 전체를 가로지르는 광역적 운동에 반응한다. 일부 MT 뉴런들은 정합적인 윤곽선들과 표면들의 집단이 왼쪽에서 오른쪽으로 움직이는 것에 반응한다. 또 일부는 그런 집단이 아래에서 위로 움직이는 것에 반응한다. 특정 방향의 광역적 운동에 대한 MT 뉴런의 이 같은 민감성은 아마도 V2(그리고 V1) 뉴런들에서 MT 영역으로 쏟아져 들어오는, 국지적 방향에 관한 스파이크들을 통합하는 것에서 유래할 개연성이 있다.[19] 우리가 한 MT 뉴런 위에 앉아서 방향 선택적 V1 뉴런들의 군단이

MT 뉴런을 스파이크로 폭격하는 광경을 목격한다고 해보자. 그 군단은 모든 가능한 방향을 좋아하는 V1 뉴런들을 포함할 테고, 각각의 V1 뉴런은 세계의 미세한 픽셀 하나를 바라보고 있을 터다. 그리하여 그 입력 군단은 일치단결하여 시각 세계의 큼직한 구역 하나에서 일어나는 모든 가능한 방향의 운동을 알려줄 것이다. 따라서 한 MT 뉴런이 이를테면 왼쪽에서 오른쪽으로 향하는 광역적 운동을 좋아하려면, 그 뉴런은 자신의 작은 공간 구역 안에서 윤곽선들이 대략 왼쪽에서 오른쪽으로 운동한다고 알려주는 V1 뉴런들의 입력에 가중치를 부여하기만 하면 된다. 그러면 놀랍게도, 정합적인 윤곽선들과 표면들의 집단이 동일한 방향으로 운동하는 것을 한 뉴런이 알게 된다.

우리에게는 이것이 가장 중요할 텐데, 지금 MT 영역에 있는 뉴런들은 쿠키를 이루는 윤곽선들과 각들의 정합적인 집단이 움직이는 것에 반응하여 스파이크를 전송하고 있지 않다. 즉 쿠키는 움직이고 있지 않다. 그러나 사무실 안의 많은 것들이 움직이고 있다. 일부 MT 뉴런은 "세라Sarah"라고 부르는 정합적인 윤곽선들과 표면들의 집단이 사무실을 성큼성큼 가로지르는 것에 반응하여 스파이크를 전송하고 있다. 머리카락을 오른쪽 귀 뒤로 넘긴 그녀가 우리의 시야를 왼쪽에서 오른쪽으로 가로지른다. 그녀는 가까이 있다. 너무 가깝다. 당신은 알 필요가 있다. 쿠키를 먹지 못하게 하려고 다가오는 것일까?

이 문제는 '하기 고속도로'의 다음 정거장들이 해결한다. 우리는 MT 영역에서 발생한 스파이크 클론 하나에 올라타고, 그 클론은 마루엽parietal lobe의 다채로운 영역들로 이동한다. 그 영역들의 명칭은

VIP와 MST다. 여기에 있는 뉴런들은 다양한 방향의 광역적 운동 신호들을 통합하여, 움직이는 대상에 무슨 일이 일어나는지 알려주는 신호를 산출한다. 윤곽선들의 운동 방향이 끊임없이 일정하게 바뀌는가? 그렇다면 대상은 회전하고 있다. 윤곽선들이 위아래 방향으로 운동하면서 윤곽선 집단이 시각 세계에서 차지한 부분이 커지거나 작아지는가? 그렇다면 대상은 확대되거나 축소되고 있다. 우리는 축소되는(즉 멀어지는) 세라를 원할 것이 틀림없으므로, 대상의 축소에 반응하는 뉴런을 살펴보자. 우리는 그런 뉴런이 발사하는 스파이크에 올라타 숨죽이며 틈새를 건넌 후 돌아본다. 무수한 전압 펄스들이 축삭돌기를 타고 흘러오는 것이 보인다. 세라가 멀어지고 있다는 뜻이다. 그녀는 커피가 가득 찬 머그잔으로 무장하고 회의실로 가는 중이다. '무엇 고속도로'가 끼어들어 그 머그잔은 "젠장, 또 월요일이네"라는 탄식을 상징한다고 알려준다. 우리는 안도한다. 쿠키야, 넌 이제 내 거야. 아, 그렇게 간단하면 얼마나 좋겠는가.

앞으로 그리고 뒤로

지금까지 우리는 한 영역에서 다른 영역으로 건너오며 꾸준히 전진했으므로, 시각 시스템은 가지런한 위계로 배열된 것처럼 느껴진다. 눈에서 유래한 정보는 꾸준히 상승하면서 여러 영역을 거치고, 각 영역은 점점 더 복잡한 시각 세계의 표상을 창조하는 듯하다. 이 생각은 일리가 있다. 연구자들이 방대한 이미지뱅크image bank를 기반으로 심층신경망을 훈련시킬 때, 융통성 없는 층들로 배열된 모형 뉴런들은 오직 전진 방향의 다음 뉴런에만 정보를 공급한다. 그런 식으로 모형 뉴런들과 심층신경망은 '무엇 고속도로'의 대략적인 위계를 요약해서 보여준다.[20] 첫째 층은 V1과 유사하게 단순한 윤곽선들에 반응하고 더 멀리 있는 층일수록 더 복잡한 것에 반응하는데, 이는 V1, V2, V4에서 반응 대상이 점점 더 복잡해지는 것과 유사하다.[21] 층의 개수가 충분히 많으면, 그런 심층신경망들은 특정한 모양들에 관한 정보를 스파이크로 전송하는 관자엽 뉴런들의 능력도 재현할 수 있다. 사진 속 대상의 유형을—자동차인지 의자인지 테이블인지—인지하는 심층신경망의 능력이 인간의 능력과 더 대등할수록, 심층신경망의 출력층은 관자엽 뉴런들의 활동을 더 잘 모방한다.[22] 눈에서 출발한 정보가 앞으로 나아가는 것을 고찰할 때, 시각겉질의 고속도로들을 대략적인 일방통행로로 생각하는 것은 유용한 어림 규칙, 즉 시각 뇌의 심층적 복잡성을 이해하기 위한 도식적 길잡이다.[23]

그러나 시각 시스템이 엄격한 위계 구조가 아니라는 점은 의심할 여지가 없다. 또 2개의 고속도로가 연결되어 있다는 점도 확실하다. 우리는 그 고속도로들이 V1에서 멀리 떨어진 겉질 구역들에서 합류한다는 것을 안다. 예컨대 나중에 7장에서 다룰 등가쪽앞이마엽겉질 dorsolateral prefrontal cortex이 그런 합류 구역이다. 두 고속도로 사이에서 신호 교환이 일어나 한 고속도로의 스파이크들이 다른 고속도로의 뉴런들에 영향을 미치는 것이 확실하다.[24] 게다가 이것이 가장 결정적인데, 정보가 이동하는 내내 되먹임이 존재한다. V2에서 V1으로의 되먹임, V4에서 V2로의 되먹임을 비롯해 모든 곳에 되먹임이 있다.[25] 우리가 눈에서 출발하여 V1을 통과해 계속 나아가는 스파이크에 올라타 있는 동안, 스파이크의 끝없는 행렬이 우리를 지나쳐 반대 방향으로 힘차게 나아간다. V2 혹은 V1을 향해 거슬러 오른 것이다. 마치 나중의 시각 구역들이 이미 하고 있는 생각을 처음 시각 구역들이 반드시 알 필요가 있기라도 한 것 같다. 10장에서 보겠지만, 실제로 그럴 필요가 있을 가능성이 있다.

심지어 위계의 내부에서도, 깊이 파고들면 미묘한 차이가 드러난다. '무엇 고속도로'와 '하기 고속도로'의 넓은 구간들은 아주 많은 띠 모양의 겉질 구역들과 연결되어 있다. 그러나 단일 뉴런 수준에서는 각 뉴런의 축삭돌기가 엄격한 논리를 따르는 듯하다. 그것들은 우리가 V2 또는 V4라고 부르는 수억 개의 뉴런들 가운데 특정 구역에 있는 특정 유형의 뉴런들을 표적으로 삼는다. 우리는 V1을 지배하는 그 논리를 이제 막 밝혀내기 시작했다.[26] "RNA 바코딩barcoding"이라는 기발한 기술 덕분이다.

유일무이한 합성 RNA 가닥을 제작하여 V1에 있는 한 뉴런에 주입하라. 그런 다음에 기다려라. 그 RNA 가닥은 뉴런의 축삭돌기를 따라 운반되어, 축삭돌기가 가는 곳이라면 어디라도 갈 것이다. 그 가닥이 X 영역으로 가는지 확인하려면, 그 영역의 조직을 떼어내 유전자 검사를 하라. 관건은 그 유일한 RNA 가닥이 검출되는지 여부다. 검출된다면 대성공이다. 우리의 뉴런은 X 영역과 연결되어 있다.

이 접근법의 탁월한 장점은 시간과 에너지가 허용되는 한 얼마든지 많은 유일무이한 가닥을 수많은 뉴런에 주입한 다음 우리가 떼어낸 조직에서 그 가닥들 모두에 대한 유전자 검사를 할 수 있다는 것이다. 이런 식으로 연구하면, 단일 뉴런 수백 개의 정확한 연결들을 알아낼 수 있다. 과거에는 이런 규모의 성취는 불가능하다고 여겨졌다.

생쥐의 V1에서 수백 개의 뉴런을 RNA 바코딩 기술로 연구해보니, 실제로 엄격한 논리가 있다는 것이 드러났다. 므르식-플로걸의 연구팀은 바코드가 붙은 RNA(유일무이한 합성 RNA)를 생쥐의 V1 뉴런들에 주입한 다음, V1의 표적 영역으로 짐작되는 시각겉질 구역 여섯 곳에서 그 RNA를 검사했다. 그 결과, V1 뉴런들의 절반이 6개의 구역 중 2~3개와 연결되었음이 드러났는데, 그 구역들은 무작위한 조합들이 아니었다. 각각의 뉴런은 자신의 표적 영역들의 조합을 마구잡이로 선택하지 않는 듯했다. 대신에, 표적 영역 2개 또는 3개, 또는 4개로 만들 수 있는 16개의 조합 가운데 딱 4개 조합이 압도적으로 많이 선택되었다. 따라서 V1에 속한 뉴런의 절반은 인근 겉질 구역들 가운데 어떤 조합을 선택하여 신호를 보내는지에 따라 네 집단으로 분류된다. 그러나 이것은 미래의 발견을 위한 감질나는 단서일 뿐이다. 우리는 겉질 뉴런들이 인근의 뉴런들과 어떻게 연결되는지에 대해서는 많이 알지만, 멀리 떨어진 뉴런들과의 연결에 대해서는 더 적게 알고 있으며 건너편 뇌 반구와 어떻게 연결되는지에 대해서는 거의 아무것도 모른다.

건너편

우리가 V1을 벗어나 백색질로 하강할 당시에 축삭돌기의 가지 하나를 따라간 스파이크 클론은 뇌의 건너편으로 날아갔다. 그 가지는 뇌들보corpus callosum를 이루는 수십억 가닥의 축삭돌기 중 하나다. 뇌들보는 좌뇌 겉질과 우뇌 겉질을 잇는 연결선들의 망이다. 우리가 우리 자신을 복제할 수 있었다면, 우리는 그 스파이크 클론에도 올라탔을 것이다. 그리하여 건너편 뇌 반구로 뻗은 그 축삭돌기 가지를 타고 이동하여, 좌뇌와 우뇌 사이의 깨지기 쉬운 평화를 지키기 위해 메시지를 전달하는 특사의 임무를 수행했을 것이다.

문제는 그 경우 우리가 어디에 도착할지에 대해서 아는 바가 전혀 없다는 점이다. 겉질의 지도를 그리는 연구자들이 아는 한도 안에서 말하면, 우리는 건너편 반구 겉질의 동일한 구역에 도착할 것이 거의 확실하다. 좌뇌 V1에서 출발하면 우뇌 V1에 도착하고, 좌뇌 V2에서 출발하면 우뇌 V2에 도착하는 식으로 말이다. 하지만 혹시 시각을 다루는 다른 구역들에도 도착할까? 아마 그러할 것이다. 그럼 그밖에 다른 구역에도 도착할까? 우리는 전혀 모른다. 겉질의 두 반구를 넘나드는 스파이크의 여행에 관해서 우리가 아는 바는 거의 없다. 이 무지는 단순히 기술 부족 때문이다. 다양한 겉질 구역에 속한 다수의 뉴런 각각의 스파이크를 낱낱이 동시에 기록하는 기술은 아직 없다. 또 하나의 원인은, 뇌의 한쪽 반구만 연구해도 정신이 아찔할 정도로 복잡하고 배울 것이 무한히 많다는 점에 있다. 양쪽 반구를 다 연구하려면 더 심각한 역량의 한계에 부딪히게 된다.

그러나 기술은 발전하고 있다. 미시적 구조에서 줌아웃하여 생쥐 겉질 양쪽 반구의 큼직한 구역들의 활동을 동시에 촬영하면, 좌우 반구의 동일한 구역들이 대개 동시에 활동하는 것을 볼 수 있다.[27]

그 동시성은 단지 수동적으로 발생하는 것이 아니라 좌뇌와 우뇌가 능동적으로 동시화 작업을 한 결과인 것으로 보인다. 2016년, 샤울 드럭먼Shaul Druckmann과 카렐 스보보다Karel Svoboda의 실험실에서 일하는 과학자들은 생쥐 겉질 양쪽 반구의 동일한 작은 구역에서 다수의 뉴런을 동시에 촬영했다.[28] 한쪽 반구의 그 구역에서 스파이크 점화가 중단되면 양쪽 반구는 동시성을 잃고 제멋대로 작동한다. 그러나 놀랍게도, 스파이크 점화가 재개되면 부분적으로 스파이크 점화를 중단했던 반구가 건너편 반구의 겉질에서 일어나는 일을 즉각 정확하게 따라잡는다. 여기에서 보듯이, 반구들을 넘나드는 스파이크는 양쪽 반구 겉질의 동일한 구역의 동시화에 결정적으로 기여한다.

이 같은 뇌 횡단 스파이크 흐름은 어쩌면 다른 종들에서보다 인간에서 더 중요할 것이다, 왜냐하면 우리의 뇌는 모든 종을 통틀어 가장 심하게 편측화되어lateralized 있는 듯하기 때문이다. 우리의 겉질이 작동할 때는 많은 경우 한쪽 반구가 다른 반구보다 힘든 일을 더 많이 한다. 고전적인 예로 오른손잡이와 왼손잡이의 차이를 들 수 있다. 우리가 오른손잡이라면, 좌뇌 겉질에서 손을 조종하는 겉질 부분이 우뇌 겉질의 그 부분보다 더 많은 일을 한다. 반대로 왼손잡이라면, 우뇌의 손 조종 겉질이 더 많은 일을 한다.[29] 가장 극단적인 경우를 언급하자면, 한쪽 반구의 겉질에는 존재하지만 반대편 반구의 겉질에서는 거의 탐지되지 않는 기능들이 있다. 말을 이해하는 기능과 발화하는 기능은 둘 다 우뇌 겉질에는 없고 좌뇌 겉질에만 있는 구역들에 결정적으로 의존한다(정확히 말하면, '거의' 모든 사람이 그러하다. 심한 왼손잡이는 말 담당 구역들이 우뇌에 있거나 심지어 좌뇌와 우뇌 모두에 있는 경향이 있다[30]). 그밖에 온갖 기능의 더 미묘한 편측화는 인간 뇌를 찍은 기능성 영상에서 명확히 드러난다. 계산에서부터 얼굴 평가까지 다양한 과제를 수행하는 동안, 한쪽 반구가 산소를 풍부하게 함유한 피를 훨씬 더 많이 요구한다. 그 반구의 뉴런들이 "밥 줘!"라고 요란하게 외치는 것이다. 그러니 그 뉴런들이 가장 힘든 계산을 하고 있는 것으로 보인다.[31]

이 모든 것에서 짐작할 수 있듯이, 우리는 (심지어 그레이엄도) 필시 뇌 횡단 스파이크들을 통해 한쪽 반구 겉질의 계산 결과를 다른 쪽 반구에 전달하는 것으로 보인다. 그 스파이크들이 없으면 상황이 약간 기괴해질 수 있다.

얼마나 기괴한지는, 보기 드문 뇌 분할split-brain 환자들에게서 확실히 느낄 수 있다. 대단히 흥미로운 그 환자들은 심각한 뇌전증을 완화하려는 최후의 조치로 뇌들보, 곧 양쪽 반구의 겉질을 잇는 신경 다발을 절단하는 수술을 받았다. 이 수술은 비정상적 스파이크들의 물결이 건너편 반구로 번지는 것을 막기 위해 실시되며 효과가 있다. 그러나 이 수술을 받는다는 것은 양쪽 반구 사이의 직접 대화가 불가능해진다는 것을 의미한다.

1970년대부터 뇌 분할 환자들을 연구해온 마이클 가자니가Michael Gazzaniga와 동료들, 그리고 그외 연구자들은 통신선들을 절단했을 때 좌뇌 겉질과 우뇌 겉질의 독자적 기능들이 어떻게 드러나는지 보고해왔다.[32] 그들은 간단히 좌뇌 겉질이나 우뇌 겉질에만 사물을 보여준다. 이를테면 오른쪽 눈 시야 안에 사진을 놓음으로써 좌뇌 겉질에 그 사진을 보여준다. 그리고 좌뇌 겉질과 우뇌 겉질의 반응 차이를 보면, 스파이크들이 양 반구를 넘나들며 무엇을 조율하고 있는지 추론할 수 있다.

문제 풀이에서 뚜렷이 나타난 차이가 하나 있다. 한 연구에서 뇌 분할 환자들은 이번에는 두 전구 중 어느 쪽이 켜질지 예측하고 버튼을 눌러 그 예측을 보고하라는 요구를 받았다. 한 전구는 매번 80퍼센트의 확률로, 다른 전구는 20퍼센트의 확률로 켜졌다. 정상적인 사람들은 이 확률에 맞게 행동한다. 즉 전구 켜기가 오랫동안 반복되면, 정상인은 한 버튼을 80퍼센트의 비율로 누르고 다른 버튼을 20퍼센트의 비율로 누르는 경향을 보인다. 이 문제를 뇌 분할 환자의 좌뇌에 보여주니, 정확히 위와 똑같은 비율들이 산출되었다. 반면에 이 문제를 우뇌에만 보여주자 최고 점수가 나왔다. 왜냐하면 이 경우에 뇌 분할 환자들은 켜질 확률이 가장 높은 전구의 버튼만 일관되게 눌렀기 때문이다(공교롭게도 이것이 더 나은 해법이다. 켜질 확률이 가장 높은 버튼만 계속 누르면 80퍼센트의 정답이 보장된다. 다른 방식으로 버튼을 누르면 점수가 더 낮을 것이 거의 확실하다.) 요컨대 좌우 반구 겉질은 동일한 정보에 반응하여 서로 다른 해법을 추론했다. 이 결과에서 보듯이,

좌뇌 겉질과 우뇌 겉질이 서로의 해법을 알고 사용하려면 겉질 횡단 스파이크들이 필요하다.

언어 기능의 극단적 편측화를 떠올리면 짐작할 수 있듯이, 뇌 분할 환자들은 뇌 횡단 스파이크들이 어떻게 단어와 시각적 이미지를 협응시키는지 보여준다. 우뇌만 볼 수 있게 포크를 제시하면, 뇌 분할 환자들은 '포크'라는 이름을 대지 못한다. 그러나 포크를 (역시 우뇌가 통제하는) 그들의 왼손에 건네주면, 그들은 포크를 완벽하게 사용한다. 그들의 우뇌 겉질은 포크가 무엇인지 알지만 단어들에 접근할 수 없다. 왜냐하면 단어들은 좌뇌 겉질에서만 접근할 수 있기 때문이다.

어쩌면 겉질 횡단 스파이크의 가장 필수적인 역할은 좌뇌 겉질이 우뇌 겉질을 올바로 대변하게 해주는 것일 터다. 언어 기능이 극단적으로 좌뇌 겉질에 쏠려 있기 때문에, 뇌 분할 환자에서 좌뇌 겉질의 발화 중추들은 우뇌 겉질의 행동에 접근할 수 없다. 그럼에도 좌뇌 겉질은 그 행동을 어떻게든 해석하여 결국 틀린 해석을 내놓는다. 한 예로 가자니가가 좋아하는 'claw(발톱)'와 'snow(눈)'에 관한 이야기가 있다.

연구자들은 어느 뇌 분할 환자의 좌뇌 겉질에는 닭의 발톱을 사진으로 보여주고 우뇌 겉질에는 눈 오는 풍경을 사진으로 보여주었다. 또한 좌뇌 겉질과 우뇌 겉질은 테이블 위에 놓인 물체들을 제각각 다르게 4개씩 볼 수 있었다. 그 환자는 사진과 가장 관련이 깊은 물체를 각각의 손으로 가리키라는 요청을 받았다. 왼손은 우뇌 겉질이 눈 오는 풍경을 보고 있을 때 기특하게도 삽을 가리켰다. 오른손은 좌뇌 겉질이 닭의 발톱을 보고 있을 때 닭을 가리켰다. 둘 다 합리적인 짝짓기였다. 그러나 언어에 접근할 수 있는 것은 당연히 좌뇌뿐이다. 따라서 왜 그 두 물체를 선택했느냐고 환자에게 묻자, 이런 대답이 돌아왔다. "닭의 발톱은 닭과 짝이고…"(좌뇌 언어 중추들은 시각 영역에 보여준 사진과 운동 영역이 가리킨 물체를 둘 다 아는 듯했다) 환자는 이렇게 말을 이었다. "… 닭장을 청소하려면 삽이 필요하니까요." 좌뇌는 왜 우뇌가 삽을 짚었는지 전혀 모르기 때문에 이야기를 지어낼 수밖에 없는 듯했다. 좌뇌의 언어 중추들은 눈 오는 풍경을 전혀 모르는 듯했다.

이처럼 겉질 횡단 스파이크들은 단어와 대상을 짝짓는 작업뿐 아니라 우리가 세계를 해석하는 방식에도 결정적으로 기여한다. 우뇌 겉질은 좌뇌 겉질이 우뇌 겉질 자신과 몸의 오른쪽 절반에게 무슨 말을 하고 있는지 알고 싶어 한다. 또한 좌뇌 겉질도 마찬가지로 우뇌 겉질의 말을 듣고 싶어 한다. 뇌들보를 건너는 스파이크들은 양쪽 반구 겉질을 통합하여 우리 몸에 대한 하나의 해석 가능한 경험을 만들어내는 데 결정적으로 기여하는 듯하다.

이제 이동할 때다. 1초보다 훨씬 더 짧은 시간에, 더 정확히 말하면 200~300밀리초 안에 우리는 겉질의 시각 구역들을 누비는 스파이크 클론들과 뇌의 양 반구를 넘나드는 스파이크 클론들을 추적했다. 우리는 한 겉질 층 안에서 인근 뉴런들로 뻗은 연결선들과 한 겉질 구역 안에서 위아래로 뻗어 여러 겉질 층을 거치는 연결선들, 그리고 백색질 속으로 하강했다가 새 구역(새로운 국지적 회로)에서 다시 상승하는 연결선들을 통과했다. 그 200~300밀리초는 기초 픽셀들에 관한 정보를 담은, 망막에서 나온 스파이크들이 쿠키와 상자, 책상과 주위 사람들, 그리고 그들이 있는 장소에 대한 완전한 표상을 담은 스파이크들로 변환되기에 충분한 시간이었다. 이제 그 쿠키를 가지고 무엇을 할지 결정할 때다. 그리고 이 대목에서 우리는 첫 번째 나쁜 결정을 내린다.

5장

실패

실패란 무엇인가

우리가 올라탈 수 있는 스파이크 클론은 아주 많다. 보이는 대로 하나를 선택하자. 그런데 시각 구역들을 벗어나 겉질의 중앙 구역들로 진입하려는 계획과 달리, 우리의 여행은 갑작스럽고 막막하게 중단된다. 우리의 스파이크는 축삭돌기의 한 시냅스(축삭돌기 말단과 그 너머 틈새와 이웃 뉴런 가지돌기의 입력 수용 부분을 통틀어 부르는 용어―옮긴이)에 도달했는데, 아무 일도 일어나지 않는다. 어떤 화학물질 꾸러미도 찢어져 내용물을 쏟아놓지 않는다. 아무것도 건너편 뉴런을 건드리지 않는다. 그 뉴런은 스파이크의 메시지를 전달받을 가망이 영영 없다. 우리의 스파이크는 실패했다.

약간 미심쩍은 눈길로 지금까지의 과정을 돌아보자. 스파이크를 만드는 데는 엄청난 노력이 들었다. 동료 스파이크 군단이 적절한 때 한 뉴런 가지돌기의 적절한 장소에 한꺼번에 도착했고, 넘치는 에너지가 구멍들의 열림과 닫힘을 유발하여 있거나 아니면 없는 전기 펄스를 창출했다. 그런데 그 모든 노력이 실패로 돌아갔다. 정보는 되찾을 수 없게 상실되었다.[1] 이런 서투른 세포 집단을 '뇌'라고 부르는 것이 과연 적절할까?

스파이크 실패는 버그이자 결함이며, 생물학에서 작동 한계에 부딪힐 때 잠재적으로 불가피하게 발생하는 귀결이다. 뉴런 본체는 인간의 머리카락 굵기보다 10배 더 작다. 그런 미시적 규모에서는 온도의 미세한 변화부터 뇌의 미세한 움직임까지 온갖 요인이 잡음noise을 유발한다. 그 요인들은 파리나 생쥐나 인간처럼 큰놈이 알아채기에는 너무 작다. 우리의 스파이크가 시냅스에 도착했을 때, 화학물질 꾸러미들의 내용물을 쏟아내는 사건들의 연쇄가 잡음에 의해 교란될 수 있다. 또 화학물질 꾸러미들이 텅 비어 있어서 아무것도 방출되지 않을 수도 있다.

그런데 실패율은 뇌의 부분에 따라, 심지어 뇌의 작은 부분 안에서도 뉴런의 유형에 따라 심하게 들쭉날쭉하다.[2] 일부 뉴런에서 유래한 스파이크는 놀랄 만큼 자주 실패한다. 해마에 있는 흥분성 시냅스에서 약 70퍼센트의 스파이크는 아무 일도 일으키지 못한다. 최악의 경우 그 비율이 95퍼센트에 달한다.[3] 즉 그 시냅스들에 도착하는 스파이크 전체의 5퍼센트만이 건너편 뉴런에서 전압 펄스를 창출한다.

반면에 실패율이 0인 시냅스들도 있다. 그것들에 도착하는 모든 스파이크는 건너편에서 반응을 일으킨다.[4] 더욱 기이하게도, 동일한 뉴런 쌍 사이에 있는 다양한 시냅스들의 실패율이 극적으로 들쭉날쭉할 수 있다.[5] 실패가 버그라면, 실패율이 그토록 극적으로 가변적인 것은 이치에 맞지 않는다. 그렇다면 실패는 어쩌면 버그가 아니라 특징일 것이다. 아닌 게 아니라, 작지만 집요한 이 골칫거리는 실은 강력한 계산 도구다.

왜 실패하는가 — 더 나은 소통을 위하여

어쩌면 놀라운 얘기로 들리겠지만 이론가들은 스파이크 실패도 사랑한다. 그 실패는 또 하나의 기묘한 역설이다. 뇌는 뉴런 간의 정보 전달을 위해 스파이크를 사용하는데, 기묘하게도 시냅스 실패를 통해 고의로 그 정보 전달을 막는다. 왜 뇌는 뉴런 간의 정보 전달을 막으려 할까? 이론가들은 신이 나서 손바닥을 비비며 많은 아이디어를 쏟아냈다.

간단한 아이디어 하나는 스파이크 실패가 뉴런들의 연결 강도를 조절하는 데 필수적이라는 것이다. 기억하다시피, 한 뉴런으로 들어오는 입력들의 강도는 제각기 다르다. 어떤 입력은 약하고 다른 입력은 강하다. 이제 시냅스 실패를 추가로 고려하면, 내가 '강도'라고 부른 것이 두 부분으로 이루어졌음을 알 수 있다. 첫째 부분은 전압 펄스의 크기, 둘째 부분은 시냅스의 신뢰도다.[6] 한 시냅스에서 1개의 입력이 큰 펄스를 일으킬 수도 있을 것이다. 그러나 도착하는 스파이크의 10퍼센트만 펄스를 일으킨다면, 그 시냅스에서의 입력이 표적 뉴런에 미치는 영향은 약할 것이다. 그리하여 이론가들은 한 뉴런에서 다른 뉴런으로의 연결 강도를 변화시키는 방법이 두 가지라고 오래 전부터 지적해왔다. 우리는 반응의 크기를 바꿀 수도 있고 반응의 신뢰도를 바꿀 수도 있다.[7]

반응의 크기를 바꾸기는 어렵다. 그러려면 시냅스에 있는 분자 꾸러미의 개수를 늘리거나, 건너편 수용체의 개수를 늘리거나, 이 둘을 다 늘려야 한다. 하지만 신뢰도를 바꾸면 또 다른 가능성이 열린다. 이를 위해서는 화학물질을 방출하는 축삭돌기 말단의 스파이크에 대한 민감도를 높이거나 낮추기만 하면 될 것이다. 실제로 해마의 뉴런 간 연결에 관한 실험에서 찰스 스티븐스Charles Stevens와 얀얀 왕Yanyan Wang은 연결된 뉴런 쌍을 반복해서 자극함으로써 신뢰도가 낮은 연결을 신뢰도가 높은 연결로 바꿀 수 있음을 보여주었다.[8] 그런데 이미 신뢰도가 높은 시냅스의 신뢰도를 더 높일 길은 없으므로, 대다수 시냅스는 변화의 여지를 허용하기 위해 낮은 신뢰도에서 출발해야 한다. 이 모든 것에서 학습에 관한 주목할 만한 귀결을 도출할 수 있다. 많은 형태의 학습은 뉴런 간 연결 강도의 변화에 의존한다고 여겨지므로, 이 이론은 뇌가 학습을 가능케 하기 위해 고의로 잡음이 많은 조건을 마련한다는 것을 함축한다. 그렇다면 학습이란 신뢰도가 높은 스파이크 경로(뉴런 사이에서 이루어지는 신뢰도 높은 정보 전송)를 건설하는 행위다.

윌리엄 레비William Levy와 로버트 백스터Robert Baxter는 신뢰도가 낮은 시냅스가 말 그대로 정보를 상실한다는 것을 전제하고 이렇게 질문을 던졌다. "고의로 상실하는 것은 아닐까?"[9] 실제로 신뢰도가 낮은 시냅스들의 존재는, 어떻게 하면 가장 낮은 에너지 비용으로 가장 많은 정보를 전달할 것인가라는 근본적인 문제에 대한 매우 영리한 해답이다. 한 뉴런으로 입력 하나를 전송할 때마다 에너지가 든다. 그것도 많이 든다. 방출한 분자들을 재사용하기 위해 다시 빨아들인 뒤 꾸러미로 포장할 때 에너지가 들고, 뉴런 막의 구멍들을 여닫음으로써 전압 펄스를 창출할 때도 당연히 에너지가 든다. 실제로 시냅스들이 소모하는 에너지는 뇌 속 뉴런들이 사용하는 전체 에너지의 약 56퍼센트에 달한다.[10] 그리고 뇌는 우리가 사용하는 전체 에너지의 20퍼센트를 사용하므로, 그토록 에너지가 많이 드는 시냅스의 작동을 줄이면 우리는 생명에 필수적인 에너지를 더 많이 확보하게 될 것이다.

레비와 백스터는 피라미드 뉴런의 축삭돌기가 전달할 수 있는 정보의 양에 한계가 있으며 그 한계는 축삭돌기가 평균적으로 초당 얼마나 많은 스파이크를 전송하느냐에 따라 결정됨을 보여주었다. 뉴런의 에너지 소비가 효율적이려면, 최소한 출력이 아무것도 전달하지 못해 에너지를 낭비하지 않도록 할 만큼의 충분한 정보가 입력에 담겨 있어야 한다. 그런데 우리가 이미 알고 있듯이, 피라미드 뉴런 하나는 약 7,500개의 입력을 받는다. 이 입력들 중 10퍼센트에서만 모든 스파이크가 시냅스 너머로 전달되더라도, 피라미드 뉴런이 받는 입력 정보의 총량은 축삭돌기의 정보 출력 한계량을 훌쩍 뛰어넘을 것이다. 즉 그 뉴런은 자신이 사용할 수 있는 양보다 더 많은 정보에 압도될 테고, 시냅스를 건너 입력되는 스파이크들의 대다수는 사용되지 않는 정보, 낭비되는 에너지일 것이다.

레비와 백스터의 "일치matching" 이론에 따르면, 바로 시냅스 실패가 이 문제를 해결한다. 스파이크들이 표적 뉴런에 정보를 전달하는 것을 막음으로써 시냅스 실패는 단위 시간당 그 뉴런에 입력되는 정보의 양을 줄인다. 실패율이 충분히 높아지면, 정보 입력율이 낮아져 뉴런 축삭돌기의 출력 용량과 일치할 수 있다. 그리하여 에너지 소비량의 균형이 완벽하게 잡히고, 축삭돌기의 용량 전체가 정보 전달에 사용된다. 멋지게도, 이 이론은 실패율이 약 75퍼센트여야 한다고 예측하는데, 이 예측은 우리가 겉질을 관찰한 결과에 정확히 부합한다.

줄리아 해리스Julia Harris, 르노 졸리벳Renaud Jolivet, 데이비드 애트웰David Attwell은 동일한 기본 아이디어—에너지 절약—에 기초하여 시냅스 실패의 또 다른 이유도 이해할 수 있다고 했다.[11] 뉴런은 흔히 다른 뉴런과 연결될 때 다수의 시냅스를 형성한다. 그리하여 가지돌기의 한 부분에 여러 시냅스가 모여 있게 된다. 만일 그 모든 시냅스가 모든 스파이크를 충실하게 중계한다면, 표적 뉴런은 동일한 스파이크를 여러 번 받게 될 것이다. 즉 스파이크를 전송하는 뉴런에서 오는 정보가 중복되어 일부 스파이크는 불필요한 잉여가 될 것이다. 잉여는 에너지 낭비를 의미한다. 동일한 스파이크를 동일한 뉴런에 네 번 보내면, 정보는 증가하지 않고 에너지만 네 배로 든다.[12]

여기에서도 시냅스 실패가 해결책으로 등장한다. 그 다수의 시냅스 각각이 신뢰도가 낮다면, 그 시냅스들의 대다수는 동일한 스파이크를 전달하는 데 실패할 것이 틀림없다. 실제로 그 실패율을 적당히 조절하여 그 시냅스들 중에서 (평균적으로) 최대 1개가 스파이크를 전송하게 만듦으로써 잉여 정보를 제거할 수 있다. 그러면 뇌는 가장 적은 에너지를 들여 가장 많은 정보를 전달하게 될 것이다.

이 "잉여redundancy" 이론은 다음과 같은 기이한 사정을 예측한다. 즉 한 뉴런이 표적 뉴런과 연결되면서 더 많은 시냅스를 형성할수록 그 시냅스들의 신뢰도는 더 낮아져야 한다. 이 예측은 옳다. UCL의 티아고 브랑코Tiago Branco와 동료들은 해마에서 유래한 뉴런 쌍들을 연구함으로써, 뉴런 쌍 사이의 시냅스가 더 많을수록 시냅스 실패율이 더 높음을 정확히 보여주었다.[13]

일치 이론과 잉여 이론은 모두 시냅스 실패가 표적 뉴런에 의해 통제되어야 한다는 것도 예측한다. 그리고 시냅스 실패는 한 뉴런으로 들어오는 정보를 줄임으로써 시냅스들의 에너지 효율을 높이기 위해 존재한다고 두 이론 모두 주장한다. 그러나 오직 표적 뉴런만 시냅스 실패율을 어느 방향으로 변화시켜야 할지 안다. 표적 뉴런은 자신의 축삭돌기 용량을 알고 자신의 가지돌기에 얼마나 많은 잉여가 있는지도 안다. 브랑코와 동료들은 실제로 실패율이 표적 뉴런에 의해 통제됨을 보여주었다. 그들이 가지돌기의 한 부분을 자극하여 그 부분이 더 많은 입력을 받는 것처럼 조작하자, 그 부분에 있는 시냅스들의 실패율이 상승했다. 이처럼 시냅스 실패는 뉴런이 개발한 위대한 '삶의 지혜life hack', 에너지와 통신의 효율을 최적화하기 위한 만능 도구일 가능성이 있다.

왜 실패하는가—더 많은 계산을 위하여

시냅스 실패는 뉴런들의 소통 효율을 통제하는 것 이상의 역할을 할 가능성도 있다. 즉 뉴런들에게 새로운 계산의 방도를 열어줄 가능성이 있다. 왜냐하면 시냅스 실패는 동일한 시냅스에 거의 동시에 도착하는 스파이크들을 가지고 뉴런들이 멋진 일을 할 수 있게 해주기 때문이다. 무슨 말이냐면, 시냅스 실패는 시냅스를 전혀 변화시키지 않으면서도 시냅스의 겉보기 강도를 몇 밀리초 안에 변화시킬 수 있다는 것이다.[14]

스파이크 2개가 짧은 시간 간격으로 어떤 시냅스에 도착한다고 해 보자. 첫 스파이크에 대한 실패율이 낮으면, 그 시냅스가 둘째 스파이크를 전달할 확률도 낮아진다. 왜냐고? 첫째 스파이크가 분자 꾸러미를 이미 많이 소진하여 둘째 스파이크가 도착했을 때는 건너편으로 내용물을 쏟아낼 꾸러미가 그리 많지 않을 것이기 때문이다. 따라서 첫째 스파이크에 대한 신뢰도가 높은 상태에서 잇따라 도착하는 둘째 스파이크는 너무 많은 꾸러미를 소진할 가능성이 있다. 시냅스에게는 회복할 시간이 필요하다. 실제로 충분히 많은 스파이크가 연달아 도착하면 꾸러미들이 텅 비어 재충전에 긴 시간—약 10초—이 필요할 수 있다.[15] 따라서 뇌는 스파이크 연쇄에 대한 분자 방출률을 줄이기 위해 실패를 이용한다.[16] 바꿔 말해, 더 나중 스파이크로 갈수록 시냅스의 강도가 점차 약해진다. 이를 일컬어 시냅스에서 '단기 저하short-term depression'가 일어난다고 한다.

이와는 반대로, 시냅스의 첫째 스파이크에 대한 실패율이 높으면 둘째 스파이크가 전달될 확률도 높아진다. 왜냐고? 첫째 스파이크가 시냅스를 준비시켜서, 다른 스파이크가 도착했을 때 곧바로(약 100밀리초 안에) 분자를 방출하도록 만들어놓기 때문이다. 즉 시냅스 연쇄에 대한 시냅스의 강도는 나중 스파이크로 갈수록 점점 더 강해진다. 이를 일컬어 시냅스에서 '단기 촉진short-term facilitation'이 일어난다고 한다(그림 5-1).

이것은 대단히 멋진 뉴스다. 우리의 스파이크는 실패했다. 그러나 우리가 여기에서 잠시 머물면 또 다른 스파이크 클론이 도착하여 즉시 분자의 방출과 확산을 촉발하고 전압 펄스를 일으킬 것이다. 그러면 우리는 그 전압 펄스에 올라타면 된다. 그렇게 우리의 여행이 다시 시작되기를 기다리는 동안, 나는 이 같은 시냅스 강도의 단기적 변화들이 어떻게 새로운 형태의 계산들을 창출하는가에 관한 이론들을 서술하고자 한다.

첫째, 시냅스에 단기 변화가 일어나면 뉴런은 입력되는 스파이크 연쇄에 기초하여 계산을 할 수 있다. 한 예로 볼프강 마스Wolfgang Maass와 토니 제이더Tony Zador의 이론을 보자.[17] 다음과 같은 과제를 지닌 뉴런을 생각해보자. 뉴런의 한 시냅스에 스파이크 2개가 몇 밀리초 이내의 간격으로 도착하면 뉴런은 거기에 관심을 기울여야 한다. 반면에 시간 간격이 더 큰 스파이크들은 무시해도 된다. 예를 들어 작은 털북숭이 겁쟁이 설치동물의 세계에서 '부엉' 하는 소리가 빠르게 두 번 연속되는 것은 근처에 부엉이가 있다는 신호다. 짧은 간

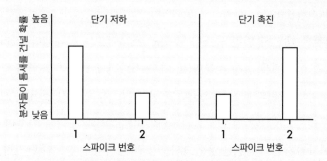

그림 5-1 단기 저하와 단기 촉진. 스파이크 2개가 단일한 틈새에 짧은 간격으로 도착한다고 했을 때 각각의 스파이크가 분자 방출을 일으킬 확률을 막대그래프로 나타냈다. 시냅스의 강도가 저하되는 중이면 확률이 감소하고(왼쪽), 촉진되는 중이면 확률이 높아진다(오른쪽).

격의 '부엉' 소리 2회는 짧은 간격의 스파이크 2개를 산출할 테고, 설치동물의 뉴런은 경보를 울려야 할 것이다. '부엉' 소리와 비슷하지만 간격이 긴 소리도 스파이크 2개를 산출하겠지만, 그것은 부엉이가 아니다. 그것은 틀린 경보이므로 무시해야 한다.

이제 그 두 스파이크가 단기 촉진 시냅스에 도착한다고 해보자. 만일 두 스파이크가 x밀리초보다 더 긴 간격으로 도착한다면, 첫째 스파이크와 둘째 스파이크 모두 실패할 테고 뉴런은 아무것도 신경 쓰지 않을 것이다. 그저 틀린 경보일 뿐이고 반응은 일어나지 않는다. 그러나 두 스파이크가 x밀리초 이내의 간격으로 도착하면, 첫째 스파이크는 실패하지만 둘째 스파이크는 전달될 것이다. 또한 시냅스가 단기 촉진 상태이므로, 그 스파이크를 받는 뉴런은 x밀리초 이내의 간격으로 두 스파이크가 도착했음을 안다. 비록 첫째 스파이크는 그 뉴런에 전혀 도착하지 않았지만 말이다. 그 순간, 우리의 털북숭이 친구는 필사적인 종종걸음으로 내뺄 것이다. 이처럼 시냅스 실패 덕분에 뇌는 사실상 유령을 가지고 계산할 수 있다. 즉 전혀 존재하지 않았던 스파이크들을 가지고 계산할 수 있다.

더욱 멋지게도, 단기 저하는 필터로 기능한다. 그 필터는 뉴런이 입력들의 진동을 무시할 수 있게 해준다. 뇌의 많은 상태에서 일부 뉴런들은 진동하는 출력을 내보낸다. 즉 그 뉴런들의 스파이크 출력률은 시간에 따라 규칙적으로 등락한다. 예컨대 숙면 상태에서 겉질의 많은 뉴런은 일제히 침묵하다가 일제히 스파이크를 쏟아내기를 몇 초 주기로 반복한다. 그런 리듬이 있다는 것은 스파이크들이 시간적으로 뭉쳐서 발생하는 기간이 있음을 의미한다. 그러나 그 스파이크들이 단기 저하 시냅스에 도착하면 그 리듬은 깨진다. 왜냐하면 그 시냅스는 첫째 스파이크는 전달할 확률은 높지만 둘째 스파이크에 반응할 확률은 더 낮고 셋째와 그 이후의 스파이크들에 반응할 확률은 더욱 더 낮기 때문이다. 더구나 실패율이 높은 시냅스가 하나만 있어도 필터의 기능을 할 것이다. 왜냐하면 그 시냅스는 스파이크들이 진동하며 몰려오는 내내 무작위로 스파이크들을 없앨 것이기 때문이다. 스파이크들을 받는 뉴런의 입장에서 보면 리듬은 사라졌다. 필터가 리듬을 걸러낸 것이다.[18]

우리가 보유한 가장 효과적인 파킨슨병 치료법은 바로 이 같은 시냅스 실패의 필터링 효과에 의존할 가능성이 있다. 파킨슨병 환자의 뇌 깊숙한 곳에는 진동하지 말아야 할 때 끊임없이 진동하는 뉴런들의 집단들이 있다. 그 뉴런들은 표적 뉴런들도 같은 리듬을 타게 만든다. 이 리듬의 전파가 겉질과 뇌간 모두에서 운동 신호를 교란하여 파킨슨병 환자의 전형적인 운동장애를 유발하는 것으로 보인다.

뇌심부자극술은 일정하고 규칙적인 전기 펄스의 흐름을 시상밑핵 subthalamic nucleus에 직접 공급한다. 그곳은 끊임없이 진동하는 뉴런들이 모여 있는 핵심 집단이다. 그렇게 규칙적인 리듬을 제공하면 파킨슨병 환자는 신체 동작에 대한 통제력을 회복한다. 그러나 어떻게 그런 효과가 나는지는 수수께끼다.[19] 언뜻 보기에는 뇌심부자극술이 부자연스러운 신경 활동의 한 형태인 끊임없는 진동을 또 다른 형태인 규칙적인 전기 펄스로 덮어 쓰는 듯하다.

설득력 있는 이론 하나는 뇌심부자극술의 치료 효과를 시냅스 실패를 통해 설명한다. 실제로 이 치료법이 제공하는 일정한 펄스 흐름은, 자극의 표적인 핵심 뉴런들의 축삭돌기를 따라 전송되는 스파이크의 개수를 극적으로 높인다. 하지만 이 극적인 증가로 인해 그 스파이크들이 도착하는 곳들에서의 시냅스 실패율도 상승한다. 그 많은 시냅스 실패는 어떤 역할을 할까? 진동을 걸러내는 필터 역할을 한다! 그리하여 스파이크들을 받는 뉴런들은 끊임없는 진동을 감지하지 못하고 자유롭고 정상적으로 반응하면서 신체 동작에 대한 통제권을 회복할 수 있다고 이 이론은 주장한다.[20]

이것은 과학에서 환상적인 융합의 한 사례다. 이 사례는 진보를 위하여 모든 유형의 지식과 모든 유형의 연구가 필요한 이유를 모범적으로 보여준다. 시냅스 실패의 존재와 작동 방식에 관한 실험적 사실들은 쥐 뇌의 얇은 표본에 대한 연구에서 밝혀졌다. 그 연구의 목적은 순수과학, 단지 뇌의 작동을 더 잘 이해하는 것이었다. 이 기이한 현상에 매료된 이론가들은 왜 시냅스 실패가 존재하는지, 어떻게 뇌는 그 실패에도 불구하고 여전히 작동할 수 있는지 이해하고 싶었고, 시냅스 실패가 스파이크로 소통하고 계산하는 새로운 (필터를 포함한) 방도들을 창출한다고 보는 위 이론들을 고안했다. 또 다른 실험가들은 파킨슨병 환자의 핵심 뉴런 집단이 끊임없이 진동한다는 것을 알아냈다. 또 다른 실험가들은 뇌 심부를 전기로 자극하면 그 표적 뉴런들에 어떤 일이 일어나는지 알아냈다. 그리고 마침내, 이론가들과 실험가들이 모인 한 집단이 이 모든 조각을 맞춰 퍼즐을 완성했다. 기초과학 연구와 임상과학 연구가 종합된 수십 년에 걸친 모든 연구는 뇌 심부자극술의 효과를 설명하는 심오한 이론을 제시했다. 과학에서 답은 답을 찾으려고 바라보는 곳에는 절대로 없다.

왜 실패하는가—두려워해야 할 때를 알기 위하여

이론의 영역을 넘어, 우리는 시냅스 실패로 인해 가능해진 새로운 계산들이 이루어지는 현장을 포착했다. UCL에 있는 티아고 브랑코의 놀라운 연구는, 달아날 만큼 두려워해야 할 문턱을 정의하기 위해 진화가 시냅스 실패를 '들여와 썼음'을 보여주었다.[21]

우리는 달아나야 할 때를 어떻게 알까? 지난 목요일을 기억하라. 당신은 보고서 마감 시한을 넘겼다. 사무실을 서성이는 몸뚱이들 사이로 당신은 사장실 유리문이 열리는 것을 흘끗 보았다. 곧이어 사장이 목요일에 매는 넥타이인 듯한 짙은 갈색 섬광이 번득이고, 사장의 이름을 부르는 목소리들이 솟구치고, 말도 안 되게 비싼 이탈리아제 가죽 바지가 당신의 책상으로 성큼성큼 다가오는 결정적 장면이 언뜻 눈에 띈다. 도망쳐야 할 때다. 좌측으로 퇴장. 당신이 알아챈 모든 것이 임박한 위협의 증거를 추가했다. 그리고 충분한 증거가 쌓였을 때, 누적된 섬뜩함이 극심해졌을 때, 당신의 뇌는 위협이 실재하며 최선의 행보는 탈출이라고 판단한다.

당신의 뇌 속 어딘가에서 위협의 증거가 합산된다. 또 어딘가에서는 증거가 충분하므로 '달아나자!'라고 판단할 시점이 언제인지, 그 문턱이 설정된다.

그 뇌 부위가 어디인지 알아내기 위해 사람들을 방안에 앉혀 놓고 투덜거리는 사장이나 사자나 광대로 위협할 수는 없는 노릇이다. 설령 그렇게 하는 것이 허용되더라도, 사람들의 뇌 속에 전극을 꽂고 광대의 위협을 받을 때 뉴런들이 어떻게 반응하는지 기록할 수는 없는 노릇이다. 그래서 브랑코와 팀은 신경과학계의 동네북이라고 할 만한 생쥐로 눈을 돌렸다.

그들은 한쪽 끝에 어둡고 아늑한 대피소가 설치된 상자 안에 생쥐를 넣었다. 생쥐는 자유롭게 돌아다니며 새 집을 탐험하고 정찰했다. 갑자기 생쥐 위로 그림자가 드리워졌다. 그림자가 갑자기 커졌는데, 심지어 섬뜩하게도 급강하하는 새를 닮았다. 결과는 뻔하다. 생쥐는 급히 대피소로 돌아가 깊은 어둠 속에 웅크렸다. 생쥐의 작은 심장이 쿵쿵거렸다.

묘수는 그림자의 짙은 정도가 임박한 위협의 증거라는 점이다. 그림자가 짙을수록 생쥐가 느끼는 위협은 더 크다. 그림자가 아주 짙으면 생쥐는 그림자가 커지기 시작하자마자 달아난다. 그림자가 아주 옅으면 생쥐가 대피소로 달아나기로 결정할 때까지 그림자 확대를 너댓 번 반복해야 할 수도 있다.[22]

이 확대되는 그림자로 증거와 탈출을 통제하면서 우리는 생쥐의 뇌를 들여다보며 이렇게 물을 수 있다. 급강하하는 새 그림자의 증거를 무엇이 합산할까? 그리고 그 증거가 문턱에 이르면 무엇이 '달아나기'를 유발할까? 브랑코와 그의 팀은 어디를 출발점으로 삼아야 할지에 관한 단서를 이미 가지고 있었다. 왜냐하면 위둔덕superior colliculus이 어떻게든 역할을 해야 함을 이미 알고 있었기 때문이다.

위둔덕은 뇌간 꼭대기에 얹혀 있으며 망막에서 유래한 정보를 직접 받는 특권적인 수신자다. 이 뇌 부위는 세계에서 무슨 일이 일어나는지를 우리보다 훨씬 더 먼저 안다. (미리 설명하자면, 위둔덕이 있으니 '아래둔덕inferior colliculus'도 있다. 위둔덕은 시각을 담당하고 아래둔덕은 청각을 담당한다. 이 위아래 구분에서 신경과학 내에서의 위계를 눈치챌 수 있을 것이다.) 그리고 위둔덕의 출력은 확실히 운동을 통제한다. 따라서 눈에서 온 정보를 신속하게 합산한 후 우리를 움직이게 만들 수 있는 뇌 부위를 찾으려 한다면, 최상의 후보는 위둔덕이다.

그리하여 브랑코 연구팀은 현대 신경과학의 무기들을 사용하여 이것이 그저 추측이 아니라 사실인지 알아보았다.

그들은 위둔덕 뉴런들의 출력 활동을 기록했다. 그 뉴런들은 그림자가 커지기 시작하자마자 활동이 극적으로 증가했다. 게다가 그 활동은 탈출이 실행되지 않을 때보다 실행될 때 훨씬 더 많이 증가했다. 그리고 그 활동이 더 강할수록 생쥐는 더 빨리 탈출을 시작했다. 마치 위둔덕의 활동이 위협의 증거를 합산하는 것 같았다.

그들은 그 출력 뉴런들을 꺼버렸다. 그러자 생쥐는 커지는 그림자에 반응하지 않고 탐험을 계속했다. 마치 누군가가 생쥐의 위협 탐지기를 완전히 제거한 것 같았다.

그들은 커지는 그림자가 없을 때 위둔덕의 그 출력 뉴런들을 켰다.

이것은 임박한 위협이 있다고 생각하도록 뇌를 속일 수 있는지 알아보는 결정적인 실험이었다. 실제로 생쥐를 속일 수 있었다. 그 뉴런들을 켜자 생쥐는 대피소로 달아났다. 더욱 멋지게도, 그 뉴런들을 더 많이 활성화하면 생쥐가 대피소로 달아날 확률이 더 높아졌다. 그 뉴런들이 임박한 위험을 알리는 것과 똑같은 상황이었다.

전반적으로 볼 때, 위둔덕이 위협 탐지기라는 점은 매우 확실하다. 자명한 다음 질문은 이것이었다. 위둔덕은 무엇에게 "달아날 때야!"라고 말할까?

이제 '수도관주위회색질periaqueductal gray'이 등장할 차례다. 어쩌겠는가, 신경과학자들은 이름을 참 못 짓는다. 수도관주위회색질은 뇌 속 수도관aqueduct을 둘러싼peri 회색 물질 덩어리다. 이 부위를 '페기PeGy'라고 부르자. 페기는 많은 역할을 한다. 예컨대 페기의 한 부분은 배뇨를 통제한다. 하지만 페기는 위둔덕으로부터 막대한 입력을 받고 신속한 반응을 수없이 통제한다.

따라서 브랑코 연구팀은 특유의 신경과학 마술을 다시 꺼내 들어 상자 안에 새로운 생쥐들을 집어넣고 그림자를 커지게 만들었다.

그들은 페기 뉴런들을 꺼버렸다. 그러자 녀석들은 커지는 그림자를 보고 위협에 반응하면서도 달아나지는 않았다. 전혀. 녀석들은 그냥 제자리에서 얼어붙었다(이것은 또 다른 선택지인 운동 정지다. 마치 포식자의 뇌가 운동을 탐지하기라도 하는 듯이, 때로는 이 선택지가 채택된다). 페기는 달아나기 운동을 통제하는 듯했다.

연구자들은 페기 뉴런들을 기록했다. 그 뉴런들의 활동은 탈출이 시작되자마자 증가했지만 그 직전에는 증가하지 않았다. 요컨대 페기 뉴런들은 증거를 합산하지 않지만, 확실히 "달려!"라는 뜻의 신호를 보내는 듯했다.

그리고 결정타. 연구자들은 그림자가 없을 때 페기 뉴런들을 켜서 마치 위협이 있는 것처럼 꾸몄다. 멋지게도, 점점 더 많은 뉴런을 활성화하자, 둘 중 하나의 반응이 일어났다. 활성화된 뉴런의 개수가 너무 적으면 생쥐는 절대로 대피소로 달아나지 않았다. 반대로 딱 알맞은 개수의 뉴런이 활성화되면 생쥐는 항상 대피소로 달아났다. 이 양극단 사이의 반응은 없었다. 조건도 변명도 예외도 없이 반응은 딱 둘로 갈렸다. 페기가 가라고 하면 생쥐는 간다.

그 양자택일 반응은 다음과 같은 결정적 질문을 유발한다. 탈출과 머무름 사이의 문턱을 무엇이 설정할까? 확실히 위둔덕과 페기 사이의 무언가가 설정할 것이다. 왜냐하면 브랑코 연구팀이 두 부위 사이의 연결을 차단하자 탈출의 선택지가 완전히 사라져졌으니까 말이다. 보아하니 위둔덕의 활동이 곧장 페기 뉴런들로 입력되어 위협의 증거를 달아나기 행동으로 변환하는 듯하다. 그렇다면 위둔덕의 활동이 증가할 때마다 페기의 탈출 명령이 내려지지는 않는 이유는 무엇일까?

알고 보니, 위둔덕과 페기 사이의 연결이 약하고 질이 형편없기 때문이었다. 겉질에서와 마찬가지로, 위둔덕 뉴런에서 유래하여 페기로 내려오는 스파이크 각각은 페기 뉴런에서 미세한 전압 펄스 하나를 창출할 따름이다. 따라서 페기 뉴런이 단 하나의 스파이크를 전송하게 만들려면 그런 펄스가 수십 개나 수백 개 필요할 것이다. 각각의 연결은 약하다. 그리고 각각 실패한다. 평균적으로 위둔덕에서 유래한 스파이크의 20퍼센트는 폐기에서 아무 역할도 하지 못한다.

연결이 약하고 질이 낮기 때문에, 위둔덕이 폐기의 반응을 유발하려면 많은 스파이크를 한꺼번에 보내야 한다. 그 약하고 질 낮음이 바로 문턱이다. 확대되는 옅은 그림자는 위둔덕에서 약간의 활동만 유발할 뿐, 폐기를 향한 연결의 약하고 질 낮음을 극복하기에 충분한 활동을 창출하지 못한 것이다. 반면에 짙은 그림자는 위둔덕에서 강렬한 활동의 물결을 일으켜 폐기로 보냄으로써 그 연결의 약하고 질 낮음을 극복했다. 따라서 탈출이 유일한 선택지가 되었다.

이 연구는 뇌를 공부하는 사람들에게 두 가지 중요한 교훈을 준다. 첫째, 우리는 포유동물의 복잡한 행동—대피소로 달아나기—을 탐구하여 뇌 속의 단일한 연결에 도달하고, 그 특정한 연결의 속성들에 도달했다. 그 연결이 문턱이다. 연결의 약함과 낮은 신뢰도가 문턱을 형성한다. 이것이 극복해야 할 한계다.

둘째, 진화는 탈출하기와 탈출하지 않기 사이의 문턱을 창조하기 위해 스파이크들의 실패를 들여와 썼다. 위협적이지 않은 것들을 걸러내는 방편으로, 즉 우리가 모든 갑작스러운 소음 혹은 모든 어른거리는 그림자에 달아나지 않게 만드는 방편으로 스파이크들의 실패를 들여와 쓴 것이다. 그리고 여기에서 흥미로운 역설이 나타난다. 만일 우리가 모든 갑작스러운 소음이나 어른거리는 그림자를 보고 달아난다면, 이것은 위둔덕과 폐기 사이의 연결들이 충분히 많이 실패하지 않았음을, 우리의 뇌가 지나치게 완벽함을 의미할 수도 있다.

왜 실패하는가—문제들을 해결하기 위하여

진화는 단지 머물기와 달아나기 사이의 문턱을 설정하는 것뿐 아니라 훨씬 더 많은 것을 위하여 스파이크 실패를 들여와 쓴 것으로 보인다. 나는 시냅스 실패가 뇌 속의 의도적인 잡음이라고 생각한다. 목적이 있는 잡음, 진화한 잡음이라고 말이다. 그리고 나는 이 잡음이 뇌의 학습 및 검색 알고리즘에 결정적으로 중요하다는 견해를 제안하고자 한다.

인공지능을 지닌 인공 뇌에 잡음이 좋은 이유를 우리는 최소한 두 가지 안다. 첫째는 학습 내용의 일반화와 관련이 있다. 둘째는 문제를 푸는 최선의 방법을 찾아내는 것과 관련이 있다.

우리의 뇌는 학습한 내용을 써먹고 일반적 원리를 창조하는 데 능숙하다. 우리가 보유한 자동차의 개념, 버스의 개념, 고릴라의 개념이 그런 원리의 예다. 고릴라를 몇 마리 보고 나면 우리의 뇌는 예전에 고릴라를 볼 때 한 번도 채택하지 않은 온갖 각도에서, 또한 가능하다면 결코 채택하고 싶지 않을 각도에서도 고릴라를 알아본다. 능숙한 일반화 솜씨 덕분에 우리는 고릴라의 방석 신세로 생을 마감하는 수치를 면할 수 있다.

인공 신경망Artificial neural network은 일반화에 능숙하지 못하다. AI 연구자는 수만 개의 이미지로 신경망을 훈련하여 그 이미지들을 '자동차' '고릴라' '불타는 아이스크림 트럭(아이러니하지만)'으로 분류하는 법을 학습시킬 수 있을 것이다. 그러나 심층신경망deep neural network

은 뉴런을 닮은 단순한 단위 수천 개로 이루어진 층을 많이 보유하고 있다. 따라서 심층신경망은 그 단위들 간의 연결을 수백만, 수천만 개 지녔으며 그 연결 각각의 강도를 조절할 수 있다. 학습할 이미지의 개수보다 조절할 연결의 개수가 훨씬 더 많다는 것은 인공 신경망에서 끔찍한 과적합화overfitting가 일어나기 쉽다는 것을 의미한다.[23] 즉 신경망들은 흔히 이미지 각각의 미세한 세부사항을 학습하여 뉘앙스들에 맞게 미세조정된다. 이는 신경망들이 자동차들이나 고릴라들, 불타는 아이스크림 트럭들의 공통 원리를 학습하지 못했음을 의미한다. 신경망들은 몸부림치며 일반화를 시도할 수 있다. 훈련된 신경망을 시험하기 위해, 이미 학습된 범주들에 속한 새로운 이미지들을 제시해보자. 우선, 위에서 내려다본 고릴라의 이미지. 그다음엔, 살살 연기가 피어오르는 아이스크림 트럭. 그러면 신경망은 그 이미지들을 옳은 범주에 집어넣는 데 실패한다. 심지어 이미 학습한 이미지를 픽셀 몇 개만 바꿔서 제시해도 신경망은 실패할 수 있다.

널리 쓰이는 해결책은 '연결 제거DropConnect'다.[24] 말 그대로 연결들을 제거하는 방법이다. 구체적으로 설명하면, 훈련 중에 새로운 이미지를 제시할 때마다 신경망 안에서 많은 연결을 무작위로 제거하고 남은 연결들만 그 이미지의 범주화에 성공하는지 여부에 따라 업데이트하는 것이다. 이 작업을 각각의 이미지에 반복한다는 것은 사실상 각각의 이미지를 유일무이한 신경망 버전에 제시하는 것을 의미한다. 따라서 신경망 전체가 이미지 각각의 세부사항에 맞게 미세조정되는 것이 방지된다. 이렇게 훈련된 신경망을 기존에 제시되지 않은 이미지들을 가지고 시험해보면 이미지 분류를 더 잘 해낸다. 연결을 무작위하게 제거하면 신경망에 잡음이 첨가되는데, 그 잡음이 신경망의 일반화를 가능케 하는 것이다.

우리의 뇌도 똑같은 난관에 봉착한다. 더구나 더 심각한 난관이다. 우리의 겉질은 수십억 개의 연결을 지녔으며, 매번 무언가를 학습할 때마다 그 연결들을 조절할 수 있다. 그렇다면 어떻게 뇌에서는 과적합화가 일어나지 않는 것일까? 나는 시냅스 실패가 열쇠라고 제안한다. 시냅스 실패는 연결 제거와 똑같은 메커니즘이다. 시냅스 실패는 뉴런들 간의 연결을 무작위로, 또한 일시적으로 제거한다. 그 메커니즘은 정확히 필요할 때 의도적인 잡음을 뇌에 첨가하여 우리의 뇌가 과적합화되는 것을 막는다.

우리의 뇌에 의도적으로 잡음을 첨가할 둘째 이유는 뇌의 검색 능력을 향상하기 위해서다. 기계학습에서 맞닥뜨리는 많은 난관은 일정한 조건 아래서 문제에 대한 최적의 해법을 찾아내는 것과 관련이 있다. 이를테면 두 지점을 연결하는 가장 빠른 경로를 찾아내는 문제를 생각해보자. 이때 '가장 빠른'은 '가장 짧은'이 아닐 경우가 많다. 즉 제한속도, 교통량, 교통수단, 현재 시각, 목초지에서 탈출한 양 떼가 길을 건널 개연성, 기타 무수한 요인이 문제의 해법들을 제약한다.

이 문제를 푸는 기계는 가능한 해(법)들의 공간을 탐사할 것이다. 기계는 한 해를 제안하고, 그 해가 얼마나 좋은지 평가하고, 더 나은 해를 발견하기 위해 그 해를 어떻게 조정해야 할지 계산할 것이다.[25] 런던에서 파리까지 가려 한다고 말해주면, 기계는 가능한 경로 하나를 제안하고 그 경로의 소요 시간을 계산한 다음 그 경로를 어떻게 조정할 수 있을지 살펴볼 것이다. 이 지점에서 좌회전하여, 거리는 더 길지만 제한속도가 더 높은 도로로 접어들면 어떨까? 그리고 제안된 해를 더 개선할 수 없을 때까지 이런 제안과 조정의 순환을 반복할 것이다.

검색에서 근본적인 어려움은 이것이다. 즉 그런 문제들은 적당한 해와 나름 쓸 만한 해와 나쁘지 않은 해를 많이 가졌지만, 그 모든 해가 더 나쁜 해들로 둘러싸여 있어서, 적당한 해를 조금이라도 조정하면 더 나쁜 해들을 얻게 된다는 점이 큰 문제다. 그 적당한 해들은 가능한 해들의 공간 속 함정과도 같다. 그 해들은 그저 적당할 뿐인데도 최선의 해처럼 보인다. 그러나 그 해는 개선될 수 있고, 어쩌면 저 멀리 어딘가에 훨씬 더 나은 해들이 있을 수도 있다.

이 함정에서 벗어나는 방법들은 많지만, 한결같은 원리는 잡음 첨가다. 한 해에 무작위하고 규모가 큰 조정을 의도적으로 가하면, 기계는 함정에서 뛰쳐나와 더 나은 해를 발견할 수 있고 최선의 해를 검색하는 작업을 이어갈 수 있다. 켄트의 시골을 선택지로 놓고 고민하면 더 나은 런던-파리 경로를 찾는 데 실패할 것이다. 그러나 그런 고민에 빠진 기계에 큰 잡음을 주입하면, 기계가 훌쩍 도약하여 런던에서 영국 남해안 연락선 항구로 곧게 뻗은 고속도로를 검색할 수도 있다. (이상적인 세계에서라면, 더욱더 큰 잡음을 주입받은 기계는 이런 해를 내놓을 것이다. "런던발 파리행 열차를 타라, 이 멍청아!") 검색을 통해 해를 발견하려면 잡음이 필요하다. 더구나 조절 가능한 잡음이 필요하다. 큰 도약을 위해서는 큰 잡음이, 현재의 해를 다듬기 위해서는 작은 잡음이 필요하다.

내가 보기에 이 사실은 시냅스 실패가 뇌의 검색 알고리즘의 핵심에 놓여 있다는 매력적인 생각에 힘을 실어준다.[26] 뇌는 조건이 딸린 많은 문제의 해를 찾아내야 한다. 이를테면 빠르고 쉽고 안전하게 먹을거리에 도달하는 경로를 찾아내야 한다. 기계와 마찬가지로 뇌도 가능한 해들의 공간을 가로지르며 최선의(더 정확히 말하면 가장 덜 나쁜) 해를 발견해야 한다. 그리고 알다시피 가로지르기는 뉴런들 사이의 스파이크 전송에 의해 이루어진다. 요컨대 적당한 해의 함정에서 뛰쳐나오려면 뇌는 스파이크 전송에 잡음을 첨가할 필요가 있다. 바로 시냅스 실패가 그 잡음이다. 무작위하면서 늘 존재하고 조절 가능한 잡음. 그 잡음은 커질 수도 있고 작아질 수도 있다.

학습과 검색이 잡음에 의해 대폭 향상된다는 사실에서 우리는 뇌가 의도적으로 완벽하지 않아야 하는 이유, 잡음으로 가득 차 있어야 하는 이유를 알 수 있다. 그리고 내가 보기에 시냅스 실패는 정확히 우리에게 필요한 형태의 잡음이다.

우리의 발을 묶은 시냅스에 또 다른 스파이크가 도착했다. 시간은 우리가 실패한 순간으로부터 겨우 몇십 밀리초 지났다. 우리의 스파이크로 인해 시냅스가 준비를 갖췄기 때문에, 이 둘째 스파이크는 무난히 분자 방출을 유발한다. 우리는 행복하게 건너편으로 항해하여 전압 펄스를 타고 가지돌기를 따라 이동한다. 우리는 앞이마엽겉질의 첫째 뉴런에 도착했다. 앞이마엽겉질은 뇌의 앞쪽 절반을 차지하는, 뉴런들의 거대한 집단이다. 여기는 어둡다. 그렇지 않은가?

6장

암흑뉴런 문제

고전적 견해

우리가 백색질을 벗어날 때마다 보아온 광경은 경외감을 자아낸다. 마치 밤하늘처럼 우리 주위는 온통 뉴런들의 불빛이다. 스파이크와 함께 발생하는 섬광들. 그러나 밤하늘과 마찬가지로 빛보다 어둠이 더 많다. 천구와도 같은 겉질에 있는 그 밝은 점들은 거대하고 압도적인 어둠의 장막에 뚫린 바늘구멍들에 불과하다. 어둠의 장막은 점화하지 않는 뉴런들로 이루어져 있다.

스파이크를 타고 어디로 가든 그곳에는 어둠이 있다. 지금 우리는 시각을 담당하는 겉질의 마지막 구역에 접근하는 중이다. 그 구역은 색깔이 모양과 합쳐지는 곳("밝은 갈색 초콜릿 쿠키!"), 곡선들이 얼굴을 형성하는 곳("안젤라와 이시미얼이 사무실 문가에 있군. 이쪽을 보고 있지는 않아")이다. 우리의 스파이크는 지금까지 겉질에 있는 뉴런 수십억 개를 지나쳤다. 그런데 그 뉴런들의 압도적 다수는 우리가 이제껏 뇌를 누비는 1초 동안 단 한 번도 스파이크를 점화하지 않았다. 그 압도적 다수는 아무것도 전송하지 않는다. 심지어 신경과학자들조차도 이 사실을 납득하기 어려워할 수 있는데, 놀라운 일은 아니다. 왜냐하면 이제껏 우리의 데이터가 보여준 바는 정반대이기 때문이다.

신경영상neuroimaging ─ 기능성 MRI ─ 은 우리에게 알록달록한 겉질의 이미지를 보여준다. 겉질 구역들은 안목 없이 고른 색깔들의 소용돌이로 빛나고, 사람들은 맛있는 커피가 담긴 잔을 들고 탄성을 연발한다. 소용돌이치는 색깔들은 겉질이 활성화된 뉴런들의 무리를 보여주는 듯하다. 우리가 누군가의 얼굴을 보면 V1, V4부터 관자엽의 얼굴 영역까지 겉질의 시각 영역들이 뉴런 점화의 소나기로 뒤덮이는 것을 보여주고, 우리가 현악기들의 크레센도를 들으면 겉질의 청각 영역들이 스파이크들의 소나기로 뒤덮이는 것을 보여주는 듯하다.

단일 뉴런에 대한 고전적인 연구들은 모든 뉴런에게 각각의 역할이 있음을 보여주는 듯하다. 뉴런 각각이 무언가에, 이를테면 선, 모서리, 운동, 색깔에 반응하는 듯하다. 왜냐하면 실험자가 가느다란 은으로 된 전극을 겉질에 꽂으면, 뉴런의 본체에서 전송된 스파이크들을 쉽게 기록할 수 있으니까 말이다. 또한 그 스파이크들을 세계 안의 어떤 사건과 관련지을 수 있다. 많은 이들이 스파이크를 시각 세계의 특징들과 관련지었다. 우리가 이미 다룬 뉴런들, 곧 단순 뉴런과 복합 뉴런은 경계선, 직선, 각, 대비, 모양, 대상, 얼굴과 관련지어졌다. 만약 우리가 출발점을 달리 선정했다면 다루게 되었을 다른 뉴런들도 세계의 특징들과 관련지어졌다. 예컨대 청각겉질auditory cortex의 뉴런들은 특정 진동수의 소리에 반응하고, 몸감각겉질somatosensory cortex의 뉴런들은 손가락과 발가락과 팔에 무언가가 접촉되는 것에 반응한다.

수십 년에 걸친 수만 건의 연구를 통해 드러난 것은, 우리가 겉질의 한 부위에 전극을 꽂으면 거기에는 자기네가 좋아하는 것들에 반응하는 뉴런들의 무리가 있다는 것이다. 따라서 모든 뉴런이 스파이크를 전송하는 것이 확실했다.

그러나 이 생각이 터무니없다는 사실은 간단한 계산만으로도 알 수 있다. 우리가 V1에 있는 어느 단순 세포와 사귀던 때로 돌아가자. 만약에 그때 거기에 조금 더 머물렀다면, 우리는 그 세포가 스파이크를 초당 어쩌면 5개 점화하는 것을 보았을 것이다. 그런데 알다시피 새로운 스파이크 하나가 만들어지려면 뉴런의 흥분성 시냅스들에 약 100개의 스파이크가 도착해야 한다. 따라서 새로운 스파이크가 초당 5개 만들어지려면 최소 500개의 흥분성 스파이크가 도착해야 한다. 그러나 이 또한 우리가 아는 바인데, V1 뉴런에는 약 7,500개의 흥분성 입력부가 있다. 그 입력부 각각에 초당 5개의 스파이크가 도착한다면 뉴런은 초당 대략 5만 개의 입력 스파이크를 받을 것이다. 이만큼의 입력은 필요한 입력보다 100배나 많다.[1] 입력이 이만큼이면, V1의 단순 세포는 초당 500개의 스파이크를 전송해야 할 것이다.

그러나 실은 그렇지 않고, 그 세포가 받는 입력의 양도 위의 계산과 다르다. 또 그렇게 많은 스파이크를 점화할 수도 없다. 초당 500개의 스파이크는 뉴런이 감당하기 벅찬 수준이다. 그 수준은 실험자가 강제할 때 겉질 뉴런이 도달할 수 있는 스파이크 생산율의 이론적 최댓값에 가깝다. 이런 한계가 있는 중요한 이유 하나는, 뉴런이 스파이크 하나를 생산하고 나면 몇 밀리초가 지나야만 비로소 새 스파이크를 생산할 수 있기 때문이다. 겉질에서 가장 활동적인 뉴런도 겨우 초당 약 30개의 스파이크만 지속적으로 생산할 수 있다. 따라서 역설이 발생한다. 겉질의 뉴런들은 그들에게 입력을 전달하는 다른 뉴런들이 비슷한 수준으로 활동적일 경우 그들이 전송해야 마땅한 스파이크들보다 최소 10배 적은 스파이크들만 전송하고 있다. 이 역설에서 벗어나는 유일한 길은, 겉질에 있는 한 뉴런에 입력을 전달할 수 있는 다른 뉴런들의 대다수가 스파이크를 전송하고 있지 않다고 판단하는 것인 듯하다. 겉질에 있는 대다수의 뉴런이 스파이크를 전송하고 있지 않다는 것은 어떤 의미일까? 그것은 과연 진실일까?

암흑뉴런을 어떻게 발견할 것인가

1990년대까지도 신경과학자들은 동물의 개별 뉴런을 맹목적으로 선택하여 기록했다. 그들은 미세하고 날카로운 전극을 겉질의 한 부위에 꽂아 포착한 전기 신호를 오실로스코프나 스피커로 전송했다. 그리하여 오실로스코프에 펄스가 나타나거나 스피커에서 "틱, 틱, 틱"

하는 잡음이 나면 자신들이 뉴런을 발견했음을 알았다. 그것이 그들이 알아낸 전부였다. 바꿔 말해, 그들은 활동하는 뉴런만 발견할 수 있었다. 왜냐하면 뉴런을 발견하는 유일한 길은 뉴런의 활동을 포착하는 것이었기 때문이다.

이 한계 때문에 스파이크와 뉴런에 대한 이해에 우려스러운 편견이 생겨났다. 우리가 기록하는 모든 뉴런이 스파이크를 전송한다면, 우리는 기록할 뉴런을 무작위로(맹목적으로) 선택하고 있으므로 모든 뉴런이 스파이크를 전송한다고 결론지을 수 있다. 그러나 뉴런을 발견하는 유일한 길이 스파이크를 발견하는 것이라면, 원리적으로 우리는 스파이크를 전송하지 않는 뉴런을 발견할 수 없다. 그런 뉴런은 암흑물질과 유사할 것이다. 뇌 전체의 질량에서 한몫을 차지하지만, 우리가 보유한 어떤 측정 장치로도 포착할 수 없으니까 말이다.

그러나 그때 뉴런 영상화 기술이 개발되었다. 우리는 디지털 비디오 카메라를 뇌의 한 부위에 들이댄다. 그 부위의 뉴런 각각은 우리가 미리 주입한 화학물질을 머금고 있는데, 그 화학물질은 뉴런이 활동할 때 빛을 낸다. 대부분의 경우 형광 화학물질은 뉴런 본체가 함유한 칼슘의 양에 반응하며, 스파이크 점화와 더불어 칼슘이 유입될 때 빛을 낸다.[2] 뇌의 한 부위를 선명한 동영상으로 촬영함으로써 모든 뉴런을 직접 눈으로 볼 수 있다. 정확히 말하면, 뉴런들의 윤곽을 볼 수 있다. 또한 어떤 뉴런들이 빛을 내는지도 볼 수 있다. 그런데 알고 보니, 우리는 수십 년 동안 빙산의 일각만 기록해온 것이었다. 그 동영상에서 우리가 볼 수 있는 뉴런의 대다수는 활동하지 않는다.

침묵하는 뉴런들의 규모에 관한 첫 단서는 마취된 쥐의 겉질을 촬영한 동영상에서 나왔다. 많은 경우 마취 상태에서 쥐의 겉질은 숙면 상태에서와 매우 유사하게 작동한다. 즉 약 1초 동안의 활동적인 기간과 같은 길이의 고요한 기간이 교대된다. 일차청각겉질과 몸감각겉질을 촬영한 제이슨 커Jason Kerr와 동료들은 "활동적인" 기간에 전체 뉴런의 10퍼센트에서만 스파이크가 탐지되었다고 보고했다.[3] 약 1초의 "활동적인" 기간마다 90퍼센트가 침묵했고, "고요한 기간"에는 거의 모든 뉴런이 침묵했다. 그리고 이 침묵의 규모는 마취 때문이 아니었다. 행동하는 동물들의 겉질에서도 같은 규모의 침묵이 발견되었다.

프린스턴 대학교 데이비드 탱크David Tank 실험실의 크리스토퍼 하비Christopher Harvey와 동료들은 '하기 고속도로'의 끝에 위치한 마루엽겉질parietal cortex의 한 부분을, T자 모양의 미로 안에서 달리는 생쥐에서 촬영했다(정확히 말하면, T자 모양의 미로를 가상현실로 구현했다. 생쥐가 공 위에서 달리는 동안, 생쥐를 둘러싼 가상 세계가 움직였다).[4] 그들의 보고에 따르면, 생쥐가 미로를 달리는 동안 겨우 47퍼센트의 뉴런만 "활동했다." 그런데 이렇게 낮은 수치라도 얻기 위해서 그들은 활동의 정의를 심하게 잡아 늘여야 했다. 뉴런에서 1분 동안 스파이크와 유사한 사건이 두 번 이상 일어나면 그 뉴런은 활동한다고 간주되었다. 1분은 생쥐가 미로를 완주하는 데 걸리는 시간보다 무려 10배나 긴 시간이다.

생쥐를 가상 세계에 집어넣었기 때문에 생쥐의 뉴런 활동이 교란되었을 수 있다고 의심한다면, 그 의심을 편안히 내려놓으시라. 카렐 스보보다의 실험실에서 일하는 연구자들은 현실 세계에서 무언가를 하는 중인 생쥐의 뉴런들을 촬영하는 어려운 작업에 성공했다. 사이 먼 페론Simon Peron이 지휘한 연구에서 그들은 수염 한 가닥으로부터 입력을 받는 특화된 겉질 부분을 촬영했는데, 촬영 당시 생쥐는 그 수 염을 사용하여 막대를 찾고 있었다(그 생쥐는 막대를 찾고 싶어 했다. 왜 냐하면 생쥐는 목이 말랐고, 막대의 위치를 알면 어느 주둥이에서 물이 나올 지 알 수 있었기 때문이다).[5] 오로지 그 한 가닥의 수염만 담당하는 특 화된 수염 겉질 부분에서조차도 67퍼센트의 뉴런만 활동한다는 것을 연구자들은 발견했다. 게다가 이 연구에서도 활동의 정의가 심하게 확장되었다. 100초 동안 1회의 스파이크 사건이 발생하면 뉴런이 활 동한다고 간주되었다. 100초는 과제 전체가 완수되는 데 걸리는 시 간보다 10배나 길다. 우리가 촬영한 모든 곳에서 대다수 뉴런은 무려 1분 동안 단 1개의 스파이크도 전송하지 않았다.

　이런 영상화 연구들은 겉질에 있는 고요한 뉴런들을 거듭해서 보 여주는 한편, 많은 문제를 미해결로 남겨놓았다. 우리가 사용한 형광 화학물질에 무언가 기술적 문제가 있는 것일까? 어쩌면 고립된 스파 이크들에 그 물질이 반응하지 않아서 뉴런들이 실제보다 더 고요한 것처럼 촬영 결과가 나왔을지도 모른다. 혹시 그 물질이 일부 뉴런에 는 흡수되지 않았던 것일까? 그렇다면 고요한 뉴런은 단지 화학물질 을 머금지 않은 뉴런일 수도 있다. 혹시 그 화학물질 때문에 뉴런들이 손상된 것일까? 그렇다면 단지 화학물질 때문에 뉴런들이 스파이크 점화를 멈춘 것일 수 있다. 그리고 방금 언급한 연구들을 포함한 대부분의 영상화 연구는 겉질의 2층과 3층에 있는 뉴런들만 관찰한다. 겉질의 상층부만 관찰하는 셈인데, 더 깊은 곳은 빛이 침투하기 어려워서 동영상으로 촬영하기가 더 힘들기 때문이다. 그렇다면 겉질의 2층과 3층에서만 유별나게 침묵의 규모가 크고 더 깊은 곳의 뉴런들은 모두 행복하게 스파이크를 전송하고 있을 가능성은 열려 있다. 모든 과학 분야에서 그러하듯이, 각각의 신기술은 대단한 통찰들을 가져다주지만 그만큼 많은 잠재적 문제들도 일으킨다. 그러나 그 후 다른 팀들이 경탄스러울 정도로 까다로운 '패치 클램핑patch clamping' 기술을 사용하여 깊은 곳에도 고요한 뉴런이 존재함을 증명했다.

전통적으로 신경과학자들은 은을 비롯한 금속이나 유리로 된 전극을 뇌에 꽂고 요행히 그 근처에 뉴런의 본체가 있으면 스파이크들을 포착해왔다. 반면에 패치 클램핑 기술에서는, 동물의 뇌 속 뉴런에 전극을 물리적으로 갖다 붙이려('패칭patching'하려) 노력함으로써 뉴런을 발견한다. 물리적인 달라붙음에 의해서만 뉴런을 찾아내기 때문에 실험자들은 뉴런의 활동에 의존하지 않는다. 패치 클램핑에도 고유한 편파적 성향이 있다. 이 기술을 사용하면 작은 뉴런보다 큰 뉴런이 더 쉽게 발견된다. 또한 살아 있는 동물에 이 기술을 적용할 때는 갖다 붙이기 작업을 직접 눈으로 보면서 수행하는 것이 아직 불가능하다. 하지만 우리에게는 다음 사항이 결정적으로 중요한데, 그 작업에는 뉴런의 활동이 필요하지 않다는 것이다. 갖다 붙이기에 성공하고 나면, 실험자들은 동물에게 소리를 들려주거나 동물이 무언가를 건드리게 하면서 전극이 달라붙은 뉴런이 활동하는지 관찰할 수 있다.

관찰 결과는 대체로 활동 없음이다. 콜드스프링하버연구소의 토니 제이더 실험실에서 일하는 토마시 흐로마트카Tomáš Hromádka는 깨어 있는 쥐의 청각겉질 첫 부분(A1)에 있는 한 뉴런 집단에 패치 클램핑 기술을 적용하여 그 집단에 속한 뉴런의 대다수가 거의 늘 고요함을 발견했다.[6] 더구나 쥐가 조용히 앉아 있든 엄청나게 따분한 순음pure tone의 조합을 듣고 있든 상관없이 그 뉴런들은 고요했다. 소리에 가장 많은 관심을 기울이는 겉질 부분에 소리를 들려주었는데도 아주 미미한 반응이 일어난 것이다. 재널리아팜Janelia Farm에 있는 카렐 스보보다의 실험실에서 일하는 댄 오코너Dan O'Connor는 앞서 등장한 생쥐 겉질의 특화된 수염 담당 부분에 있는 한 뉴런 집단에 패치 클램핑 기술을 적용했다. 이번에도 생쥐는 수염 한 가닥을 사용해 수직 막대를 찾고 있었다.[7] 실험 결과를 짐작할 수 있겠는가? 그 뉴런들 대다수는 거의 늘 고요했다. 심지어 그 수염이 앞뒤로 움직이면서 막대를 건드릴 때도 마찬가지였다. 이 두 연구와 그밖의 연구들은 겉질의 모든 층에서 고요한 뉴런들을 일관되게 발견했다.[8]

돌이켜보면, 유행병처럼 확산된 이 고요는 애당초 다들 아는 바였다. 이미 오래전에 이론가들은 설치동물의 겉질에 꽂은 전극의 탐지 범위 안에 얼마나 많은 뉴런이 있어야 하는지 계산했다. 간단한 물리학에 따르면, 전극과 뉴런 사이의 거리가 멀수록 뉴런의 스파이크 신호는 더 약할 것이다. 따라서 거리가 멀어짐에 따라 신호의 강도는 대략 지수함수적으로—처음엔 급격히, 나중엔 완만하게—감소해야 한다. 그리고 거리가 일정한 한도를 벗어나면 신호가 너무 약해서 장치에 포착되지 않을 것이다. 그렇게 약한 신호는 잡음과 구별되지 않기 때문이다. 이론가들은 최대한 조밀하게 모여 있는 겉질 뉴런들의 집단 안에 전극을 꽂는 것을 상상하면서, 스파이크 탐지의 한계 거리가 얼마인지 그리고 그 거리 안에 얼마나 많은 뉴런이 있는지 계산했다. 결과는 최소 100개의 뉴런이 있다는 것이었다.[9]

그러나 1개의 전극을 꽂았을 때 신경학자들은 서로 다른 뉴런들에서 유래한 스파이크들을 기껏해야 한 줌 포착했다(스파이크들의 높이가 일관되게 다르면, 그것들이 서로 다른 뉴런에서 유래했음을 알 수 있다). 100개의 뉴런은 전혀 탐지되지 않는다. 100에 가까운 개수도 어림없다. 그러므로 결론은 늘 '대다수 뉴런은 고요하다'였다.[10]

참 아이러니하게도, 암흑뉴런(침묵하는 뉴런)의 존재는 애당초 겉질에서 뉴런의 활동을 기록하는 데 필수적이다. 탐지 범위 내의 뉴런 100개 중 다수가 스파이크를 전송한다면 수만 건의 실험이 실패로 돌아갔을 것이다. 전극이 스파이크들의 홍수(끊임없이 요동하는 전압)에 잠겨 개별 뉴런에서 유래한 개별 스파이크를 탐지하지 못했을 테니까 말이다. 뉴런들을 구별할 수 없었더라면, 개별 뉴런들을 측정하고 시험하여 그것들이 무엇을 좋아하고 무엇을 좋아하지 않는지 알아낼 수 없었을 것이다. 그러면 데이비드 허블David Hubel과 토르스텐 비셀Torsten Wiesel이 V1에서 단순 세포와 복합 세포를 발견한 공로로 노벨상을 받는 일도 없었을 것이다. 특정 진동수에 튜닝된 청각겉질

세포들도, 해마에 있는 장소 세포들도 발견되지 않았을 것이다. 역설적이게도, 알고 보니 우리는 암흑뉴런들에게 감사해야 마땅하다. 겉질을 조금이나마 이해할 수 있게 된 것은 암흑뉴런들 덕분이니까 말이다.

긴 꼬리

지금까지 나는 '고요' 또는 '침묵'이라는 말을 많이 썼는데, 그 말은 정확히 무슨 뜻일까? 우리가 지금까지 뇌 속에 머무른 시간은 채 1초가 안 된다. 정확히 1초로 시간을 늘린다면, 그사이 우리의 겉질 뉴런들 가운데 스파이크를 점화한 뉴런은 10퍼센트가 채 되지 않을 것이다. 따라서 1초 동안에는 90퍼센트의 침묵이 존재한다.[11] 우리가 1분 내내 여기에 머무른다고 하더라도, 과반수의 겉질 뉴런은 스파이크를 전송하지 않을 것이다. 그러나 소수의 활동하는 뉴런들에서 유래한 스파이크들을 따라감으로써 우리는 몇백 밀리초 만에 시각겉질 구역들을 가로지르는 경로들의 가장 먼 종착점에 도달했다.

이 책의 첫머리에서 말했듯이, 겉질에 있는 뉴런 각각에서 평균적으로 초당 1개의 스파이크가 발생한다. 그런데 90퍼센트의 뉴런이 1초 동안 침묵한다면 약간 앞뒤가 안 맞는 것이 아닐까? 그토록 많은 뉴런들이 1초 동안 침묵한다면, 초당 스파이크 1개라는 평균에 도달하기 위해서 일부 뉴런들은 1초 동안 무수한 스파이크를 전송해야 할 것이다. 그리고 실제로 그러하다.

겉질 뉴런의 약 10퍼센트가 모든 스파이크의 절반을 생산한다. 반복해서 강조할 필요가 있다. 나도 이 사실을 처음 접했을 때 어느 정도 시간이 지난 뒤에야 이해하게 되었다. 겉질에 있는 모든 스파이크의 절반은 고작 10퍼센트의 뉴런에 의해 전송된다. 흐르마트카가 연구한 일차청각겉질(A1)의 뉴런 집단에서는 16퍼센트의 뉴런들이 그들이 기록한 스파이크 전체의 절반을 생산했다. 오코너가 연구한 감각겉질의 특화된 수염 담당 부분, 즉 일차몸감각겉질(S1)의 뉴런 집단에서는 정확히 10퍼센트의 뉴런이 모든 기록된 스파이크들의 절반을 생산했다. 그 소수가 다수의 메시지를 전송하면서 대화를 주도한다. 마치 수도원에 있는 구관조와 같다. 바꿔 말해 한쪽 극단에 진정한 암흑뉴런들이 놓이고, 반대쪽 극단에 그 구관조들이 놓인 연속체가 존재하는 것이다.

이 연속체가 정확히 어떤 모습인지 알아내기 위하여, 2012년에 나는 겉질 곳곳의 뉴런 집단의 활동에 관한 데이터를 두루 조사했다. 그것은 아드리앙 보러Adrien Wohrer, 크리스티안 마헨스Christian Machens와 함께 쓴 뉴런 활동에 관한 방대한 리뷰 논문에서 내가 맡은 부분이었다.[12] 그 조사에서 나는 어디에서나 동일한 것을 발견했다. 우리가 꽤 긴 시간 동안 뉴런들을 관찰하면 뉴런당 스파이크 개수는 고르지 않게 분포된다. 그 시간 동안 일부 뉴런은 침묵할 것이며, 대다수는 겨우 몇 개의 스파이크를 전송할 것이고, 한 줌의 뉴런들은 많은 스파이크를 전송할 것이다. 겉질 뉴런 집단의 활동 분포는 "긴 꼬리longtailed" 곡선으로 표현된다(그림 6-1).

나는 이 똑같은 긴 꼬리 분포를 곳곳에서 발견했다. 시각겉질과 청각겉질의 첫 구역들에서도, 운동 구역들에서도, 앞이마엽겉질에서도 발견했다. 다양한 스파이크 기록 방법들로 얻은 데이터에서도, 실험동물이 무엇을 하고 있었는지—가만히 앉아 있었는지, 무언가를 보고 있었는지, 움직이고 있었는지, 의사결정을 하고 있었는지—와 상관없이 긴 꼬리 분포가 한결같이 나타났다. 항상 일부 뉴런은 침묵했고 대다수는 말수가 적었으며 소수는 요란했다.

나의 침묵 조사 결과는 심오한 함의들을 지녔다. 첫째, '평균' 활동은 주어진 겉질 구역이 무엇을 하는지 이해하는 데 도움이 되지 않는다. 소수의 요란한 뉴런들이 평균을 한참 위로 밀어올려 대다수 뉴런이 스파이크를 전송하는 것 같은 인상을 만들어낸다. 실상은 그 인상과 다른데도 말이다. 둘째, 초당 1개보다 훨씬 더 적게 스파이크를 전송하는 암흑뉴런은 어디에나 있다. 가장 명확하게 드러난 바는 이것인데, 동물이 앉아 있거나 무언가를 보거나 움직이거나 생각하는 몇 초 동안, 그 암흑뉴런들은 아무것도, 누구와도 소통하지 않는다. 그렇다면 암흑뉴런들은 과연 무엇을 위해 존재하는 것일까?

암흑뉴런의 존재 목적

암흑뉴런은 정말 골칫거리다. 뇌의 부분들이 어떻게 작동하는지에

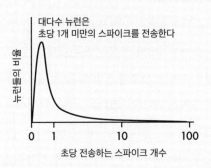

대다수 뉴런은
초당 1개 미만의 스파이크를 전송한다

뉴런들의 비율

0   1   10   100

초당 전송하는 스파이크 개수

그림 6-1 활동의 "긴 꼬리" 분포. 대규모 뉴런 집단의 활동을 기록하면서 각각의 뉴런이 초당 얼마나 많은 스파이크를 전송하는지 관찰한다고 해보자. 그런 다음에 몇 퍼센트의 뉴런이 예컨대 초당 4개의 스파이크를 전송하는지 계산한다. 또 초당 2개를 전송하는 뉴런들의 비율, 혹은 초당 0.1개(즉 10초당 1개)를 전송하는 뉴런의 비율도 계산한다. 이런 비율을 위 그림처럼 그래프로 그리면 항상 동일한 곡선이 나타난다. 그 곡선은 초당 전송하는 스파이크의 개수가 1개 미만일 때 정점에 올랐다가 하강한 후 오른쪽으로 긴 꼬리를 늘어뜨린다. 그 꼬리에 위치한 작은 비율의 뉴런들은 초당 10개 혹은 그 이상의 스파이크를 전송한다.

관한 우리의 이론들은 그 부분들 안의 스파이크 패턴에 기초를 둔다. 그러나 전체 뉴런의 압도적인 다수는 암흑뉴런이다. 이는 우리의 이론들이 한 줌의 활동하는 뉴런들에 관한 이론일 뿐임을 의미한다.

V1에 있는 단순 세포와 복합 세포를 기억하는가? 우리가 V1에 있을 때, 나는 단순 세포의 튜닝을 망막에서 유래한 스파이크들의 조합으로 어떻게 설명할 수 있는지, 또 복합 세포의 튜닝을 단순 세포들에서 유래한 스파이크들의 조합으로 어떻게 설명할 수 있는지에 관한 이론들을 설명했다. 그러나 암흑뉴런들의 존재는 그 이론들이 V1에 있는 한 줌의 뉴런들만 다루는 이론이라는 점을 명백히 드러낸다. 그 이론들은 우리가 그림을 볼 때 신뢰할 만하게 반응하는 뉴런들은 다루지만 반응하지 않는 수많은 뉴런은 다루지 못한다. 암흑뉴런들의 존재는 인공지능 신경망에 관하여 다음의 사실을 의미한다. 뇌가 시각 세계에 튜닝되는 것과 유사한 일이 인공지능 신경망에서 일어나는 것은 어쩌면 겉보기처럼 의미심장한 현상이 아니라는 것을 말이다. 왜냐하면 그 튜닝이 뇌의 튜닝을 닮았다는 것은 비교적 소수의 뉴런들과의 비교에서 나온 판단이기 때문이다. 그리고 이 문제는 V1에만 국한되지 않는다. 겉질의 모든 영역에서, 그곳의 단일 뉴런들에 관한 이론들이 있는 모든 곳에서, 시각 고속도로 2개 전체와 다른 모든 감각과 겉질의 나머지 부분 전체에서 같은 문제가 불거진다.

암흑뉴런들은 무언가 역할을 하는 것이 틀림없다. 뉴런은 제작 비용이 많이 들뿐더러 유지와 운용에도 많은 비용이 든다.[13] 우리의 뇌는 매일 우리가 사용하는 전체 에너지의 약 20퍼센트를 사용한다. 그리고 뇌가 사용하는 에너지의 약 25퍼센트는 단지 뇌세포들의 생존과 양호한 상태를 유지하는 데 쓰인다. 요컨대 우리가 사용하는 전체 에너지의 5퍼센트가 뇌세포의 생존과 양호한 상태의 유지에 들어가는 셈이다. 앞서 보았듯이, 시냅스는 비용이 많이 든다. 매 순간 뉴런이 사용하는 에너지의 절반은 입력들을 받아들이는 데 쓰이고, 나머지 절반은 스파이크들을 전송하는 데 쓰인다.[14] 암흑뉴런들은 생존을 유지하기 위해 에너지를 사용하고 또 입력을 받아들이기 위해 추가로 에너지를 사용하지만 출력은 거의 또는 전혀 생산하지 않는다. 어쩌면 암흑뉴런들을 설명하는 한 가지 방법은 이 논증을 뒤집어서 암흑뉴런들이 사용하지 않는 에너지에 초점을 맞추는 것일 수 있다. 아닌 게 아니라, 뇌의 에너지 사용을 줄이는 한 가지 방법은 스파이크를 전송하지 않는 것이다. 스파이크를 전송하지 않으면 뉴런의 에너지 사용이 반으로 줄어드니까 말이다.

그러나 암흑뉴런들이 필요하지 않았더라면 진화는 암흑뉴런을 발생시키지 않았을 것이다. 그리고 개체의 발생 과정 또한 암흑뉴런들을 키우고 분열시키고 그것들의 축삭돌기를 옳은 장소로 늘여놓는 데 드는 모든 에너지를 사용하지 않았을 것이다. 두개골 속에 있는 짐덩어리에 에너지를 쓰는 것보다 훨씬 더 낫게 에너지를 쓸 길은 얼마든지 있다. 우리의 시각겉질을 아무것도 보지 않는 뉴런들로 채우는 것은 터무니없는 결정일 터다. 앞이마엽겉질을 거대하게 키워놓은 다음에 그저 어둠 속에 앉아 있는 뉴런들로 채우는 것은 어처구니없는 일이다. 암흑뉴런들은 대체 무엇을 위해 존재할까? 이 질문에 답하기 위한 아이디어가 세 가지 있다.

가장 간단한 아이디어는, 실험실에서 우리가 뇌에게 요구하는 과제들이 충분히 흥미롭지 못하다는 지적과 관련이 있다. 실제로 실험실에서 우리는 실제 세계로부터 뉴런들이 받는 입력의 미미한 일부만 제공하고 탐구할 수 있다. 따라서 어쩌면 실험이 충분히 풍부하지 않다는 점이 문제일 것이다. 바꿔 말해, 아주 긴 시간—며칠, 몇 주, 몇 달—동안 자연스럽게 행동하는 동물들의 뉴런 활동을 기록할 필요가 있다. 그래야 암흑뉴런들이 무엇을 위해 존재하는지 알아낼 수 있을 것이다. 그렇게 긴 시간 동안 뉴런 활동을 기록하여 동물의 삶의 표본을 충분히 큰 규모로 추출한다면, 암흑뉴런들이 무엇에 반응하는지 알아낼 수 있을 것이다. 기술적인 관점에서 보면, 우리는 곧 이 제안을 실행할 역량을 갖추게 될 것이다. 그러나 현실적으로는 실행하기가 만만치 않다. 가련한 대학원생 몇 명이 몇 주 내내 실험실 안에 꼼짝없이 틀어박혀 실제로 그 기록 작업을 해야 할 것이다. 그러면 그들은 사회적 삶 전체와 연애 상대와 자존감을 잃게 될 것이다.

브루노 올스하우젠Bruno Olshausen이 주장한 대로, V1에 대해서는 이 "따분한 세계 논증dull-world argument"(실험실에서 구현하는 세계가 따분하다는 지적)이 그럴싸하다.[15] 논증의 얼개는 이러하다. "V1을 탐구하기 위한 실험들에서 우리가 사용하는 자극들은 너무 단순하고 너무 빈약하게 실제 세계를 반영한다. V1에 있는 모든 뉴런은 실은 실제 세계에 있는 무언가에 반응한다. 다만, 우리가 이 사실을 알아채지 못할 뿐이다. 그 뉴런들의 활동을 우리의 일생 내내 기록하지 않는 한, 우리는 그 사실을 절대로 알아채지 못할 것이다." 이 아이디어에서 뉴런 활동의 희소성은 뇌가 가용한 에너지를 가장 효율적으로 사용하는 것과도 관련된다. 이론에 따르면, V1은 이른바 "인구 희박성population sparseness"을 지녔다. V1에서 뉴런 각각의 위치는 그 뉴런이 무엇에 반응하느냐에 따라 매우 선택적으로 정해진다. 이는 다수의 뉴런이 동일한 것에 반응하여 잉여 정보를 전송함으로써 에너지가 낭비되는 것을 막기 위해서다. 더 나아가 평생에 걸친 뉴런 활동의 희박성도 존재한다. 즉 뉴런들의 반응을 유발하는 매우 선택적인 사건들이 드물게 발생한다면, 그 뉴런들은 스파이크를 드물게 전송할 것이다. 요컨대 이 아이디어에 따르면, 암흑뉴런의 존재는 뇌를 탐구하는 역량이 부족해서 생겨난 우리의 잘못이지, 뇌의 잘못이 아니다.

둘째 아이디어에 따르면, 암흑뉴런들은 새로운 것들을 표상하기 위해 대기 중인 예비군이다. 영장류는 수명이 길며 살아 있는 내내 온갖 것을 기억해야 한다. 기술들을 습득해야 하고 얼굴들을 익혀야 한다. 더구나 인간의 경우, 새로운 개념, 관념, 단어, 장소를 학습하는 유일무이한 능력은 스파이크를 사용하여 사물을 표상하는 능력을 아주 많이 요구한다. 그 학습의 일부는 뉴런 간 연결의 전기적 강도를 변화시킴으로써, 그리고 극단적인 경우에는 그 강도를 0에서 그보다 큰 값으로 변화시킴으로써 이루어질 것이다. 구체적인 방법은 전압 펄스의 크기를 늘리는 것, 시냅스의 신뢰도를 향상시키는 것 또는 양쪽 다다. 암흑뉴런으로 들어오는 흥분성 입력들의 유효 강도를 높이면 암흑뉴런의 스파이크 전송률도 높아질 것이다. 결론은 첫째 아이디어에서와 똑같다. 암흑뉴런들의 존재 목적을 우리가 모르는 것은 단지 그 뉴런들의 수명 전체에서 아주 짧은 시간 동안만 그것들을 관찰하기 때문이다. 심지어 설치동물의 암흑뉴런들도 2~3년은 산다. 그 긴 시간 중에서 언젠가 암흑뉴런들이 사용되더라도 우리는 그 모습을 보지 못할 것이다.

이 단순한 아이디어는 뇌가 스파이크를 전송하는 뉴런의 개수를 태평스럽게 늘릴 수 없다는 사실 때문에 복잡해진다. 한편으로, 이 아이디어가 옳다면 예비 뉴런들이 활성화될 때 에너지 소모의 증가 때문에 다른 뉴런들은 활동이 저하되어야 할 것이다. 다른 한편으로, 예비 뉴런들이 새로운 스파이크들을 전송함에도 불구하고 스파이크들의 전체 균형이 맞아야 할 것이다. 즉 흥분성 스파이크들의 증가에 발맞춰 반대로 작용하는 억제성 스파이크들도 증가하여 뇌의 활동이 걷잡을 수 없이 폭증하는 것을 막아야 한다.

셋째 아이디어는 암흑뉴런들이 아무 탈 없이 정보를 전송하고 있다는 것이다. 다만, 암흑뉴런들은 합동으로 정보를 전송한다. 암흑뉴런 각각이 기여하는 바는 미미하다. 가끔 단일한 스파이크를 전송할 뿐이다. 그러나 암흑뉴런들이 모든 뉴런의 90퍼센트를 차지하기 때문에, 그 작은 기여들이 합쳐져 무수한 스파이크가 된다. 이 아이디어에 따르면 암흑뉴런들은 소수의 암흑뉴런에서 유래한 많은 스파이크로 메시지를 전송하는 것이 아니라 거대한 암흑뉴런 집단에서 유래한 훨씬 더 많은 스파이크로 메시지를 전송한다. 그리고 개별 뉴런은 군단 만큼 많은 스파이크를 받아야 새로운 스파이크를 창출할 수 있으므로, 이 거대한 암흑뉴런 집단은 매우 효과적일 것이다. 다음 장에서 이 논의를 이어갈 것이다.

더 나아가, 시끄럽고 요란한 뉴런들은 미미한 소수일뿐더러 그 뉴런들의 외침은 메시지를 받는 뉴런들에 의해 필시 무시당할 것이다. 기억하겠지만, 시냅스 실패는 입력 강도를 조절하는 구실을 하여 시끄러운 뉴런들의 영향을 낮추고 조용한 뉴런들의 영향을 높일 수 있다. 실제로 단기 저하 상태의 입력부들을 지닌 뉴런은 총 입력률에 가장 잘 반응하는 것이 아니라 그 입력부들이 활성화되는 도약적 변화에 가장 잘 반응한다.[16] 따라서 간간이 합동으로 스파이크를 전송하는 암흑뉴런들의 집단은 그런 단기 저하 상태의 뉴런이 고대하는 유형의 입력원일 것이다. 역설적이게도 시냅스 실패는 드물게 점화하는 뉴런들을 유리하게 만들 수 있을 것이다.

이 아이디어의 세부적인 버전 하나는 평생에 걸친 뉴런 활동의 희박성도 다르게 해석한다. 암흑뉴런들은 겉질의 모든 구역에서 압도적인 다수다. 따라서 임의의 겉질 구역은 동일한 메시지를 전송할 역량을 필요한 정도보다 훨씬 더 많이 갖췄을 개연성이 높다. 따라서 어쩌면 그 구역에서 발생하는 반응 각각—이를테면 V1에 보여준 그림이나 청각겉질에 들려준 소리가 유발한 반응—은 무작위한 암흑뉴런 부분집합을 동원할 것이다(우리의 관점에서 무작위하다는 것이지, 뇌의 관점에서 그러하다는 것은 아니다). 그 무작위한 부분집합은 스파이크 1~2개를 전송한 뒤 활동을 그친다. 따라서 우리의 관점에서 보면, 거의 모든 암흑뉴런이 거의 늘 고요하다. 그러나 암흑뉴런 전체 집합이 전송하는 메시지는 매 순간 동일하다.

이 무작위 동원 아이디어는 간단한 실험적 예측 하나를 내놓는다. 동일한 사건을 계속 반복하면서 한 뉴런 집단의 활동을 기록한다고 해보자. V1에 동일한 그림을 반복해서 보여주거나 한 팔로 동일한 운동을 반복하면서 말이다. 만일 무작위 동원 아이디어가 옳다면, 이 실험에서 대다수 뉴런은 사건이 반복될 때 외견상 무작위하게, 즉 어떤 때는 반응에 참여하고 어떤 때는 참여하지 말아야 할 것이다. 실제로 우리는 수염 건드리기가 반복될 때 수염 감각 뉴런 집단들에서,[17] 팔이 유사한 동작을 반복할 때 팔 운동 뉴런 집단들에서,[18] 심지어 바다 민달팽이가 기어가기를 반복할 때 기어가기 뉴런 집단들에서[19] 그런 무작위한 참여를 본다. 그렇다면 암흑뉴런들은 암흑의 베일에 싸인 존재가 아니다. 단지 이제껏 잘못 이해되었을 뿐이다.

암흑뉴런들이 무엇을 위해 존재하는가에 관한 세 가지 아이디어는 스파이크를 전송하지 않는 뉴런들이 어떻게 뇌의 삶에 기여하는가라는 역설을 해결하기 위한 아이디어들이다. 대조적으로, 신뢰할 만하게 스파이크를 전송하는 소수의 뉴런, 즉 긴 꼬리 분포에서 긴 꼬리에 위치한 뉴런들은 이해하기가 더 쉬워야 할 것이다. 하지만 정말 쉬울까? 안타깝게도 그렇지 않다. 그 뉴런 중 다수는 듣지는 않고 말하기만 하는 듯하다.

듣지 않고 말하기

활동하는 뉴런들 사이에는 또 다른 유형의 암흑뉴런이 많이 숨어 있다. 그 뉴런들을 "2형 암흑뉴런Type 2 dark neuron"이라고 한다. 그것들은 아무 탈 없이 점화하여 스파이크들을 연달아 전송한다. 그러나 그 점화는 무엇에 대한 반응도 아닌 듯하다. 그 뉴런들의 스파이크 출력은 외부 세계에서 무슨 일이 일어나든 유의미하게 변화하지 않는다. 그것들은 다른 뉴런들에게 말은 하지만 분명 듣지는 않는 듯하다. 그것들은 외부 세계를 외면한다.

2형 암흑뉴런은 1960년대부터 2000년대 초까지 생산되어 거대한 산더미처럼 쌓인 뉴런 관련 논문들 속에 빤히 보이는 모습으로 숨어 있었다. 그 논문들의 결론 어딘가에는 이런 식으로 시작되는 문단이 늘 있었다. "우리는 자극 X를 제공하거나 운동 Y를 유발하면서 한 번에 하나씩 총 N개의 뉴런을 기록했다. 우리는 그 N개 중 M개가 자극에 반응하는 것을 발견했다. 그 M개가 이 논문의 주제다." 반응한 뉴런의 개수 M은 기록된 뉴런의 개수 N보다 항상 훨씬 더 적었다. 그리고 나머지 대다수는 그냥 무시되었다. 그 다른 뉴런들, 즉 N-M개의 반응하지 않은 뉴런들은 과연 무엇을 하고 있었을까?

2형 암흑뉴런은 다수의 뉴런을 한꺼번에 기록하는 현대 기술에서 특히 선명하게 포착된다. 그 이유는 이렇다. 이 기술을 사용하면 수백 혹은 수천 개의 뉴런을 포함한 거대한 집단을 표본으로 삼아 기록하면서 뉴런 각각의 튜닝을—뉴런 각각이 세계의 어떤 요소에 반응하는지―탐구할 수 있기 때문이다. 사이먼 페론과 동료들이 이미 몇 차례 언급한 특화된 수염 겉질 부분에서 뉴런들의 활동을 기록했을 때, 그들은 그 뉴런들의 67퍼센트를 "활동성"으로 분류했다. 그리고 이 범주는 간신히 점화하는 뉴런들까지 포함했다. 이 67퍼센트가 생산하는 스파이크들이 무엇에 반응하는지 연구한 결과, 그들은 그 뉴런들 가운데 28퍼센트는 탐지 가능한 표적 정보를 전혀 보유하지 않은 스파이크들을 전송함을 발견했다. 그 28퍼센트는 수염의 운동 여부에 튜닝되어 있지 않았고, 수염이 막대에 닿는 것에도 튜닝되어 있지 않았다. 막대가 여기에 있든 저기에 있든, 과제 해결을 위해 왼쪽 주둥이를 핥아야 하든 오른쪽 주둥이를 핥아야 하든, 그 뉴런들의 활동에는 눈에 띄는 변화가 없었다. 요컨대 유일무이한 수염 한 가닥으로부터 입력을 받는 첫째 겉질 부분에 있는 활동성 뉴런 중 28퍼센트는 수염이 해주는 말을 듣지 않는 듯했다.

크리스토퍼 하비와 동료들은 가상현실 미로 속을 달리는 생쥐의 마루엽겉질에서 뉴런 활동을 기록하여 비슷한 결과를 얻었다. 그들은 자기네가 기록한 뉴런의 47퍼센트만을 "활동성"으로 분류했다. 그런데 이 뉴런들 가운데 27퍼센트는 표적 정보가 전혀 없는 스파이크를 전송하고 있었다. 그 27퍼센트는 생쥐가 어디에 있는지에 튜닝되어 있지 않았고, 생쥐가 무엇을 하는지에도 튜닝되어 있지 않았다. 요컨대 마루엽겉질에 있는 활동성 뉴런들 중 일부는 생쥐 주위의 세계에서 일어나는 일에 귀를 기울이지 않는 듯했다.

나의 실험실도 앞이마엽겉질에 대한 연구에서 같은 결과를 얻었다. 우리는 Y자 모양의 미로를 왕복하는 쥐의 앞이마엽겉질에서 뉴런들의 활동을 기록했다.[20] 미로 훈련을 할 때마다 우리의 동료들은 12개에서 55개의 뉴런을 기록했는데, 그 뉴런들은 모두 활동성이었거나 적어도 암흑뉴런은 아니었다. 왜냐하면 우리가 전극을 이용한 기록 방식을 채택했으니까 말이다. 그러나 매 회차에 평균적으로 고작 1~2개의 뉴런만이 쥐 주위의 세계에서 일어나는 사건들에 따라 다르게 반응했다. 쥐가 왼쪽 갈림길을 선택하는지 오른쪽 갈림길을 선택하는지에 따라서, 갈림길 끝에 불이 켜져 있는지 여부에 따라서, 고작 1~2개의 뉴런만 스파이크 전송량이 달라졌다. 앞이마엽겉질에 있는 많은 활동성 뉴런은 무슨 일이 일어나는지에 아무 관심이 없는 듯했다(그러나 실제로 그 뉴런들은 관심이 아주 많았다. 그것들이 어떻게 관심을 표했는지는 다음 장에서 이야기할 것이다).

어쩌면 궁금해지기 시작할 것이다. '반응한다'는 말은 정확히 무슨 뜻일까? 이 악의 없는 질문은 깊은 구멍을 연다. 일반적으로, '반응한다' 함은 뉴런이 다른 조건과 비교할 때 특정 조건에서 다른 양量의 스파이크를 전송한다는 뜻이다. 이를테면 수염이 막대에 닿았는지 안 닿았는지에 따라서, 또는 쥐가 왼쪽으로 갔는지 오른쪽으로 갔는지에 따라서 뉴런의 스파이크 전송량이 달라질 수 있다. 그리고 이때 '다름'은 문턱을 설정함으로써 정의된다. 일반적으로 관건은 두 조건에서 전송되는 스파이크 개수의 차이가 모종의 통계적 검사를 통과하느냐 하는 것이다. 이런 식으로 우리는 겉질에 기능적 유형이 서로 다른 뉴런들이 존재한다는 지극히 통상적인 생각에 도달한다. 겉질 전체에 있는 뉴런들은 사물 X에 반응하는 유형이거나 아니면 그 유형이 아니라는 생각에 말이다. V1에 있는 뉴런들은 단순 세포이거나 단순 세포가 아니거나 둘 중 하나다. 청각겉질에 있는 뉴런들은 특정한 진동수 집단에 튜닝되어 있거나 튜닝되어 있지 않다. 몸감각겉질에 있는 뉴런들은 피부에 닿는 손가락 감촉에 튜닝되어 있거나 튜닝되어 있지 않다. 겉질의 운동 담당 부분에 있는 뉴런들은 팔 운동 속력에 튜닝되어 있거나 튜닝되어 있지 않다. 앞이마엽겉질에 있는 뉴런들은 보상의 가치에 반응하거나 반응하지 않는다.

그러나 아드리앙 보러, 크리스티안 마헨스, 그리고 내가 2013년에 지적했듯이,[21] 경계선을 그어서 뉴런들을 "반응하는" 뉴런과 "반응하지 않는" 뉴런으로 구별하는 것은 오류다. 이 구별은 반응 없음에서부터 약한 반응, 완화된 반응, 중간 반응, 활발한 반응에 이르는 연속체를 두 집단으로 갈라놓는다. 우리는 항상 경계선을 움직여 연속체를 다른 두 집단으로 구별할 수 있다. 그리고 이는 세계에 대한 반응에 따라 정의할 수 있는 뉴런들의 '유형'이 실은 존재하지 않음을 의미한다.

두드러진 뉴런 유형들이 존재하지 않는 사례들은 얼마든지 많이 댈 수 있다. 뉴런들의 스파이크 흐름이 어떻게 변화하느냐에 따라서 뉴런들이 연속체 위에 놓이는 사례들을 말이다. 이미 보았듯이, V1에서 단순 세포들과 복합형 세포들은 연속체를 이룬다. 진동하는 금속 조각을 만지는 원숭이의 앞이마엽겉질에서는 뉴런들이 진동의 진동수에 얼마나 많이 반응하느냐에 따라서 뉴런들의 연속체가 존재한다.[22] 클릭이나 섬광의 개수에 기초하여 좌우를 결정하는 쥐의 마루엽겉질에서는 뉴런들이 어느 방향을 선호하느냐에 따른 뉴런들의 연속체와 클릭과 섬광 중에 어느 쪽을 더 선호하느냐에 따른 연속체가 둘 다 존재한다.[23]

이 모든 것은 2형 암흑뉴런이 반응 연속체의 한쪽 끝임을 의미한다. 우리가 2형 암흑뉴런이라고 불러온 뉴런은 외부 세계의 사건에 따라서 자신의 스파이크 생산을 거의 변화시키지 않는 뉴런이다. 그 변화는 너무 작아서 우리의 분석에 포착되지 않는다. 하지만 그 변화는 뇌 속의 다른 뉴런들이 포착하기에도 너무 작을까? 게다가 스파이크 흐름의 그 약한 변화가 많은 뉴런에서 동시에 일어난다면 어떨까? 이 질문에 제대로 답하기 위하여 이제 신경과학의 가장 심오한 질문으로 눈을 돌릴 때가 되었다. 바로 스파이크의 의미에 관한 질문이다.

7장

스파이크의 의미

개수주의자와 시간주의자

거의 한 세기 동안 스파이크의 의미를 놓고 개수주의자Counter와 시간주의자Timer의 양 진영이 전쟁을 벌여왔다.[1]

개수주의자는 뉴런이 스파이크의 개수에 메시지를 실어서 전송한다고 믿는다. 그들은 스파이크의 개수에 의미가 담겨 있다고 생각한다. 시간주의자는 뉴런이 스파이크를 방출하는 시기를 통해 메시지를 전송한다고 믿는다. 그들은 스파이크가 언제 발생하느냐에 의미가 담겨 있다고, 특히 스파이크들의 상대적인 발생 시점에 의미가 담겨 있다고 생각한다.

1920년대에 에드거 에이드리언Edgar Adrian 경, 조지프 얼랭어Joseph Erlanger 등이 처음으로 스파이크를 포착한 이래로 이 전쟁은 신경과학계의 최고 인재들을 힘겹게 했다. 현재까지 양 진영에서 축적된 증거는 상당한 수준이다.

개수주의자들

주도권을 쥔 진영은 개수주의자들이다. 뉴런에게 세계 안의 어떤 사물을 선호하느냐고 묻는 실험, 그리고 무엇이 뉴런으로 하여금 가장 많은 스파이크를 전송하게 하는지 알아내는 실험이 무수히 이루어졌다. 왜냐하면 이 실험이 쉽기 때문이다. 먼저 뉴런에게 어떤 감각적 대상—음音, 표면, 선—을 제시하자. 그런 다음에 대상을 변화시켜라. 음의 진동수를 변화시키고 표면의 거친 질감을 변화시키고 선이 놓인 각도를 변화시켜라. 그리고 그렇게 감각적 대상을 변화시키면서, 뉴런이 전송하는 스파이크의 개수를 세기만 하면 된다. 그러면, 뚝딱, 튜닝 곡선을 그릴 수 있다(그림 7-1). 이제 어떤 진동수, 어떤 거칠거칠함, 어떤 각도가 뉴런으로 하여금 가장 많은 스파이크를 전송하게 만드는지 알 수 있다. 그렇다면 이 뉴런이 전송하는 스파이크들이 특정 진동수의 음이나 특정하게 거친 질감 혹은 특정 각도로 놓인 경계선을 의미한다고 주장할 수 있을 것이다. 즉 이 뉴런은 단순 세포라고 말이다. 개수주의자들에게 의미는 단순하다.

운동에 대해서도 똑같은 방법을 써먹을 수 있다. 다만 이번에는 미묘하지만 중요한 전술 변화를 채택하여, 무언가에 대한 반응으로 발생하는 스파이크들을 세는 대신에, 특정 사건이 일어나기 직전에 발생하는 스파이크들을 센다. 실험동물이 팔을 다양한 각도로 반복해서

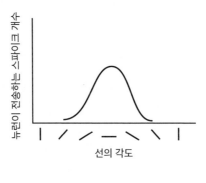

선의 각도

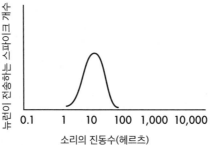

소리의 진동수(헤르츠)

그림 7-1 튜닝 곡선은 개수주의자들이 뉴런 코드화를 해석하는 방식을 대표한다. 이 그림들은 두 가지 유형의 튜닝 커브를 단순화한 것이다. 위의 그림은 V1에 있는 가설적 뉴런의 튜닝 곡선이다. 우리는 그 뉴런에게 다양한 각도로 놓인 선을 제시한 후 그 뉴런이 각각의 각도에 반응하여 전송한 스파이크의 개수를 세어 곡선으로 나타냈다. 이 뉴런은 수평선이나 수평선에 가까운 선들을 선호하고 수직선을 싫어한다. 즉 지평선을 사랑하고 고층 빌딩에 무관심하다. 아래 그림은 일차청각겉질(A1)에 있는 가설적 뉴런의 튜닝 곡선이다. 우리는 그 뉴런에게 다양한 진동수의 소리를 들려준 후 그 뉴런이 각각의 진동수에 반응하여 전송한 스파이크의 개수를 세어 곡선으로 나타냈다. 이 뉴런은 약 20헤르츠의 소리를 좋아하고 약 200헤르츠 이상의 소리에는 반응하지 않는다. 턱이 떨리게 만드는 중저음을 아주 좋아하고 아리아에는 감동하지 않는 것이다.

움직이는 동안 한 뉴런을 기록하라. 그런 다음에 각각의 팔 운동 직전에 발생한 스파이크들의 개수를 세라. 결국 얻어지는 것은 그 뉴런이 어떤 각도의 운동을 선호하는지 알려주는 튜닝 곡선이다.[2] 똑같은 전술을 동일한 운동의 다양한 속력에, 또는 개별 근육들의 수축에, 또는 더 복잡한 조합들에 적용할 수 있다.[3] 우리는 실험동물이 무엇을 하고 있는가를 보고 그 직전에 뉴런이 무엇을 하고 있었는지를 되짚어 따져봄으로써 개수 코드를 해독할 수 있다.

튜닝에 대한 이 같은 역추론 reverse inference 은 세계의 더 복잡한 속성들에 대해서도 유효하다. 노벨상으로 이어진 유명한 사례 하나는 장소의 코드화다.[4] 실험동물이 큰 상자나 미로 안에서 돌아다니는 것을 관찰하면서 그 동물의 해마에 있는 뉴런 하나의 활동을 계속 기록해보자. 그 뉴런이 전송하는 스파이크의 개수를 세면, 그 뉴런이 선호하는 위치가 드러날 것이다. 즉 그 뉴런은 특정 장소에서 가장 많은 스파이크를 전송하고, 그 장소 근처에서 더 적은 스파이크를 전송하고, 그 장소에서 멀리 떨어진 곳에서는 스파이크를 전송하지 않는다. 그 뉴런은 장소 세포다.

그리고 해마 주변 구역들을 샅샅이 뒤지면, 우리는 온갖 '개수 반응 뉴런counting neuron'을 발견할 것이다.[5] 거기에서 어슬렁거리면 '머리방향 세포 head direction cell'를 발견할 것이다. 그 세포의 최대 스파이크 개수는 실험동물이 어느 방향을 바라보는지 알려줄 것이다. '경계 세포boundary cell'의 최대 스파이크 개수는 실험동물이 특정 방향(예컨대 동쪽)의 경계에 닿았거나 근접했음을 알려줄 것이다. 또 '격자 세포

grid cell'의 스파이크 개수는 실험동물이 공간 속에서 이동할 때 주기적으로 되풀이하여 최댓값에 도달한다. 마치 실험동물이 세계에 격자를 깔아놓고 그 격자의 교차점에 도달할 때마다 최대 개수의 스파이크를 전송하기라도 하는 듯하다. 이 모든 단일 뉴런들의 스파이크의 개수는 세계 내 물리적 위치의 특정 속성을 알려준다.

스파이크의 개수로 메시지를 전송하는 뉴런은 어디에나 있는 듯하다. 그러나 어쩌면 우리가 어디에서나 보고되는 개수 코드를 보는 것일 수도 있다. 왜냐하면 스파이크의 개수를 세는 것은 쉬운 일이기 때문이다. 실험자의 기본 반응은 뉴런이 메시지를 전송하는 방식에 관한 더 복잡한 아이디어들을 검증하는 것이라기보다 스파이크들을 세고 그 개수를 보고하는 것이다. 실제로 더 섬세한 측정을 하는 시간주의자들은 몇몇 이례적인 증거를 확보할 수 있다.

시간주의자들

우리는 그런 증거들을 이미 접한 바 있다. 2장에서 설명했듯이, 스파이크가 존재하는 심층적인 이유 하나는 정확성을 위해서, 바꿔 말해 정확한 시점에 정보를 전송하기 위해서다. 거기에서 우리가 배웠듯이, 쥐의 수염을 똑같이 움직이기를 반복하면 겉질의 수염 시스템에 있는 첫 뉴런은 동일한 패턴의 스파이크들을 희한하게도 밀리초 이하까지 정확하게 전송한다. 다른 감각 시스템에서 측정된 스파이크 타이밍도 마찬가지로 정확하다.

올빼미의 청각 시스템은 이제껏 개발된 가장 완벽한 스파이크 타이밍 회로를 갖추고 있다.[6] 숲에 사는 작은 설치동물들은 이 회로의 대단한 능력을 너무나 잘 안다. 올빼미는 잽싸게 뛰어가는 설치동물의 위치를 소리만으로 정확히 판별할 수 있다. 올빼미의 뇌는 오른쪽 귀에 도착한 소리와 왼쪽 귀에 도착한 소리의 시간 차이를 이용하여 그것을 판별해낸다. 만일 설치동물이 내는 소리가 정확히 올빼미의 정면에서 난다면 그 소음은 양쪽 귀에 동시에 도착할 것이다. 만일 소음이 올빼미의 왼쪽에서 난다면 오른쪽 귀보다 왼쪽 귀에 소리가 최대 몇 밀리초 먼저 도착할 것이다. 반대 경우라면 오른쪽 귀에 먼저 도착할 것이다. 그리고 양쪽 귀에 소리가 도착하는 시간의 정확한 차이는 올빼미의 머리가 향한 방향과 소리가 나는 방향 사이의 각에 비례한다. 소음의 발생지가 왼쪽으로 더 치우쳐 있을수록, 왼쪽 귀와 오른쪽 귀에 도착하는 소리의 시간 차이가 더 길어진다. 물론 그 변화량은 1밀리초도 되지 않지만 말이다.

실제로 올빼미의 청각 시스템에 있는 첫째 뉴런 집단에서 돌출한 축삭돌기 각각은 소리가 귀에 도착하는 시점으로부터 매우 특유하고 정확한 시간 간격을 두고 스파이크를 전송한다(그림 7-2). 그리고 왼쪽 귀와 오른쪽 귀에서 출발한 이 첫째 축삭돌기 집합은 둘째 뉴런 집단인 판상핵nucleus laminaris으로 수렴한다. 이곳의 뉴런은 왼쪽 귀 뉴런들과 오른쪽 귀 뉴런들에서 유래한 스파이크들이 동시에 도착하면 스파이크를 전송할 것이다. 그러나 소리가 각각의 귀에 도착하는 시점 사이에 간격이 있다면 그 스파이크들이 어떻게 동시에 도착할 수 있을까? 이 문제를 해결하기 위해 매우 정확한 지연이 일어난다.

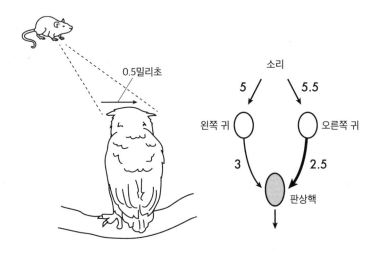

그림 7-2 올빼미의 청각 회로에서 스파이크의 정확한 타이밍. 올빼미의 머리에서 왼쪽으로 30도 벗어나 있는 생쥐가 내는 소리는 올빼미의 오른쪽 귀보다 왼쪽 귀에 약간(그림에서는 0.5밀리초) 더 먼저 도착할 것이다. 이제 오른쪽의 뉴런 회로도를 보라. 숫자들은 경과 시간을 밀리초 단위로 알려준다. 경과 시간은 신호 전달 속력에 반비례한다. 왼쪽 귀로부터 소리를 받는 첫 뉴런들은 오른쪽 귀로부터 소리를 받는 뉴런들보다 0.5밀리초 먼저 반응할 것이다. 왼쪽 뉴런들에서 유래한 출력과 오른쪽 뉴런들에서 유래한 출력은 판상핵에 있는 뉴런들로 수렴된다. 그런데 오른쪽 뉴런들 중 특정한 일부는 딱 적당하게 더 굵은 축삭돌기를 지녀서 왼쪽 뉴런들보다 0.5밀리초 빠르게 신호를 전달한다. 따라서 그림 속의 판상핵 뉴런은 왼쪽 뉴런과 오른쪽 뉴런으로부터 동시에 스파이크를 받고 자신의 스파이크를 전송할 것이다. 그 스파이크는 '소리가 왼쪽으로 30도 벗어난 방향에서 난다'라는 의미다.

이 둘째 뉴런 집단(판상핵)에 속한 뉴런 하나가 왼쪽 30도 방향의 소리를 탐지하는 역할을 한다고 해보자. 즉 그 뉴런은 소리가 오른쪽 귀보다 왼쪽 귀에 더 먼저, 정확히 30도에 대응하는 지연 시간만큼 더 먼저 도착하면 스파이크를 점화해야 한다. 이를 위해 그 뉴런은 왼쪽 귀에서 유래한 특정한 축삭돌기 집합과 오른쪽 귀에서 유래한 특정한 더 빠른 축삭돌기 집합으로부터 입력을 받을 것이다. 그리고 다음 사항이 결정적으로 중요한데, 오른쪽 귀 축삭돌기들은 양쪽 귀에 도착하는 소리의 시간 차이를 정확히 상쇄할 만큼 왼쪽 귀 축삭돌기들보다 더 빠르다. 따라서 1밀리초보다 더 작은 시간 차이가 상쇄된다. 올빼미는 소리의 위치를 파악하기 위한 극도로 정확한 스파이크 타이밍 코드를 사용하여 생쥐를 사냥한다.

소리에 반응하는 스파이크의 정확한 타이밍은 올빼미에 국한되지 않는다. 설치동물에서 양쪽 귀로부터 입력을 받는 겉질의 첫 부분은 마이클 R. 드위스Michael R. DeWeese와 동료들이 "이진법 스파이크 생산binary spiking"[7]이라고 명명한 반응을 한다. 소리를 들려주면, 그 부분의 한 뉴런은 소리가 시작될 때 단일 스파이크 하나를 전송하든지 아니면 아무것도 하지 않는다. 그리고 소리가 단일 스파이크를 유발할 경우, 그 소리를 반복하면 매번 소리의 시작으로부터 똑같은 정도로 지연된 시점에 스파이크가 발생할 것이다. 그래서 이진법인 것이다. 소리가 시작되고 정확한 시간이 흘렀을 때, 스파이크가 발생하거나(1) 발생하지 않는다(0).

망막의 출력 뉴런들—신경절세포들—도 유사하게 정확한 스파이크 지연을 보여준다. 한 신경절세포가 반짝이는 픽셀들의 패턴(시각 세계에서 그 신경절세포가 담당하는 부분 안에 있는 패턴) 하나를 제시받을 때마다, 그 신경절세포는 몇 밀리초 이내의 동일한 지연 시간을 두고 첫째 스파이크를 전송한다.[8] 이 연구를 기초로 삼아서 팀 골리시 Tim Gollisch와 마르쿠스 마이스터Markus Meister는 2008년에 신경절세포 각각에 스파이크-지연 코드가 있는 듯하다고 주장했다. 즉 신경절세포에게 다양한 이미지를 보여주면, 그 이미지 각각에 대하여 그 세포는 다양한 지연 시간을 두고 첫 스파이크를 전송한다. 그런데 동일한 이미지를 반복해서 보여주더라도 동일한 지연이 발생한다.[9] 첫 스파이크의 지연은 어떤 이미지가 제시되었는가에 관한 정보를, 스파이크 개수가 코드화하여 보유한 것보다 더 많이(말 그대로 비트 단위로 더 많이) 코드화하여 보유하고 있다. 신경절세포들의 대규모 집단을 탐구한 골리시와 마이스터는 그 집단들의 스파이크 지연만을 이용하여 애당초 제시된 그림을 재구성할 수 있었다. 물론 그 결과는 흐릿한 흑백 그림이다. 그럼에도 스파이크 타이밍은 망막에서 강력한 코드인 듯하다.

다양한 맥박?

영리한 사람이라면 신경과학자들이 수십 년 동안 깨닫지 못한 것을 이미 깨달았을지도 모른다. 무슨 말이냐면, 개수주의자들은 뇌 구역들의 한 집합만 들여다보고 시간주의자들은 또 다른 집합만 들여다본다는 뜻이다. 또 양 진영은 전혀 다른 동물 종을 탐구하기 일쑤

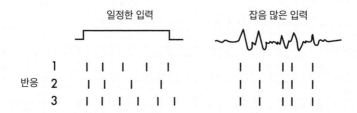

그림 7-3 겉질 뉴런에서 정확한 스파이크들이 생산되느냐는 입력이 어떠하냐에 달려 있다. 겉질 뉴런의 본체에 직접 물질 흐름을 주입하는 일을 세 번 반복하면서 매번의 반응이 얼마나 유사한지 살펴본다고 해보자. 입력이 일정할 경우, 그 뉴런은 입력이 시작되자마자 스파이크를 전송하지만 그 후 스파이크들의 타이밍은 매번 달라지기 시작한다. 왼쪽 그림을 보면, 뉴런은 첫째 입력에 반응하여 스파이크 5개를 전송하고, 둘째 입력에는 4개를, 셋째 입력에는 6개를 전송한다. 동일한 뉴런에 동일한 입력을 주었는데도 스파이크 전송 시간이 다양한 것이다. 반면에 동일한 잡음 많은 입력을 매번 주입하면(오른쪽 그림), 뉴런은 매회 동일한 시점에 스파이크들을 전송한다.

다. 겉질, 해마, 편도체, 또는 척수와 뇌간의 운동 뉴런을 깊이 들여다보는 사람들에게는 스파이크의 수를 세는 방법이 가장 합리적이다. 반면에 감각 시스템의 첫 번째 단계에서, 망막 안에서, 귀 또는 수염에서 오는 입력을 받는 뇌의 첫 번째 영역을 탐구하는 사람들이 보기에 타이밍과 패턴은 어디에나 있다.

그렇다면 답이 나온 것일까? 뇌의 가장자리 구역, 특히 감각 정보를 사용하는 구역들은 타이밍을 사용하고 중심 구역, 특히 겉질에 있는 뇌 구역들은 개수를 사용하는 것일까?

만일 겉질 뉴런들이 정확한 타이밍의 스파이크를 전송하지 못한다면, 이는 바로 위에서 제기한 생각을 뒷받침하는 강력한 증거일 것이다. 돌이켜보면 우리는 이미 3장에서 겉질 뉴런들이 불규칙한 간격으로 스파이크들을 전송하는 것을 보았다. 그 스파이크 전송은 무작위한 과정을 거의 완벽하게 닮았다. 만일 그 스파이크들이 '무작위로' 발생된다면, 어떻게 그것들이 타이밍 정보를 운반할 수 있겠는가?

가장 단순한 검사법은 한 겉질 뉴런에게 동일한 입력을 여러 번 제공하면서, 그 뉴런이 동일한 스파이크 패턴을 동일한 정확도로 반복하는지 관찰하는 것이다(그림 7-3). 뉴런의 본체에 직접 입력을 주입하기로 하자. 이는 신뢰도가 낮은 시냅스 실패와 GABA에 의한 치명적 억제를 우회하여 이것들을 방정식에서 제거하기 위해서다. 그렇게 하면 어떤 일이 일어나는지 우리는 안다. 피라미드 뉴런의 본체에 일정한 물질 흐름을 주입하면 그 뉴런은 일련의 스파이크를 산출한다. 이어서 똑같이 일정한 물질 흐름을 다시 주입하면, 발생하는 스파이크 계열은 똑같이 반복되지 않는다.[10] 이처럼 겉질 뉴런들이 이 단순한 검사조차 통과하지 못한다면 그것들은 스파이크의 타이밍에 기초한 메시지를 보낼 수 없는 것이 틀림없다. 그러나 뉴런이 가지돌기를 타고 들어오는 전압 펄스들에 폭격될 때 겪는 격한 전압 요동과 유사한, 잡음 많고 무작위한 흐름을 뉴런 본체에 주입하면 사정이 달라진다. 동일한 잡음 많은 흐름을 반복해서 주입하면 매번 정확히 똑같은 반응을 얻는다. 무작위해 보이는 스파이크들의 패턴이 정확히 똑같이 반복되는 것이다. 겉질에 있는 뉴런들은 동일한 잡음 많은 입력이 주어지면 정확히 동일한 스파이크 타이밍 패턴을 재생산할 능력이 있다. 그리고 실제로 겉질 뉴런들이 타이밍 코드를 사용한다는 단서들이 존재한다.

중요한 단서 하나는 MT 영역에서 유래한 것이다. 우리는 그 영역을 몇 시냅스 전에 떠났다. 당시 그 영역의 뉴런들은 세계 내의 주요 운동 방향들에 반응하여 스파이크들의 소나기를 전송했다. 그 소나기는 "세라"라고 부르는, 정합적인 경계선들과 각들의 집단이 사무실을 가로질러, 즉 시야의 왼쪽에서 오른쪽으로 가로질러 성큼성큼 이동하는 것에 대한 반응이었다. 우리는 원숭이들이 움직이는 점들을 지켜보게 한 실험을 통해 MT 영역이 운동에 반응하여 스파이크를 전송함을 알게 되었다. 그 실험에서 원숭이들은 무작위로 운동하는 점들이 나오는 영화를 보면서 점들이 어느 방향으로 움직이는지 판정하려 애썼다. 때때로 점들은 정합적으로, 곧 대다수가 같은 방향으로 운동했는데, 그러면 운동을 보기가 쉽다. 하지만 때때로 점들은 정말 어지럽게 운동한다. 즉 소수의 점만 같은 방향으로 운동하기 때문에 그 운동을 보기가 어렵다. 때로는 이 양극단 사이의 상황이 벌어진다. 또 때로는 모든 점이 무작위로 운동하여 전체 방향을 판정하기가 불가능하다. 원숭이가 이 영화들을 보면 MT 영역의 뉴런들이 스파이크를 생산한다. 점들이 왼쪽으로 운동할 때는 좌향 운동을 좋아하는 뉴런들이 스파이크를 생산하고, 수직선에서 30도 기운 방향의 운동을 좋아하는 뉴런들은 점들이 그 방향으로 운동할 때 스파이크를 생산한다. 대다수의 겉질 뉴런과 마찬가지로 MT 영역 뉴런도 이 스파이크들을 외견상 시간적으로 무작위하게 전송한다. 스파이크들 사이의 간격이 매우 불규칙해서 어떤 스파이크들은 뭉쳐 있고 다른 스파이크들은 띄엄띄엄 분포한다. 그럼에도 와이어스 베어Wyeth Bair와 크리스토프 코흐는 1996년에 다음 사실을 밝혀냈다. 무작위한 점 운동이 나오는 똑같은 영화를 반복해서 보여주면, MT 영역에 있는 한 뉴런에서 외견상 무작위한 스파이크들의 계열이 정확히 똑같이 반복해서 측정된다(그림 7-4).[11]

스파이크 클론을 타고 MT 영역의 뉴런을 떠날 때 우리는 그 뉴런이 생산하는 무작위한 간격의 스파이크 중 하나, 즉 사무실 안에서 운동하는 모든 것에 대한 그 뉴런의 반응 중 한 부분이었다. 점 영화 실험의 결과가 보여주듯이, 사무실 안에서 동일한 운동들의 집합이 정확히 동일한 방식으로 반복되었다면 — 세라는 성큼성큼 걷고 그레이엄은 멍하니 넥타이를 만지작거리기를 반복했다면 — 우리는 똑같은 시점에 똑같은 스파이크에 올라탔을 것이다. 이것이 겉질에 있는 타

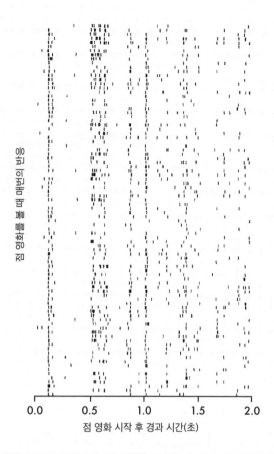

그림 7-4 겉질의 단일 뉴런에서 유래한 정확한 스파이크들. 원숭이가 무작위하게 운동하는 점들이 나오는 동일한 영화를 여러 번 반복해서 보는 동안, 그 원숭이의 MT 영역에 있는 한 단일 뉴런이 전송한 스파이크들이다. 길쭉한 점 각각이 스파이크 하나를 나타낸다. 점들의 행 각각은 동일한 2초 길이의 영화를 원숭이에게 한 번 보여주는 동안, 그 뉴런이 전송한 스파이 크들이다. 단일한 행은 무작위하게 보인다. 즉 한 행에 속한 스파이크들 사이에 작은 간격들 도 있고 큰 간격들도 있다. 그러나 행들을 세로로 배열하면 질서가 드러난다. 영화가 시작되 는 순간인 시간 0초부터 오른쪽으로 이동하며 살펴보면, 영화의 같은 시점에서 점들이 꼭대 기부터 바닥까지 일렬로 늘어선 모습들이 보인다(예컨대 약 0.1초에, 0.5초 직후에, 또 1초 근 처에). 그 뉴런은 영화를 볼 때마다 동일한 시점들에 스파이크를 전송하는 것이다(Bair and Koch, *Neural Computation* 8[1996]: 1185-1201에서 재인용).

축에 해당하는 세로 텍스트: 점 영화를 볼 때 몇 번째 영상인지

이밍 코드다. 하지만 이것은 은폐된 코드다. 이 코드는 실제 세계에서 절대로 드러나지 않을 것이다. 왜냐하면 세계는 절대로 똑같이 반복되지 않으니까 말이다.

그러나 우리는 겉질 뉴런이 그런 타이밍 코드를 사용할 수 없다는 확고해 보이는 논증을 구성할 수도 있다. 설득력 있는 논증 하나는 스파이크들이 경로상에서 너무 쉽게 소멸할 수 있기 때문에 타이밍 코드를 사용할 수 없다는 것이다.[12]

이는 쉽게 증명할 수 있다. 겉질 한 부분의 컴퓨터 모형을 만들면 된다. 즉 스파이크를 전송하는 인공 뉴런 수천 개를 만들어 전선으로 연결하고, 그것들에 모종의 입력을 주고 지켜보는 것이다. 그것들 각각은 고유하면서 외견상 무작위한 스파이크들의 패턴을 산출할 것이다. 정확히 똑같은 입력으로 실험을 반복하면 정확히 동일한 패턴들이 발생할 것이다. 그러나 이번에는 똑같은 실험을 반복하면서 한 뉴런이 전송하는 스파이크 하나를 제거해보자. 그러면 다른 많은 뉴런의 스파이크들이 신속하게 변화하여 새로운 패턴들에 정착할 것이다. 그리고 일부 패턴은 과거의 패턴과 전혀 다를 것이다.[13] 당연한 말이지만, 단 하나의 스파이크가 실패할 경우 수많은 다른 뉴런들의 스파이크들이 변화한다면, 그런 뉴런들은 타이밍 코드를 사용하고 있을 수 없다. 그리고 우리는 스파이크 실패가 늘 일어남을 안다.

개수주의자와 시간주의자의 이 같은 화해 불가능한 차이를 어떻게 극복해야 할까? 앞이마엽겉질로 쏜살같이 진입하는 스파이크에 올라탄 우리는 이 스파이크의 의미에 대해서 무슨 말을 할 수 있을까? 우리가 원래 출발한 곳으로 돌아가자.

나를 예견하라

위태로운 평화라도 이뤄내기 위하여 일부 학자들은 무엇이 스파이크들을 예측하게 하는지, 또는 스파이크들이 무엇을 예측하게 하는지 알아냄으로써 스파이크들의 메시지를 직접 탈코드화(해독)하려 애써 왔다.

우리 여행의 초기에 그런 예측은 간단한 듯했다. 눈에서 겨우 한두 번 도약하면 도달하는 시각겉질의 첫 부분들에서 우리는 시각 세계의 특정 픽셀 안에 있는 특정 유형의 경계선이나 색깔이나 운동 방향에 의해 유발되는 스파이크들을 두루 거쳤다. 뒤집어 말하면, 특정한 픽셀 안의 특정한 경계선, 색깔, 운동은 V1에 있는 특정 뉴런 집합에서 스파이크가 발생할 것을 예측하게 한다. 마찬가지로, 청각겉질 첫 부분들에서 발생하는 스파이크 흐름은 소리의 기본 속성들인 진동수, 크기, 방향과 관련 있는 무언가에 의해 유발된다. 따라서 세계에서 특정 진동수의 소리가 충분히 크게 발생한다면, 특정한 뉴런 집합에서 스파이크가 발생할 것을 예측하게 된다. 따라서 이렇게 말할 수 있을 것이다. "X가 스파이크를 예측하게 한다면 그 스파이크의 의미는 X다."

그러나 여기, 외부 세계를 감각하기 위한 장치에서 가장 가까운 겉질 부분들에서도 우리는 뉴런이 전송하는 모든 스파이크 각각을 세계 안의 단순한 선이나 소리에 근거하여 예측할 수 없다. 뉴런은 딱히 특정 시점에 특정 사물에 의해 유발되지 않은 스파이크를 많이 전송한다. 그렇다면 그 스파이크들은 무엇을 의미할까? 일부 영리한 사람들은 다음과 같은 해법에 도달했다. "스파이크들에게 직접 물어보자."

기본 아이디어는 간단하다. 뉴런의 스파이크 전송 각각에 대하여 그 직전에 세계에서 무슨 일이 일어나고 있었는지 알아보자. 그리고 이 부분이 묘수인데, 우리는 그 일을 짐작하지 않는다. 우리는 무슨 일이 일어나고 있었는지를 데이터로부터 직접 배운다.

목표는 지난 몇백 밀리초 동안 세계에서 일어난 일을 입력으로 받고 바로 지금 스파이크가 발생할 확률을 출력으로 내놓는 모형을 제작하는 것이다. 모형의 다른 버전들에서는 지금쯤 발생할 스파이크의 개수를 예측하기도 한다. 이런 모형들은 '지금'을 얼마나 길게 정의하느냐에 따라 시간주의자의 도구가 될 수도 있고 개수주의자의 도구가 될 수도 있다. 모형이 한 번에 몇 밀리초만 예측한다면 우리는 시간주의자에게 적합한 도구를 제작하는 것이다. 반면에 한 번에 몇백 밀리초를 예측하는 모형은 개수주의자에게 적합한 도구다. 이처럼 스파이크를 예측하는 모형들은 시간주의자와 개수주의자를 가르는 경계선이 흐릿하다는 점을 일깨운다.

스파이크를 예측하기 위하여 우리는 지난 몇백 밀리초 동안 세계 안에 있었던 사물들에 관한 측정값들—이를테면 그림 속의 각들, 소리의 진동수들—을 입력한다. 그러면 모형은 과거 각 순간의 측정값들 각각에 가중치를 부여한다. 가중치가 더 높을수록, 과거 특정 시점에서의 측정값이 현재의 스파이크 발생 확률에 더 큰 영향을 미친다. 모형의 예측은 그 다양한 측정값 전부를 (아주 짧은) 역사의 순간들 각각에 걸쳐 합산함으로써 도출되며, 내용은 이러하다. "나는 지금 스파이크가 임박했다고(또는 임박하지 않았다고) 예측한다."

모형이 가중치 설정을 학습한다는 점이 묘수다. 모형은 자신의 예측들이 실제 스파이크들과 최대한 일치할 때까지 가중치를 조절한다. 그러다가 모형의 학습이 완료되면 우리는 어떤 측정값들에 최고의 가중치가 부여되었는지 살펴본다. 그러면 과거 어느 시점에서 세계의 어떤 면모들에 반응하여 뉴런이 지금 스파이크들을 전송하는지 알게 된다![14]

이 예측 모형 접근법은 뇌의 감각 시스템 첫 부분들에서 가장 잘 작동한다. 감각 장치 바로 근처에 있는 부분들에서 말이다. 망막에서 이 예측 모형은 시각 세계에서 일어나는 변화들의 정확한 위치와 타이밍이 망막 신경절세포들의 스파이크 전송 시점을 정확히 예측함을 보여준다.[15] 더욱 훌륭하게도, 예측 모형을 이루는 세포들은 두 가지 유형으로 분류된다. 한 유형은 빛이 갑자기 증가한 뒤에 스파이크가 발생할 것을 예측하고, 다른 유형은 빛이 갑자기 감소한 뒤에 스파이크가 발생할 것을 예측한다. 이것들은 2장에서 다룬 망막 신경절세포의 켜짐 유형, 꺼짐 유형과 정확히 일치한다. 이로써 그 두 유형 신경절세포의 존재가 데이터로부터의 직접 학습을 통해 입증된다.

이 예측 모형들은 수염으로부터 입력을 받는 첫 뉴런들의 스파이크를 예측할 때도 매우 효과적이다. 그 뉴런들은 스파이크의 시점을 엄청나게 정밀하게 조절한다. 관련 실험에서 모형들은 수염 굴곡의 갑작스러운 변화가 그 뉴런들의 스파이크를 정확하게 예측함을 학습했다.[16] 그런데 왜 수염의 굴곡이 갑자기 변화할까? 수염이 무언가에 부딪히기 때문이다. 따라서 그 뉴런들은 수염이 세계 안의 어떤 물체를 언제 어떻게 건드리는지에 관한 신호들을 아주 정확하게 전송한다. 이에 못지않게 다음 결과도 중요한데, 수염이 기울어진 각도는 스파이크를 전혀 예측하지 않음을 그 모형들은 학습했다. 그렇게 스파이크를 예측함으로써 이 모형들은 수염이 설치동물 뇌의 나머지 부분에 세계에 관해 해줄 수 있는 말과 해줄 수 없는 말을 우리에게 알려준다.

그러나 겉질 내부로 더 깊이 들어갈수록 스파이크에 기초하여 외부 세계에서 일어나는 일을 예측하기가 더 어려워진다.[17] 예측 모형들이 뇌의 깊은 곳에서 발생하는 스파이크의 의미에 관해 알려주는 바는 미미하다(지난 몇 번의 도약에서 우리가 올라탄 스파이크들이 그런 스파이크다). 왜냐하면 예측 모형들은 한 뉴런의 스파이크에 대한 예측에서 몇 퍼센트 이상의 오류를 범하기 때문이다. 일차 수염 뉴런들의 스파이크는 수염의 굴곡을 통해 아주 잘 예측된다. 그러나 그 뉴런들에서 겨우 세 번 시냅스 틈새를 건너면 도달하는 겉질의 수염 담당 부분에서조차도 예측 모형들은 버벅거린다.[18]

예측 모형들에서 오류가 발생하는 주요 원인 하나를 우리는 이미 알고 있다. 바로 가지돌기다. 3장에서 보았듯이, 뉴런의 가지돌기로

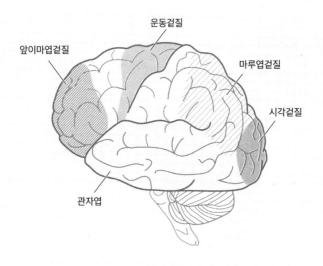

그림 7-5 우리의 여행에서 등장하는 겉질의 핵심 구역들.

들어오는 입력들의 소나기는 단지 가중치를 받고 합산되는 것이 아니라 극적으로 변형될 수 있다. 그리고 그 변형이 뉴런이 전송하는 스파이크와 외부 세계 사이의 관계를 극적으로 변화시킬 수 있다. 실제로 페론과 동료들은 수염을 담당하는 겉질 부분에서 스파이크를 유의미하게 예측하려 애쓰면서, 수염의 휘어짐과 기울어짐 등 세계 내 사건들을 복잡하고 지저분한 형태로 변형하는 법을 학습한 모형을 제작해야 했다. 그래야 단일 뉴런 하나의 출력을 조금이나마 근사하게 예측할 수 있었다. 그러나 우리가 겉질 속으로 더 깊이 들어가면서 많은 틈새를 건너고 많은 뉴런을 거치면 가지돌기보다 더 큰 장벽이 우리를 막아선다. 예측 모형으로부터 스파이크의 의미를 추론하는 것을 막는 가장 큰 장벽은 단순하게도 다른 뉴런들이다.

이 사실에 어리둥절할 수도 있다. 지금 우리가 정확히 어디에 있지? 아주 훌륭한 질문이다. 나는 의도적으로 우리의 위치를 모호하게 만들었다. 우리는 '무엇 고속도로'를 따라 여행했고, 또한 동시에 우리 자신을 복제하여 '하기 고속도로'를 따라 여행했다. '무엇 고속도로'는 우리를 앞이마엽겉질이라는 수수께끼 같은 구역의 출발점에 데려다놓았다. 겉질 전체의 앞쪽 3분의 1인 그 구역은 대충 우리의 귀보다 앞에 놓인 모든 겉질이다. '하기 고속도로'는 우리를 마루엽겉질의 한 부분에 데려다놓았다. 마루엽겉질은 우리의 귀 위와 뒤에 위치한 큰 띠 모양의 구역이다(그림 7-5). 이제 이 겉질 구역들의 특정한 작은 부분이 하는 일을 정확히 알아내기가 더 어려워졌다. 게다가 그 부분들의 역할은 서로 얽혀 있다. 앞이마엽과 마루엽에 있는 뉴런들은 서로를 향해 축삭돌기를 뻗는다. 따라서 우리는, 원한다면 스파이크를 타고 두 뉴런 사이를 계속 오갈 수도 있다.

정말이지, 앞이마엽겉질과 마루엽겉질은 뇌의 루브르박물관이다. 터무니없이 방대해서 한 번만 방문해서는 충분히 감상하기가 불가능하며, 취향이 아무리 독특하더라도 그 취향에 맞는 무언가를 발견할 수 있다. 수많은 사례 가운데 하나를 고르면, 가장자리앞겉질prelimbic cortex은 도자기 전시실과 유사하다. 도자기를 좋아하는 사람에게는 다행이다. 거기에 온종일 머물며, 그 구역의 뉴런들이 오류를 범한 뒤에 어떻게 스파이크를 전송하는지 보면서 경탄할 수 있을 것이다. 그 뉴런들은 동일한 결정을 다시 내리기 전에 시간을 더 쓰게 만들기 위해서 스파이크를 그렇게 전송하는 듯하다.[19] 도자기가 취향이 아니라면 서둘러 전시실 출구로 빠져나가면서 촘촘히 늘어선 접시들을 흘끗 보라. 충분히 열심히 본다면, 확신하건대 오순절 지나 둘째 수요일에 쥐 한 마리가 빵모자를 쓰고 좌회전할 때만 점화하는 뉴런을 앞이마엽겉질에서 발견할 것이다. 왜냐하면 거기에는 그런 뉴런들이 엄청나게 많기 때문이다. 우리는 무언가와 상관되어 있는 듯한 뉴런을 항상 발견할 수 있다.

짐작하건대, 우리가 이 겉질들에 도착해서 운동겉질로 빠져나갈 때까지 걸리는 시간은 기껏해야 몇십 밀리초다. 단, 우리가 따분한 경로를 선택했을 때만 그렇다. 그러니 우리는 축삭돌기에서 미시적인 틈새를 건너 가지돌기에 도달하는 방식으로, 층층이 배열된 뉴런들을 오르내리고 백색질로 뛰어들어 다른 구역들로 건너가는 흥미로운 경로를 선택하자. 나는 당신을 〈밀로의 비너스〉〈모나리자〉〈마를리의 말들〉 같은 주요 볼거리로 안내할 것이다. 우리가 스파이크 클론 하나에 올라타 앞이마엽겉질 깊숙이 뛰어들면 처음 만나게 되는 볼거리는 가장 외로운 뉴런이다.

우리의 감각 장치에서 유래한 입력들로부터 가장 멀리 떨어져 있고, 우리의 근육으로 향하는 출력들로부터도 가장 멀리 떨어져 있는 뉴런. 그 뉴런은 피자의 맛, 갓 구운 빵의 냄새, 저녁노을의 짙은 빨간색, 아기 손의 촉감을 전혀 모를 것이다. 그러나 그 뉴런은 이 모든 것의 머나먼 메아리를 받을 것이다. 우리의 스파이크뿐 아니라 수백만 개의 유사한 스파이크가 겉질 전역에서 그 가장 외로운 뉴런에 도착하여 메시지를 전달한다.

그리고 바로 그것이 핵심이다. 만일 외부 세계에서 일어나는 사건에만 주목한다면, 우리는 다른 뉴런들이 그 가장 외로운 뉴런에 미치는 영향을 깎아내리는 것이다. 그 다른 뉴런들은 온갖 정보를 전달하는데, 우리는 그 정보를 짐작할 수 없다. 더 심각한 문제는 2형 암흑 뉴런들이다. 이 뉴런들은 그 무엇에 대한 반응도 아닌 스파이크를 전송하는 듯하다. 쿠키를 앞에 놓고 번뇌에 빠진 우리의 뇌에서, 그 가장 외로운 뉴런으로 모여드는 스파이크들이 운반하는 메시지는 다음과 같을 것이다. "당신은 약간 피곤하다. 당도가 높고 열량이 풍부한 소량의 원기회복제가 필요하다. 책상 네 개 너머에서 아이드리스와 카이가 진지한 대화에 빠져 지껄이는 소리가 들린다. 시야를 가로지르는 운동, 곧 세라의 움직임을 본다. 책상 앞 의자에 앉은 몸을 느낀다. 머리가 쿠키 상자와 그 너머가 보이는 방향으로 향해 있음을 감지한다. 책상과 쿠키가 놓인 위치가 사무실의 구석진 귀퉁이, 창문 근처, 야자나무 화분에 가려져 있어서 엘리베이터에서 누군가가 갑자기 내려도 쿠키 드라마를 목격하고 끼어들 수 없는 곳임을 의식한다." 그 모든 입력 스파이크들의 의미를 모른다면 앞이마엽겉질 뉴런의 스파이크를 어떻게 예측할 수 있겠는가?

개수주의, 시간주의, 예측주의. 이것들은 모두 단일한 뉴런의 출력에 관한 견해다. 이 책이 뭐라도 알려주는 것이 있다면, 그것은 새로운 스파이크 하나를 창출하려면 뉴런 하나의 출력보다 훨씬 더 많은 것이 필요하다는 사실이다. 새로운 스파이크 하나는 공간(어떤 뉴런들이 스파이크를 보냈는가)과 시간(그것들이 언제 스파이크를 보냈는가) 안에 배치된 뉴런 수백 개의 출력에서 유래한 모든 메시지의 요약이다. 개수주의자와 시간주의자는 틀린 질문을 하고 있는 것이다. 의미는 한 뉴런의 스파이크들이 아니라 뉴런 군단의 스파이크들이다. 한 뉴런이 무엇을 전송하는지 묻지 말고 무엇을 받는지 물어라.

누가 스파이크를 전송하는가

뉴런 군단이 전송하는 스파이크들의 의미를 묻는 것은 한때 과학 허구의 영역으로 보였다.[20] 그러나 최근에 도래한 시스템 신경과학의 황금시대는 그 모든 것을 바꿔놓았다. 폭발적으로 발전한 기록 기술 덕분에 우리는 마침내 뉴런 수백 개를 동시에 기록할 수 있게 되었다. 단일 뉴런 하나에서 나온 스파이크들로부터 세계를 예측하려 애쓰는 대신에 많은 뉴런을 기록하면, 스파이크의 의미에 관하여 다른 생각을 펼칠 길이 열린다. 중요한 것은 얼마나 많은지 혹은 언제인지가 아니라 누구인지다. 어떤 뉴런들이 동시에 스파이크를 전송하는지가 중요하다.

그리하여 현재 나의 실험실을 비롯한 많은 곳에서는 다음과 같은 새로운 질문을 제기한다. "스파이크를 전송하고 있는 뉴런들의 패턴으로부터 외부 세계의 사건을 예측할 수 있을까?" 사진 두 장 중 하나를 반복해서 보여주면서, 시각 담당 겉질의 한 부분에서 뉴런 3개를 기록한다고 해보자. 한 사진 속에는 배와 생강과 초콜릿으로 만든 탐나는 쿠키가 있고, 다른 사진 속에는 녹색 드래곤 봉제 인형(이름은 스티브)이 있다. 만일 그 뉴런 3개가 이 두 사진의 차이와 유관한 무언가를 함께 코드화했다면, 그것들이 쿠키 사진에 반응할 때 전송하는 스파이크 패턴은 드래곤 사진에 반응할 때와 두드러지게 달라야 할 것이다. 그러나 그것들이 동일한 그림에 반응할 때 항상 똑같은 패턴을 전송할 필요는 없다. 실제로 이미 보았듯이, 세계 안의 동일한 사건에 대한 단일 뉴런의 반응은 때때로 재현 가능성이 매우 높지만, 대다수 뉴런에서 거의 모든 때에 그 반응은 상당히 가변적이며 심지어 반응이 전혀 없을 때도 있다. 그러나 둘 이상의 뉴런을 관찰함으로써 우리는 설령 몇몇 개별 뉴런이 패턴을 망치고 있더라도 뉴런들의 스파이크 전송 패턴이 대체로 유사함을 판정할 수 있다.

대체로 유사한 그 패턴들을 발견하는 방법은 역시나 모형으로 하여금 그것들을 학습하게 하는 것이다. 우리는 이런 질문을 던진다. "눈에 제시된 사진을 뉴런 활동 패턴으로 예측할 수 있는가?" 우리는 쿠키 사진이 제시되었을 때 발생한 패턴 몇 개와 드래곤 사진이 제시되었을 때 발생한 패턴 몇 개로 모형을 훈련하여 패턴들 사이의 일관된 차이를 발견하는 법을 터득하게 한다. 그런 다음에 모형에게 그 뉴런 3개가 동일한 그림들에 반응하여 전송한 스파이크 패턴들을 더 많이 주고 그것들 각각이 어떤 사진에 대한 반응인지 판정하게 한다. 이 방법을 일컬어 "집단 탈코드화 population decoding"라고 한다. 기록된 군단―뉴런 10개, 20개, 또는 100개―의 활동에 초점을 맞춰라. 그리고 X(사진 또는 소리) 이후 그 군단의 활동 패턴이나 Y(선택 또는 운동) 이전 그 군단의 활동 패턴을 식별할 수 있는지 알아보라.[21] 실제로 겉질 전역에서 식별이 가능하다. 우리는 활동하는 뉴런들의 패턴으로부터 외부 세계에서 일어나고 있는 사건을 거의 완벽하게 예측할 수 있다.

다시 V1으로 돌아가자. 우리가 첫째 단순 세포를 떠날 때 주변 뉴런들에서 유래한 스파이크들을 수집했더라면, 우리는 우리 뉴런과 그 이웃들이 바라보고 있던 세계 내 픽셀들을 가로지르는 경계선의 각도를 완벽하게 탈코드화할 수 있었을 것이다.[22] 우리는 어떤 뉴런들이 얼마나 많은 스파이크를 전송하는지에 관한 유일무이한 패턴을 포착했을 텐데, 그 패턴은 쿠키의 바삭한 윗면이 이룬 아름다운 기울기에 대한 반응이었을 것이다. 겨우 여남은 개의 뉴런만 관찰했더라도 그 패턴을 충분히 포착했을 것이다. 그 패턴은 쿠키가 눈에 띈 시점으로부터 겨우 몇십 밀리초 뒤에 발생했으니까 말이다.

더 나아가 우리가 듣지 않고 말하기만 하는 2형 암흑뉴런을 알았더라면, 우리는 V1에서 그 뉴런들이 실은 모종의 역할을 한다는 것을 집단 탈코드화 기법으로 보여줄 수 있었을 것이다. 예컨대 조엘 질버버그Joel Zylberberg는 생쥐의 시각겉질 뉴런 수백 개의 활동 기록을 연구했다. 기록 당시 생쥐는 여덟 방향 중 하나로 운동하는 경계선들을 응시하고 있었다.[23] 기록된 뉴런 수백 개 중 일부는 그 운동 방향들 중 하나를 확실히 선호했다. 반면에 많은 뉴런은 선호하는 방향이 전혀 없었다. 그것들은 활동하지만 듣지 않는 2형 암흑뉴런이었는데, 일반적인 2형 암흑뉴런보다 더 난감하게 행동했다. 질버버그는 튜닝된 뉴런들의 활동 패턴만 기초로 삼을 때보다 그 활동과 암흑뉴런들의 활동을 종합한 패턴을 기초로 삼을 때 운동 방향을 더 일관되게 탈코드화할 수 있음을 발견했다.

수염을 담당하는 뉴런들에 대한 연구에서도 유사한 결과가 나왔다. 설치동물에서 수염을 전담하는 특수한 겉질 부분을 연구한 서식스 대학교 미구엘 마라발Miguel Maravall 연구팀은, 소규모 뉴런 집단이 전송하는 스파이크들에 기초해서는 수염들이 쓰다듬는 표면이 거친지 아니면 매끄러운지 알아낼 수 없음을 발견했다.[24] 어쩌면 기껏해야 뉴런 4~5개로 이루어졌을 그 소규모 집단은 수염들이 다양한 질감의 사포들을 쓰다듬으며 보낸 즐거운 시간에 관해 전하는 메시지를 듣지 않는 듯했다. 그러나 그런 암흑뉴런 집단을 3개만 합쳐도 거칠함과 매끄러움의 차이를 쉽게 알아낼 수 있다. 이처럼 집단 탈코드화 기법은, 우리가 개별 뉴런들을 주시할 때는 안 보이는 듯한 메시지를 뉴런 집단의 스파이크들이 전달함을 보여줄 수 있다.

지금 우리는 앞이마엽겉질 안에 있다. 우리는 집단 탈코드화 기법으로, 즉 우리 뉴런과 이웃 뉴런들이 전송하는 스파이크들의 패턴을 관찰함으로써 무엇을 배울 수 있을까? 우리가 배우는 것은 심지어 단순한 과제들에서도 많은 복잡한 것들을 탈코드화할 수 있다는 사실이다. 실제로 우리는 뇌 전역에서 유래한 메시지들을 탈코드화할 수 있다.

스크린을 응시하는 원숭이의 앞이마엽겉질에 집단 탈코드화 기법을 적용하면 스파이크 군단으로부터 많은 것을 탈코드화할 수 있다. 원숭이로 하여금 끝없이 이어지는 듯한 그림 쌍들의 계열을 응시하게 하고 앞이마엽겉질의 뉴런 활동을 기록해보자. 그러면 과제를 수행하는 도중의 다양한 시점에서 발생한 스파이크들의 패턴으로부터 네 장의 그림 중 어느 것이 맨 먼저 제시되었는지, 다른 네 장의 그림 중 어느 것이 두 번째로 제시되었는지 완벽하게 알아낼 수 있다. 심지어 원숭이가 그 계열을 가지고 무엇을 해야 했는지도—그 계열을 기억해야 했는지, 기억과 비교해야 했는지, 눈을 움직여 그림들을 살펴봐야 했는지—정확히 알아낼 수 있다.[25] 원숭이로 하여금 가로세로 네 칸으로 이루어진 LED 격자를 응시하면서 어느 칸에 불이 켜지는지 주목하게 한 실험에서는 앞이마엽겉질의 뉴런 군단 활동으로부터 16개의 LED 칸 가운데 어느 것이 켜졌는지를 탈코드화할

수 있었다.[26]

심지어 동일한 시점에서 동일한 군단으로부터 세계의 다양한 특징들을 탈코드화할 수 있다. 어떤 과학자들은 쥐로 하여금 Y자 모양의 미로를 달리면서 갈림길에서 왼쪽 가지나 오른쪽 가지를 선택하게 했다. 그 쥐의 앞이마엽겉질의 스파이크 패턴들로부터 우리(정확히 말하면 나의 실험실에서 일하는 실비아 마기Silvia Maggi)는 쥐가 어느 가지를 선택할지를 그 선택 직전에 탈코드화할 수 있었으며, 또한 미로의 어느 가지 끝에 불이 켜져 있는지도 탈코드화할 수 있었다.[27] 그러니까 우리가 탐구한 그 소규모 뉴런 집단은 바로 지금 세계 안에 있는 것들(쥐의 눈에 보이는, 가지 끝에 있는 불빛)도 알고, 내면적인 것들(곧 이루어질 운동 방향 선택)도 알았던 것이다. 이렇게 메시지들이 수렴하다니, 정말이지 대단하다.

'하기 고속도로'의 끝에서도 우리는 주변 뉴런 군단의 스파이크들로부터 세계의 여러 특징을 탈코드화할 수 있다. 앤 처칠랜드Anne Churchland의 실험실에서 일하는 데이비드 라포소David Raposo와 매슈 카우프먼Matthew Kaufman은 실험용 쥐에게 클릭의 개수나 섬광의 개수(또는 양쪽 다)를 세는 복잡한 과제를 요구한 뒤 쥐가 내놓는 대답에 따라 보상용 먹이를 왼쪽 지급기나 오른쪽 지급기에서 제공했다. 쥐가 센 개수가 정답보다 더 적으면 왼쪽 지급기에서, 더 많으면 오른쪽 지급기에서 제공했다.[28] 마루엽겉질의 뒤쪽 끄트머리에 있는 뉴런 군단으로부터 그들은 쥐가 클릭 소리를 듣는지 아니면 섬광을 보는지 탈코드화할 수 있었으며, 또한 곧 실행될 쥐의 운동 선택(왼쪽 지급기로 가기 또는 오른쪽 지급기로 가기)도 탈코드화할 수 있었다. 처칠랜드 실험실의 연구와 우리 실험실의 연구 모두에서 뉴런 군단의 스파이크 패턴은 다양한 것들을 동시에 의미했다. 우리가 그 패턴을 어떻게 읽어내느냐에 따라 의미가 달라졌다.

(이쯤 되면 우리가 뇌를 깊이 이해한 듯하다는 흥분으로 가슴이 벅차오를 법하므로, 서둘러 탈코드화 오류에 관하여 한마디 해두겠다. 우리가 스파이크들로부터 X에 관한 정보를 탈코드화할 수 있다는 것은 실제로 뇌가 이 정보에 접근할 수 있다는 것을 의미할까?[29] 예컨대 뉴런 100개의 활동으로부터 우리가 전등이 켜져 있는지를 탈코드화할 수 있다고 해보자. 그렇다면 뇌는 전등이 켜져 있는지 여부를 '알까'? 반드시 그렇다고 확언할 수 없다. 우리가 확언할 수 있는 것은 이 세계의 상태들—전등이 켜져 있음과 꺼져 있음—사이에 차이가 존재하며, 우리가 뇌로부터 그것들이 다름을 탈코드화할 수 있다는 것이다. 그러나 세계 안에 있는 다른 무언가도 항상 우리의 관심 대상과 함께 달라질 수 있다. 우리가 눈여겨보지 않는 무언가도 마찬가지다. 이를테면 전등 스위치는 빛이 켜져 있을 때와 꺼져 있을 때 위치가 다르다. 그리고 뇌가 실제로 아는 것은 그 스위치의 위치일 수도 있다. 그러나 우리는 우리가 탈코드화한 바를 뇌가 아는지 여부를 검사할 수 있다. 이를 위해서는 우리가 탈코드화할 수 있는 정보, 혹은 우리가 그 정보를 탈코드화하는 방식이 어떠한 귀결들을 가짐, 즉 행동과 관련되어 있거나 다른 뉴런 활동을 예측함을 보여줄 필요가 있다.)

가장 외로운 뉴런은 실제로 겉질 전역으로부터 모여드는 메시지들을 받고 있다. '무엇 고속도로'의 끝에 있는 앞이마엽겉질과 '하기 고속도로'의 끝에 있는 마루엽겉질의 뉴런 군단으로부터 우리는 세계에 관한 많은 것들을 탈코드화할 수 있다. 심지어 세계의 다양한 특징들을 통시에 탈코드화할 수도 있다. 그리고 그 수렴하는 메시지들은 두 가지 작업을 위해 결정적으로 중요하다. 그 작업들은 쿠키를 둘러싼 고민을 해결하는 데 필수적이다. 무슨 말이냐면, 가장 외로운 뉴런들의 스파이크들은 지금 일어나고 있는 일만 의미하지 않는다는 뜻이다. 그것들은 또한 과거와 미래에 관한 메시지를 전달한다. 세계를 기억 속에 붙잡아두는 작업과 결정을 내리는 작업에 관한 메시지를 말이다.

그 생각을 붙잡아둬

세계—쿠키, 상자, 책상, 사람들, 사람들의 움직임—에 관한 다량의 정보를 모으는 것은, 만일 우리가 그 정보를 정신 안에 붙잡아둘 수 없다면 부질없는 짓이다. 모종의 단기 버퍼buffer(컴퓨터 내부의 정보 전송에 관여하는 임시 기억 장치—옮긴이)가 없다면, 우리가 이미 알아챈 세계 안의 모든 것을 담은 모종의 스냅숏snapshot(특정 시점의 시스템 상태를 기록해놓은 것—옮긴이)이 없다면, 우리는 세계에서 무슨 일이 벌어지고 있는지 알기 위해 매 순간 모든 것을 다시 보고 다시 듣고 다시 읽어야 할 것이다. 하지만 그렇게 매번 모든 것을 다시 감각하지 않아도 우리는 애덤이 1분 전에 "신선한 공기"를 마시기 위해서라며 미심쩍게도 작은 직사각형 갑을 주머니에 넣으며 밖으로 나갔으니 지금 뒤의 책상에는 그가 없고 따라서 쿠키 드라마를 방해할 수 없음을 안다. 혹은 우리가 의자에 앉아 있다는 사실에 끊임없이 놀라지 않을 수 있다.

우리 뇌 속에 그런 버퍼가 있으려면 두 가지가 필요하다. 첫째, 현재 일어나고 있는 일에 관한 메시지들이 한곳으로 모일 필요가 있다. 모습, 소리, 장소, 사람, 얼굴에 관한 메시지가 모두 모여 현재 세계의 스냅숏을 창출할 필요가 있다. 둘째, 그 메시지들을 받아서 완충할buffer 뉴런들, 즉 그저 스파이크 1~2개를 전송할 뿐 침묵하지 않고, 우리가 그 스냅숏을 정신 안에 붙잡아둘 필요가 있는 기간만큼 오래 스파이크의 흐름을 전송할 뉴런들이 필요하다. 그리고 그런 버퍼가 들어서기에 딱 알맞은 장소가 앞이마엽겉질에 있다.

앞이마엽겉질의 일부 구역들이 메모리 버퍼의 역할을 하는 것이 틀림없음은 오래전부터 알려져 있었다. 앞이마엽겉질이 상당히 손상되면 이 단기 기억이 고장난다.[30] 그 손상은 어떤 항목을 몇 밀리초보다 오래 정신 안에 붙들어두는 능력을 앗아간다. 앞이마엽겉질이 손상되었다고 해보자. 누군가 쿠키가 담긴 상자와 빈 상자를 보여주고 뚜껑을 닫은 후 보자기로 몇 초 동안 가렸다가 보자기를 걷고 상자들을 보여주면서 쿠키가 담긴 상자를 지목하라고 했을 때 우리는 어느 상자가 정답인지 전혀 모를 것이다. 여기에서 알 수 있듯이, 앞이마엽겉질은 기억이 완충되어 있는 내내 스파이크 점화를 지속하는 뉴런들을 보유해야 한다.

앞이마엽겉질의 여러 구역을 누비는 와중에 스파이크 클론들과 더불어 틈새들을 건넌 우리는 확실히 기억을 붙잡고 있는 것처럼 보이는 뉴런들에 도달한다. 우리는 그런 뉴런 하나의 가지돌기에서 전압 펄스 무리에 섞여 본체로 내려가면서 뉴런 내부의 이온들이 뒤섞여 있는 것을 본다. 그것을 보면 몇십 밀리초 전에 그 뉴런이 스파이크를 전송했음을 알 수 있다. 우리는 우리의 펄스와 동행들이 걷잡을 수 없는 스파이크 생산 과정에 진입했음을 느낄 수 있다. 또한 뒤에서 가지돌기를 따라 내려오는 전압 펄스들의 물결을 보니, 추가 스파이크의 발생이 임박했음도 알 수 있다. 스파이크들이 지속된다. 하지만 과연 이것이 기억일까?

뇌에게 작업기억working memory 과제를 냄으로써 이를 알아볼 수 있다. 오로지 지체 시간 동안 약간의 정보를 메모리 버퍼에 붙잡아둠으로써만 그런 과제를 해결할 수 있다. 이를테면 어느 그릇 안에 선물이 들어 있는지 보고 나서 뚜껑을 덮은 뒤에 그 그릇을 지목하는 것이 작업기억 과제다. 또는 십자형 미로의 중심에 있는 쥐가 방금 어느 길로 갔는지를 정신 속에 붙잡아두는 것도 작업기억 과제다. 한 번 갔던 길로 다시 가는 것이 허용되지 않는 상황에서 쥐는 이 과제를 해결할 수 있어야 한다. 이런 작업기억 과제들에서 앞이마엽겉질의 개별 뉴런들은 지연 시간 내내 신뢰할 만하게 스파이크를 전송한다. 마치 기억이 유지되는 것처럼 말이다.[31] 심지어 우리는 그 기억들이 세부적이라는 것도 보여줄 수 있다. 즉 개별 뉴런들은 기억할 필요가 있는 정보의 다양한 측면들에 대응하는 스파이크들을 전송한다는 것을 입증할 수 있다.

 1989년에 이루어진 고전적인 실험에서 퍼트리샤 골드먼-래킥 Patricia Goldman-Rakic의 실험실에 소속된 후나하시 신타로Funahashi Shintaro와 동료들은, 원형으로 배치된 전구 8개 중에 어느 것이 몇 초 전에 섬광을 냈는지를 원숭이가 기억하고 있을 때 앞이마엽겉질의 몇몇 뉴런이 많은 스파이크를 전송함을 보여주었다. 마치 섬광을 낸 전구의 기억이 지속되는 것처럼 말이다.[32] 그런 뉴런 각각은 특정 위치를 선호했다. 즉 특정 위치에 있는 전구가 섬광을 냈을 때 가장 많은 스파이크를 전송했다. 그리고 실제로 섬광을 낸 전구가 그 선호되는 위치에서 멀리 떨어져 있을수록 더 적은 스파이크를 전송했다. 각각의 완충 뉴런buffering neuron이 어느 전구가 섬광을 냈는지에 관한 세부적인 기억을 붙잡고 있었던 것이다. 이와 유사하게, 라눌포 로모 Ranulfo Romo의 실험실에서 일하는 연구자들은 띠 모양의 금속 조각이 얼마나 빠르게 진동하면서 원숭이의 손가락 끝을 건드렸는지를 원숭이가 기억하고 있는 동안 앞이마엽겉질의 뉴런들이 스파이크를 전송함을 일련의 실험을 통해 보여주었다.[33] 여기에서도 특정 대상을 선호하는 일부 완충 뉴런들은 진동수에 비례하는 개수의 스파이크를 전송했다. 이 복잡한 기억들, 즉 어디에서 전구가 섬광을 냈는지에 관한 기억과 물체가 얼마나 빠르게 진동했는가에 관한 기억은 서로 다른 감각을 통해 형성되지만, 스파이크들이 가장 외로운 뉴런들로 모여드는 덕분에 같은 장소에 보관된다. 그 장소가 앞이마엽겉질이다.

 하지만 역시나 2형 암흑뉴런들 때문에 앞이마엽겉질에 대한 이해가 까다로워진다. 그곳에 있는 뉴런의 대다수는(심지어 스파이크를 전송하는 뉴런들도) 무언가를 기억할 필요성에 거의 관심이 없는 것으로 보인다. 후나하시와 동료들은 총 288개의 뉴런을 기록했는데, 그중 87개, 곧 30퍼센트만 전구의 섬광과 출발 신호 사이의 지체 시간 동안 스파이크 점화의 변화를 일관되게 나타냈다. 그러나 앞이마엽겉질에 있는 뉴런 집단을 주목하면 기억의 유지는 명백한 사실이다.[34]

어느 실험에서 뉴런들의 연합 활동은 금속 조각이 얼마나 빠르게 진동하며 손가락 끝을 건드렸는지에 관한 완벽한 기억을 담고 있었다.[35] 심지어 금속 조각이 진동한 때로부터 얼마나 긴 시간이 흘렀는지에 관한 기억도 그 연합 활동에 들어 있었다. 집단 탈코드화 기법을 사용하면, 16개의 전구 가운데 정확히 어느 것이 섬광을 냈는지에 관한 기억도 확인할 수 있다.[36] 더욱 멋지게도, 앞이마엽겉질에 있는 그 뉴런 집단들은 기억을 유지할 것을 우리가 명시적으로 요구하지 않더라도 기억을 유지한다.

나의 팀은 쥐가 Y자형 미로에서 왼쪽 가지나 오른쪽 가지를 선택한 후 자신의 선택이 옳았는지 여부를 깨닫고 나서 쪼르르 돌아올 때 쥐의 앞이마엽겉질을 들여다보았다.[37] 옳은 선택에 대한 보상은 영광의 초콜릿 우유였다. 우리는 쥐가 출발점으로 돌아올 때 무엇을 곰곰이 생각하는지 알고 싶었다. 실패를 반성하거나 성공의 기쁨에 흥청거릴까? 왼쪽으로 간 것은 잘한 짓이었다는 기억이나 오른쪽으로 간 것은 시간낭비였다는 기억을 유지하고 있을까? 우리는 뉴런 활동을 여러 번 기록했는데, 매번 소수의 뉴런(최대 20퍼센트, 때로는 0퍼센트)

만이 왼쪽을 선택했을 때와 오른쪽을 선택했을 때, 바꿔 말해 초콜릿 우유를 획득했을 때와 획득하지 못했을 때 서로 다른 패턴으로 스파이크를 생산했다. 압도적인 다수는 2형 암흑뉴런이었다. 그 뉴런들은 스파이크를 생산했지만 방금 일어난 일에 관한 기억을 드러내지 않았다.

그러나 집단 탈코드화 기법을 사용하여 우리는 앞이마엽겉질에 있는 그 작은 뉴런 집단들이 모든 것을 기억할 수 있음을 보여줄 수 있었다. 방금 한 선택도 기억하고 우유를 획득했는지도 기억했다. 우리가 거둔 멋진 성과는 이것인데, 비록 개별 뉴런은 아무것도 기억하지 못하는 듯해도 앞이마엽겉질에 있는 스파이크 군단은 기억한다는 것이다. 더구나 해결해야 할 과제가 무언가를 기억할 것을 명시적으로 요구하지 않을 때도 그러했다. 선택과 그 결과를 기억하는 것은 결국 영리한 행동인 듯하다. 이것이 그 자동적인 기억의 이유일 것이다.

그리하여 우리는 오롯이 결정의 순간으로 돌아온다. 이제 결정할 때다. 우리가 앞이마엽겉질의 뉴런을 떠나는 스파이크에 올라탈 때, 우리의 스파이크와 주위의 스파이크들은 핵심 사안에 관한 기억을 보유하고 있다. 맞은편 갈색 책상 위 골판지로 된 낡은 상자 안에 쿠키가 있다는 것, 상자 뚜껑이 열려 있다는 것, 뒤에 애덤이 없다는 것, 세라가 사무실을 가로지르지만 멀어지고 있으며 우리를 보고 있지 않다는 것, 넥타이뿐 아니라 머리끝부터 발끝까지 흉측한 그레이엄은 적당히 먼 곳을 응시하고 있으며 어쩌면 이해할 수 없는 이유로 내일 착용하기로 한 라임색–갈색 넥타이에 정신이 팔려 있다는 것, 아이드리스와 카이는 책상 몇 개 너머에서 전자레인지 청소 당번을 두고 논쟁에 빠져 있다는 것이 그 핵심 사안이다. 스파이크와 그 동지들은 우리에게 필요한 모든 정보를 보유하고 있다. 이제 그 정보를 종합하여 결정을 내릴 때다. 쿠키를 집을 것인가, 말 것인가?

어떤 뉴런은 합산하지 않는다

많은 경우 우리는 결정(판단)을 위하여 각각의 선택지를 옹호하는 증거를 합산할 필요가 있다. 그러려면 쏟아져 들어오는 세계의 상태에 관한 정보를 모으고, 어느 선택지를 고를지 저울질해야 한다. 뇌 속 어딘가에서 증거가 합산된다면 그곳은 세계에 관한 정보가 모여드는 곳이어야 한다. 이번에도 완벽한 장소는 앞이마엽겉질과 마루엽겉질의 가장 외로운 뉴런들인 듯하다. 그리고 실제로 그러하다.[38]

우리는 앞서 언급한 무작위한 점들 덕분에 이 사실을 안다(그림 7-6). 따분한 실험에 참가한 원숭이들을 기억하는가? 그놈들은 점들이 어느 방향으로 움직이는 것 같은지 판단하고 눈을 그 방향으로 돌려야 했다. 원숭이들에게 주어진 선택지는 2개뿐이었다. 즉 점들이 왼쪽이나 오른쪽으로 움직인다고 판단하는 것 외에 다른 선택지는 없었다. 그리고 필요한 증거를 제공하기에 딱 알맞은 장소에 위치한 구역은 '하기 고속도로'의 일부이며 운동을 좋아하는 뉴런들로 가득 찬 MT 영역이다.[39] 만일 모든 점들이 동일한 방향으로 움직이면, MT

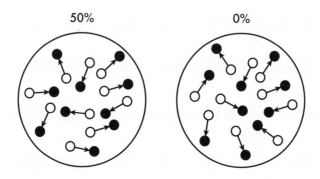

그림 7-6 무작위하게 움직이는 점들을 보고 방향을 판단하는 과제에서 점들은 원 안에서 운동한다. 점들의 현재 위치(흰색 동그라미)와 다음 위치(검은색 동그라미)를 잇는 화살표는 점 각각의 운동을 나타낸다. 과제 수행자의 임무는 점들을 보고 좌향 운동과 우향 운동 가운데 어느 쪽이 더 많은지 판단하는 것이다. 많은 점—왼쪽 원에서는 전체의 절반—이 동일한 방향으로 움직이면 과제를 수행하기가 쉽다. 오른쪽 원에서처럼 우리는 동일한 방향으로 움직이는 점들이 없게 만든 다음에 과제 수행자에게 판단을 요청할 수 있다. 이 경우에는 정답이 없는데도 말이다. 그러면서 우리는 판단에 대응하는 신경 활동을 살펴볼 수 있다.

영역에 있으며 그 방향을 좋아하는 모든 뉴런이 격렬하게 스파이크를 점화하여 점들의 운동 방향에 관한 증거를 풍부하게 전송한다. 만일 소수의 점만 일관되게 동일한 방향으로 움직이면, 그 방향을 좋아하는 뉴런 중 소수만 스파이크를 점화하여 점들의 운동 방향에 관한 약한 증거를 전송할 테고, 무작위로 움직이는 점들에 반응하는 다른 뉴런들에서 유래한 많은 불규칙한 스파이크가 추가로 끼어들 것이다. 이 증거를 모아 결정을 내리려면, MT 영역의 하류 어딘가에서 저 스파이크들이 합산되어야 할 것이다.

마루엽겉질의 뒤쪽 끝과 앞이마엽겉질의 몇몇 부분(양쪽 다 MT 영역 뉴런들의 표적 구역이다)에서 정확히 그 합산이 이루어지는 것을 우리는 볼 수 있다.[40] 이 구역들에 있는 일부 뉴런은 자신이 선호하는 방향으로 점들이 움직이는 동안 더 많은 스파이크를 점화한다. 그리고 마치 증거를 합산하고 있는 것처럼, 그 방향으로 움직이는 점들이 더 많을수록 스파이크의 개수가 더 빠르게 증가한다. 그러다가 그 한 방향 증거 수집 뉴런들의 활동이 충분히 증가하면, 바꿔 말해 그 뉴런들이 어떤 문턱에 도달하면 원숭이는 그 방향을 바라본다. 즉 원숭이는 점들이 그 방향으로 움직이고 있다고 판단한다.

우리는 그것이 판단이라는 것을 어떻게 알까? 우리가 오류를 볼 수 있고 결정을 강제할 수 있으며 인과관계를 조작할 수 있기 때문이다. 원숭이가 오류를 범할 때, 즉 틀린 방향을 바라볼 때 먼저 문턱에 도달하는 것은 그 틀린 방향을 옹호하는 증거 수집 뉴런들의 활동이다.[41] 때때로 우리는 모든 점이 무작위하게 움직여 정합적인 방향이 없도록 만들어놓고 원숭이에게 판단을 요구한다. 그러면 원숭이가 어느 방향을 선택하든 그 방향을 옹호하는 증거 수집 뉴런들의 활동이 먼저 문턱에 도달한다. 더 나아가 우리가 개입하여 스파이크의 개수를 변화시킴으로써 인과관계를 조작하면 원숭이의 판단이 바뀐다. MT 영역에서 동일한 방향을 선호하는 뉴런들의 집단을 자극하여 많은 스파이크를 전송하도록 강제하면 원숭이의 판단이 그 방향으로 일관되게 치우친다. 마치 증거 수집 뉴런들이 우리가 조작을 통해 추가한 증거를 합산하는 것처럼 보인다.[42]

이쯤 되면 개수주의자의 꿈이 이루어진 듯하다. 개별 뉴런들이 스파이크의 개수를 통해 메시지를 주고받는다는 것, 증거와 증거의 축적이 모두 스파이크 흐름의 밀도 안에 담겨 있다는 것이 입증된 듯하니 말이다. 그러나 역설적이게도 우리는 다름 아닌 결정(판단) 활동에서 뉴런 군단 전체를 보게 된다. 우리가 증거 수집 뉴런을 가장 많이 보유한 마루엽겉질 구역들을 꺼버리더라도 아무런 변화가 일어나지 않는다.[43] 과제를 수행하는 원숭이와 쥐는 아무 지장 없이 결정을 내린다. 그놈들의 오류율, 결정 속도, 과제의 난이도에 대한 주관적 느낌은 측정할 수 있을 만큼 변화하지 않는다. 마루엽겉질의 뉴런들은 아무 지장 없이 스파이크의 개수에서 증거를 수집한다. 알고 보면 변화가 일어날 필요가 전혀 없다.

튜닝과 기능은 별개의 사안이기 때문이다. 한 뉴런이 무언가에 반응하여 스파이크를 전송한다고 해서, 그 무언가를 다루는 과정에서 그 뉴런이 인과적인 역할을 한다고 결론지을 수는 없다. 한 뉴런이 어떤 경계선에 반응할 수도 있고, 팔 운동에 앞서 특이하게 활동할 수도 있고, 지체 시간에 활동이 증가할 수도 있지만, 꼭 그래야 하는 것은 아닐 수도 있다. 뇌는 잉여를 풍부하게 보유한 시스템이다. 뇌는 동일한 문제를 다양하게 해결할 수 있고, 다수의 뇌 시스템이 동일한 역할을 제각기 다른 방식으로 수행할 수도 있다. 그리고 우리는 뇌가 잉여가 풍부한 시스템이라는 증거를 특히 결정 활동에서 명확하게 발견한다. 증거 수집 뉴런들은 뇌의 큰 부분들 전체에, 곧 앞이마엽겉질과 마루엽겉질 곳곳과 겉질 아래의 중대한 구역들에 분포해 있다.[44] 그러나 우리가 개별적으로 꺼버릴 수 있는 증거 수집 뉴런의 대다수는 결정 전체에 거의 혹은 전혀 영향을 미치지 않는다.[45] 결정 활동은 생존에 필수적이므로, 뇌는 무슨 수를 써서라도 결정을 내리려 애쓸 것이다.

주위를 둘러보면, 결정 활동을 뉴런 군단이 주도하는 것은 놀라운 일이 아니다. 왜냐하면 결정 활동을 담당하는 앞이마엽겉질과 마루엽겉질의 부분들은 2형 암흑뉴런들로 꽉 차 있기 때문이다. 마루엽 뒤쪽 끄트머리에 있는 극소수의 뉴런만이 순수하게 증거를 수집하는 뉴런의 활동과 정확히 일치하는 활동을 나타낸다. 즉 그 뉴런들은 명확히 선호하는 방향이 있으며 점들의 운동에 의해 일관되게 활성화되고 자신이 선호하는 방향으로 점들이 움직일 때 활동이 증가한다.[46] 물론 여기에서도 많은 2형 뉴런의 스파이크 변화를 점들의 운동에 근거하여 부분적으로 예측할 수 있다.[47] 그러나 그 변화는 복잡하고 들쭉날쭉하고 기이하다. 점들이 스크린 안에서 움직이는 동안 2형 뉴런들의 스파이크 전송은 단순하고 신뢰할 만하게 증가하거나 감소하지 않는다.

반면에 짐작할 수 있듯이, 집단 탈코드화 기법을 앞이마엽겉질의 부분들에 적용하면 원숭이의 임박한 선택을 정확히 탈코드화할 수 있다. 그 결과는 어떤 개별 뉴런에 기초한 탈코드화 결과보다 더 우수하다.[48] 또한 집단 탈코드화의 성능은 누적된다. 무슨 말이냐면, 임박한 선택을 예측하는 능력이 점 운동 영화가 시작되는 순간부터 일관되게 향상되어, 원숭이가 결정을 내리기 직전에는 거의 완벽한 수준에 이른다. 결정을 내리는 주체는 뉴런 군단이다.[49]

우리는 앞이마엽겉질을 떠나는 스파이크 하나에 올라탄다. 우리 주변과 마루엽겉질에서 흐르는 스파이크들은 감각에서 유래한 증거를 합산하고 있다. 쿠키가 있고, 배가 고프고, 애덤은 자기 자리에 없고, 안젤라와 이시미얼은 딴 데를 보고 있고, 아바는 벌써 쿠키 하나를 먹었고, 졸라와 데이브, 샤니, 하미드도 마찬가지고, 여전히 배가 고프고, 손안에는 아무것도 없고, 또 이러하고 저러하고 어떠하다는 증거를 말이다. 그 모든 증거가 합산되어 이런 결정이 내려진다. "쿠키를 집어라!"

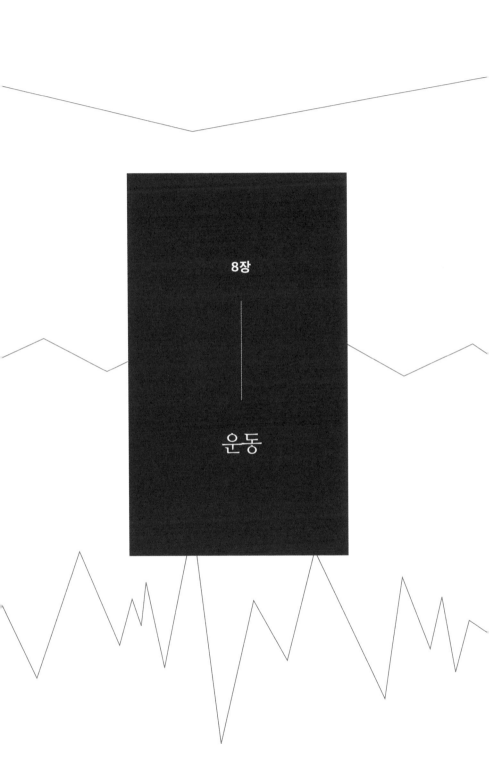

8장

운동

제자리에, 준비, 출발

쿠키를 집기로 결정한다. '무엇 고속도로'의 끄트머리에서 우리가 올라탄 스파이크는 우리 앞에 놓인 물체들을 식별하는 스파이크 군단의 일원이다. 필기체 글씨 "Cookies"가 적힌 골판지 상자 안의 바삭하고 밝은 갈색이며 생강 가루가 흩뿌려진 쿠키를 식별하고 주변의 그레이엄, 세라, 재니스, 아이드리스, 카이를 식별한 그 뉴런 군단은 모든 정보를 우리의 메모리 버퍼에 공급하고 앞이마엽겉질 및 마루엽겉질에 흩어져 있는 결정 담당 구역들에 공급했다. 그 결과 우리는 우리가 지금 무엇에 관해 결정하고 있는지 알고 있다. '하기 고속도로'의 끄트머리에서 우리의 클론이 올라타고 있던 스파이크는 쿠키의 정확한 위치(인접한 책상 위), 크기(크다), 방향(당신에게 등을 보이고 있다), 운동(고맙게도 멈춰 있다. 물론 지구가 돌고 있긴 하지만 우리의 기준틀 안에서 그 회전은 보이지 않는다. 우리는 전능하지 않다)에 관한 메시지를 운반하는 뉴런 군단의 일원이었다. 그 군단은 사무실 동료들과 배달원들과 온갖 뜨내기들이 어디에 있는지에 관한 메시지도 운반했다. 그 모든 메시지 역시 메모리 버퍼와 결정 담당 구역에 공급되었고, 그 결과 우리는 지금 어느 위치에 관하여 결정하고 있는지 알고 있다. 따라서 우리는 은밀한 쿠키 탈취 시나리오의 실현 가능성을 가늠할 수 있었다.

우리가 올라탄 스파이크는 지금 겉질의 운동 담당 구역들에 진입한다. 그 스파이크의 도착은 '손을 움직여 쿠키를 집어라'라는 메시지의 한 부분이다. 이곳의 뉴런들은, 척수로 내려가는 스파이크의 여행을 완성하고 스파이크들을 운동 뉴런들에 주입하고 싶어서 안달하는 중이다. 그 결과 운동 뉴런들에서 발생하는 스파이크는 근육들에게 이러저러하게 수축하라고 말할 것이다.

듣다 보면 간단하게 느껴진다. 그러나 스파이크의 관점에서 보면 전혀 간단하지 않다. '쿠키를 집어라'는 미리 프로그래밍된 행동이 아니다. 바꿔 말해, 쿠키 집기 전담 뉴런들이 처리하는 총체적 동작이 아니다. 그 간단한 '손 내밀어 움켜쥐기'는 수많은 근육의 조화로운 수축을 통해 이루어진다. 책상에 비스듬히 기댄 상체를 제어하려면 등과 배와 옆구리에 있는 근육들이 수축해야 하고, 어깨를 돌리려면 어깨 근육들이 수축해야 하고, 팔을 뻗으려면 위팔의 삼두근이 수축해야 하고, 손가락들을 적당히 벌려 바삭한 쿠키의 가장자리에 대려면 아래팔의 근육들이 수축해야 한다. 그런 다음에는 역방향의 조화로운 동작이 필요하다. 쿠키를 쥐려면 손가락들을 오므려야 하고, 팔을 다시 몸쪽으로 당기려면 팔 근육들이 수축해야 하고, 손이 크게 벌린 입으로 올라가도록 아래팔과 어깨가 회전해야 한다. 그러는 동안 등, 배, 옆구리에서 근육들의 이완과 수축의 연쇄가 복잡하게 일어나 몸이 검은색과 녹색의 그물망 등받이 의자에 포근하고 안락하게 앉은 자세로 복귀해야 한다.

걸질의 운동 부분들에 있는 뉴런들은 그 모든 것을 어떻게 해낼까? 소중한 쿠키를 향한 결정적 동작인 손 내밀어 움켜쥐기에 관해서는 경로들이 잘 밝혀져 있다.[1] 우리의 여행을 완성하려면, 손 내밀기가 준비되는 곳인 운동앞겉질을 지나 마루엽의 손 내밀기 계획 구역들을 가로지르고, 이어서 일차운동겉질로 나아가는 우리의 스파이크에 올라타야 할 것이다. 척추로 직접 축삭돌기를 보내는 뉴런의 대다수가 이 일차운동겉질에 있다. 마루엽의 손 내밀기 구역에 있는 뉴런 하나에서 발생한 스파이크에 올라탄 우리는 쿠키의 정확한 위치에 관한 메시지와 쿠키가 실제로 맛있다는 메시지를 운반하는 스파이크 군단의 일원이다.[2] 우리는 운동앞겉질 3층의 한 뉴런에 도착한다. 이 뉴런은 말 그대로 운동을 준비한다. 즉 팔이 움직이기 시작하는 순간보다 몇백 밀리초 앞서 이 뉴런에서 스파이크 전송이 급증한다.

앞 장에서 말한 대로, 개수주의자는 운동 뉴런을 몹시 좋아한다. 실제로 우리가 운동앞겉질에 오래 머물면서 이 운동 준비 과정에서 주변의 뉴런들이 생산하는 스파이크들의 개수를 센다면, 일부 뉴런들이 임박한 팔 운동에, 즉 임박한 근육들의 수축 및 이완 패턴에 튜닝되어 있다는 점이 드러날 것이다. 다른 뉴런들은 더 추상적인 변수들, 이를 테면 임박한 팔 운동의 방향(앞으로)이나 속도(빠르게), 또는 팔의 최종 위치(쿠키)에 튜닝되어 있음을 드러낼 것이다.[3] 그러나 우리 주변의 많은(어쩌면 대다수의) 뉴런에는 그런 튜닝이 없다. 더욱 혼란스럽게도, 운동 준비 단계에서 특정 튜닝을 가졌던 뉴런 중 다수가 실제 운동 단계에서 그 튜닝을 바꾸는 듯하다.[4] 튜닝된 뉴런들의 임무가 튜닝을 통해 연결된 운동을 일으키는 것이라면, 그런 튜닝 변경은 터무니없다. 그런데 이제까지의 여행에서 우리는 개별적으로 납득할 수 없는 단일 뉴런들의 이 같은 지저분한 뒤죽박죽에 관해 무엇을 배웠을까? 그렇다! 메시지는 많은 뉴런에서 유래한 스파이크들의 군단 안에 있다. 하지만 운동 준비 단계에서 그 메시지는 과연 무엇일까?

운동은 우리가 이제껏 접해보지 못한 새로운 문제를 부과한다. 팔 운동은 시간 속에서 진행되는 과정이다. 따라서 팔과 손을 움직이는 스파이크들은 제각각 딱 적당한 때 발생하여 옳은 근육들을 옳은 순서로 수축시켜야 한다. 또한 일단 운동이 시작되고 나면 스파이크들이 계속 발생할 필요가 있다. 즉 스파이크들은 자기 보존적일self-sustaining 필요가 있다.

펜을 집으려고 손을 내미는데 중간에서 갑자기 팔이 풀썩 떨어지는 일이 어떻게 일어나는지 아는가? 절대로 모른다. 왜냐하면 그런 일은 절대로 일어나지 않기 때문이다. 팔을 움직이기 시작하고 나면 스파이크들은 그 동작이 완결될 때까지 어떤 일이 벌어져도 아랑곳 없이 팔을 계속 움직인다. 그런 자기 보존적 스파이크들을 창출하려면 서로 연결된 뉴런이 많이 필요하다. 우리는 이 결정적인 대목을 이 장의 나중 부분과 다음 장에서 다시 다룰 것이다. 그러나 뉴런 군단이 자기 보존적 스파이크들을 옳은 서열로 전송할 수 있기 전에, 그 군단은 먼저 그 서열을 전송하기 시작할 준비를 갖춰야 한다. 그리고 이 것이 운동 준비 단계에서 이 수수께끼 같은 스파이크들이 하는 역할인 듯하다. 즉 운동앞겉질에 있는 스파이크들은 자기 구역의 뉴런들과 운동겉질의 뉴런들을 옳은 출발점으로 이끄는 듯하다. 이어서 옳은 서열로 스파이크들의 점화가 실행되고, 옳은 근육 수축 명령들이 내려지도록 말이다.[5]

잠깐 멈춰 생각해보자. 운동겉질이나 운동앞겉질에 있는 '팔' 뉴런들을 자극하면 팔이 움직인다. 반면에 운동을 준비할 때는, 겉질의 그 운동 담당 부분들에서 많은 '팔' 뉴런이 많은 스파이크를 전송하는데도 팔이 꼼짝도 하지 않는다. 만약에 그 스파이크들이 항상 '팔을 움직여라'를 의미한다면, 우리는 소중한 아이스크림에 접근하는 말벌을 쫓는 어린아이처럼 끊임없이 격렬하게 팔을 휘두를 것이다. 신경과학의 큰 수수께끼 하나는 어떻게 근육들이 가만히 있어야 할 때를 아는가 하는 것이다. 왜 우리는 항상 팔을 휘젓고 있지 않을까?

정답은 최근에 발견된 "영공간null space"에 있다. 명칭도 그렇지만 실상에서도 영공간은 과학 허구처럼 경이롭다. 지금 당장 우리가 앞 운동피질에서 척수로 내려가는 스파이크 하나에 올라탄다면, 우리는 대안 차원alternate dimension에 진입하게 되고 거기에서 그 스파이크는 세계에 어떤 영향도 미치지 못하게 된다. 이 차원은 겉질 운동 부분의 뉴런들 전체에 분포하는 스파이크들의 정교한 배열이며, 그 배열 안에서 팔(또는 다리, 손, 목) 운동 신호를 운반하는 스파이크들은 반대 짝들과 균형을 이루게 된다. 즉 특정 뉴런들의 스파이크 증가는 다른 뉴런들의 스파이크 감소에 의해 상쇄된다. 따라서 스파이크의 총수는 대략 같게 유지된다. 그리고 그 총수가 같게 유지되기 때문에, 척수에 있는 운동 뉴런들은 출력을 바꾸지 않는다. 그렇게 운동 뉴런들의 출력이 바뀌지 않기 때문에, 그것들의 표적인 근육들은 수축 정도를 바꾸지 않는다. 결론적으로 스파이크들은 많지만 운동은 일어나지 않는다. 영공간은, 몸의 한 부위를 통제하는 겉질의 운동 담당 부분들에 있는 뉴런들의 스파이크들이 동일한 총합을 이룰 수 있는 모든 방식의 공간이다.[6] 그러나 이 모든 것에도 불구하고 그 뉴런들 각각은 운동 계열을 실행하기 위한 준비를 갖추게 된다.[7]

훌륭하다. 우리는 생각하고 있고 준비를 갖췄다. 이제 운동겉질로 가는 스파이크 하나에 올라타서 팔을 움직이고 쿠키를 집자. 그러면 끝. 아, 그렇게 간단하면 얼마나 좋겠는가. 일단 우리는 몸을 제어하는 품위 없는 부분 속으로 뛰어들어야 한다.

지금 나는 무엇을 할까?

뇌에게는 그저 팔을 움직이는 것보다 훨씬 더 큰 과제가 있다. 우리는 지금 팔을 움직이는 것이 안전함을 어떻게 알까? 더 중요한 어떤 일이 이미 벌어지고 있거나 벌어질 필요가 있을지도 모른다. 지금 우리는 화난 다람쥐를 피해 볼품없이 지그재그로 내달리는 중일 수도 있다. 혹은 술김에 어느 오디션에 참가하기로 서명한 덕분에 긴급히 〈겨울왕국〉 주제가의 고음을 내야 할 수도 있다. 그 음을 내느라 양손을 처들고 발작하듯 떨 수는 없다. 후회하고 또 후회할 짓은 하지 말아야 한다.

그렇기 때문에 우리의 스파이크는 겉질로 보내지는 것과 동시에 바닥핵으로도 보내진다. 바닥핵은 이마엽 밑에 있는, 시무룩하게 노출된 뉴런들의 집단이다. 우리의 스파이크가 바닥핵으로 향하는 것은 이 질문을 던지기 위해서다. "내가 지금 손을 움직일 수 있을까?" 우리 실험실을 비롯한 많은 실험실은 바닥핵이 뇌에서 엄한 부모의 역할을 한다는 것을 연구를 통해 보여주었다.[8] 바닥핵에서 끝없이 쏟아져 나오는 스파이크들은 우리가 멋대로 행동하는 것을 끊임없이 막는다. 그 스파이크들은 가닿는 모든 것을 억제한다. 안 돼, 하지마. 안 돼, 안 돼, 안 돼! 우리의 스파이크는 팔을 움직이려면 바닥핵 안의 꼬불꼬불한 경로들을 거쳐 바닥핵의 출력부에 도달하여 끝없는 스파이크들의 흐름을 일시적으로 꺼버려야 한다.

우리는 먼저 바닥핵의 입구인 선조체striatum에 도달한다. 이를 위해 우리는 무수히 많은 가능 경로 중 하나를 선택한다. 먼저 운동앞겉질 3층의 뉴런에서 5층의 뉴런으로 건너간 다음, 백색질을 통과하여 운동겉질로 이어진 축삭돌기 가지를 선택하는 대신에 아래로 뻗은 가지를 따라 선조체로 향하는 스파이크 클론에 올라탄다. 다른 경로들

에 관해서 이야기하자면, 5층에서 우리 곁에는 축삭돌기를 척수까지
뻗은 피라미드 뉴런 유형이 있었다. 그 뉴런도 스파이크 클론 하나를
선조체로 전송했다. 자세히 보니, 축삭돌기를 겉질 내부로 뻗은 모든
5층 뉴런들은 축삭돌기의 가지 하나를 아래 선조체로 뻗은 듯하다.
그리고 축삭돌기를 뇌간이나 척수로 뻗은 모든 5층 뉴런은 모든 스파
이크 각각의 클론을 선조체로도 전송한다. 이것이 의미하는 바는, 우
리가 운동앞겉질에서 유래한 스파이크에 올라타 선조체에 도착하면
서 겉질 전체에서 오는 수백만 개의 다른 스파이크와 합류한다는 것
이다. 그 스파이크들은 앞이마엽겉질과 마루엽겉질 전체, 메모리 버
퍼들, 증거 수집 뉴런들에서 유래한 것들뿐 아니라, 운동겉질의 모든
부분, 모든 유형의 감각 겉질, 곧 촉각겉질, 청각겉질, 그리고 '무엇 고
속도로'와 '하기 고속도로'의 많은 정거장에서 유래한 것들을 아우른
다. 그 모든 구역이 세계 안에 무엇이 있고 그 무엇과 관련해서 어떤
행동을 할 수 있을지에 관한 정보를 보낸다. 선조체는 모든 것을 알고
있다.[9]

　그리고 우리는 선조체가 그 앎을 사용하여 다양한 행동 방침들을
평가한다는 것을 설득력 있게 보여주는 증거를 가지고 있다. 선조체
에 있는 작은 뉴런 집단 하나를 전기로 자극하면 우리는 몸의 한 부
분을 움직이게 된다.[10] 더 정확히 말하면, 선조체로 축삭돌기를 뻗은
겉질 뉴런 집단 하나를 자극하면, 그 뉴런들이 코드화하는 것이 무엇
이든 우리의 행동은 그쪽으로 편향된다. 예컨대 청각겉질에서 고주파
수의 소리를 코드화하는 뉴런들을 자극하면, 생쥐는 보상을 받기 위

해 기존 실험에서 고주파수 소리가 날 때 먹이가 있었던 장소를 점검한다.[11] 선조체를 꺼버리면, 옳은 행동을 선택하는 생쥐의 능력은 영구적으로 심각하게 손상된다.[12]

선조체가 행동 선택을 제어한다는 가장 강력한 증거의 일부는 우리 인간에게서 나온다. 우리가 겪는 운동장애 대다수의 핵심에 선조체의 기능 부전이 있다. 파킨슨병의 가장 두드러진 외적 증상은 운동장애. 구체적인 예로 뻣뻣한 몸, 느린 동작, 동작을 시작하지 못하는 것을 들 수 있다.

이 증상들의 전조는 도파민 뉴런들의 사멸인데, 그 뉴런들이 사멸하면 선조체는 도파민 공급원을 잃는다. 실험동물의 선조체에서 도파민을 제거하면 파킨슨병 증상과 유사한 동작들이 발생한다. 헌팅턴병Huntington's disease에서는 선조체의 주요 세포들이 사멸함에 따라 그 병 특유의 마구 허우적거리는 사지운동이 발생한다. 그밖에도 근육 수축이 비정상적으로 오래 지속되는 근육긴장증dystonia, 틱과 발화 제어 문제를 동반한 투레트증후군Tourette syndrome, 심지어 강박장애처럼 부적절한 행동을 일으키는 장애들도 선조체의 기능 부전과 관련이 있다. 이 모든 질환은 옳은 행동을 선택하지 못하는 장애다.

옳은 선택을 하는 것뿐 아니라 행동을 멈추는 데도 선조체가 필수적이다. 선조체의 주요 뉴런 집단 2개에서 뻗어나오는 축삭돌기들의 경로는 2개다(그림 8-1). 한 경로는 축삭돌기들을 곧장 바닥핵의 출력 뉴런들로 보낸다. 이 직접 경로는 행동을 선택한다. 이 경로에 속한 뉴런들을 자극해보라. 그 뉴런이 이미 하고 있던 행동이 무엇이

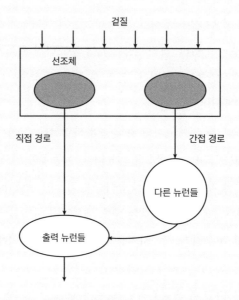

그림 8-1 바닥핵의 기본 얼개. 겉질 전역에서 뻗어온 축삭돌기들은 선조체로 스파이크들을 전송한다. 그 스파이크들은 선조체의 뉴런 집단 2개로 나뉜다. 각각의 집단은 바닥핵의 출력 뉴런들로 이어진 직접 경로와 간접 경로를 따른다.

었느냐에 따라, 실험동물은 재빨리 달리기 시작하거나 일련의 동작을 시작하거나 이미 진행 중인 행동에 새로운 동작을 삽입할 것이다. 또 다른 경로는 더 복잡하게 이어져 간접적으로 바닥핵의 출력 뉴런들에 도달한다. 이 경로는 종착점에 도달하기 전에 바닥핵 내부의 핵들에 있는 뉴런들을 거친다. 이 간접 경로는 행동을 통제하고 중단시킨다. 이 경로에 속한 뉴런들을 자극하면, 실험동물이 이미 하고 있던 행동이 무엇이냐에 따라, 그 동물은 달리기를 멈추거나 일련의 동작을 시작하지 못하거나 진행 중이던 행동을 중단할 것이다. 선조체에서 뻗어나오는 이 직접 경로와 간접 경로가 서로 경쟁하면서 다음 순간에 할 행동을 엄격히 통제한다.[13]

그러나 그렇게 다량의 입력 정보를 받고 그토록 많은 장애에서 결정적 역할을 하며 서로 경쟁하는 뉴런들을 보유했음에도 선조체는 말수가 아주 적다. 선조체는 꽤 커서 겉질 전체의 5분의 1에 해당하는 뉴런들을 보유하는데도 죽은 듯이 고요하다. 실험실 스피커와 연결된 전극을 겉질 층들 속으로 꽂으면, 전극이 하강함에 따라 끊임없이 스파이크들의 수다가 "틱, 틱, 틱" 하고 들릴 것이다. 그러다가 전극이 백색질을 뚫고 선조체에 진입하면 갑자기 스피커는 침묵에 빠지고 실험실은 고요해진다. 선조체의 주요 뉴런은 새 스파이크를 생산하지 않으면서도 엄청나게 많은 스파이크를 흡수할 수 있다. 과거에 내가 추정한 바로는, 그 주요 뉴런이 새 스파이크 하나를 생산하려면 1초에 500개 이상의 흥분성 스파이크를 입력받을 필요가 있다. 이 개수는 겉질의 피라미드 뉴런이 새 스파이크를 생산하는 데 필요한 개수의 다섯 배다.[14] 정말이지 그 주요 뉴런들은 그렇게 까다롭게 굴도록 설계되어 있는 듯하다.[15] 겉질에서 오는 단합된 대규모 스파이크 집단이 아닌 모든 것을 무시하도록, 어쩌면 잡음을 걸러내도록, 겉질에서 오는 무작위한 스파이크 자투리들이 원치 않거나 부적절하거나 확실히 위험한 행동을 유발하는 것을 막도록 말이다. 다행히 우리는 운동앞겉질에서 오는 단합된 대규모 뉴런 집단의 맨 앞에 있다. 그러므로 주요 뉴런의 본체에서 조금만 기다리면, 직접 경로로 빠져나가는 스파이크에 올라탈 수 있을 것이다.

우리는 그 직접 경로 뉴런의 축삭돌기를 따라 쏜살같이 이동하여 시냅스 틈새를 건넌다. 우리가 축삭돌기 말단에 도착하자, 억제성 분자들인 GABA가 시냅스 틈새로 뿜어져 나와 바닥핵의 출력 뉴런에 도달한다.[16] 그 뉴런은 우리를 완전히 무시한다. 이곳은 잡음이 엄청나다. 우리 주위의 모든 뉴런이 스파이크들의 굉음을 토해낸다. 매초 60개에서 70개에 달하는 스파이크가 끊임없는 흐름을 이뤄 모든 표적에 GABA를 뿜어낸다. 팔을 움직여도 안전하다는 신호를 보내려면 그 스파이크들의 흐름을 끊을 필요가 있다.

나를 풀어줘

우리가 도달한 뉴런은 바닥핵의 출력부에 위치한 소수의 뉴런 중 하나다. 그 뉴런들은 개수가 적은 대신에 위력이 세다. 각각의 뉴런이 매초 60개나 70개, 또는 그 이상의 스파이크를 모든 표적으로 분출한다. 그 표적들은 중간뇌midbrain를 포함한 뇌간에 광범위하게 흩어져 있다. 중간뇌와 뇌간은 운동에 결정적으로 중요하다.[17] 몇몇 표적을 꼽자면, 눈 운동과 머리의 방향 잡기에 결정적으로 중요한 위둔덕,[18] 온갖 형태의 이동 운동, 즉 걷기, 달리기, 빨리 걷기, 질주, 깡충깡충 뛰기, 한 발로 뛰기 등을 통제하는 중간뇌 곳곳의 여러 노출부,[19] 자세를 통제하는 다른 노출부들이 있다. 이 마지막 노출부들은 우리를 똑바르고 안정적이고 균형 잡힌 자세로 잡아주는 몸 전체의 근육들을 제어한다.[20] 또한 겉질로 돌아가는 관문인 시상의 많은 하위 구역도 바닥핵 출력 뉴런의 표적이다.[21]

이 모든 구역의 뉴런들은 바닥핵 출력 뉴런들이 뿜어내는 GABA에 항상 흠뻑 젖어 있다. GABA는 모든 상향 전압 펄스를 억누르고 이 표적 뉴런들의 전압이 임계점에 도달하여 스파이크가 발생하는 것을 억누른다. 요컨대 GABA는 운동을 억제한다.

이 GABA 소나기를 끊어 표적 뉴런들을 GABA의 억압에서 해방시키면 운동이 가능해진다. 설치동물의 바닥핵 출력 뉴런들을 꺼버리면, 그 뉴런들의 표적인 시상의 뉴런들이 즉각 스파이크를 전송하기 시작한다.[22] 만약 시선의 방향을 통제하는 바닥핵 출력 뉴런들을 영구적으로 꺼버린다면, 우리는 눈이 끊임없이 새로운 사물들을 바라보는 것을 멈출 수 없을 것이다.[23] 파킨슨병 환자에서는 정반대의 일이 일어나는 듯하다. 즉 바닥핵 출력 뉴런들에서 나오는 스파이크 격류를 끊기가 점점 더 어려워지는 듯하다. 그 결과는 운동이 느려지거나 완전히 동결되는 것이다.[24] 요컨대 우리가 운동을 할 수 있으려면 그 격류를 끊을 필요가 있다. (그리고 우리는 지금 하고자 하는 특정한 운동을 통제하는 바닥핵 출력 뉴런들만 꺼버리고자 한다. 그 특정한 운동이란, 상체를 앞으로 기울일 때 자세를 조절하기, 눈과 머리를 쿠키로 향하기, 쿠키를 향해 팔을 뻗기 등이다.)

알다시피 열쇠는 선조체의 직접 경로다. 그 경로가 행동을 선택한다. 따라서 그 경로는 바닥핵 출력 뉴런에서 나오는 스파이크 격류를 끊을 수 있는 것이 틀림없다. 실제로 선조체는 겉질의 신호를 뒤집는다. 즉 겉질 뉴런들에서 유래한 흥분을 억제로 변환한다. 우리가 선조체에서 유래한 스파이크를 타고 축삭돌기 말단에 도착하자, 그 말단은 현재 우리가 위치한 바닥핵 출력 뉴런으로 GABA를 뿜어냈다. 그러나 선조체는 거의 항상 고요하다. 어떻게 그토록 적은 스파이크를 전송하는 뉴런들이 바닥핵 출력 뉴런들에서 나오는 막대한 스파이크들의 물결을 끊을 수 있을까?

뇌는 이 문제를 풀기 위하여 규모와 관련한 묘수를 사용하는데, 이것은 암흑뉴런이 어떻게 유용한 일을 할 수 있는지 보여주는 뚜렷한 사례다. 선조체의 뉴런들은 바닥핵 출력 뉴런들보다 100배 많다. 쥐에서는 선조체 뉴런이 300만 개, 바닥핵 출력 뉴런이 약 3만 개다.[25] 선조체 뉴런 각각이 바닥핵 출력 뉴런 100개와만 접촉하더라도(물론 훨씬 더 많은 바닥핵 출력 뉴런과 접촉할 개연성이 높지만), 각각의 바닥핵 출력 뉴런은 선조체로부터 1만 개의 입력을 받을 것이다. 그 1만 개가 모두 그 바닥핵 출력 뉴런에 억제 신호를 보내는 것이다. 따라서 그 1만 개의 입력 중 일부(어쩌면 단 1퍼센트)만 있어도 1~2개의 스파이크가 바닥핵 출력 뉴런의 본체로 전송되고 따라서 그 뉴런의 스파이크 격류가 끊긴다.

우리는 선조체에서 나오는 막대한 스파이크 군단의 선봉에 서서 여기에 도착했다. 이제 그 군단은 바닥핵 출력 뉴런과 주변의 뉴런들에 진입하여 쌓이고 있다. 스파이크들이 쌓이고, GABA가 넘쳐흐르고, 억제 신호가 누적되고, 결국 이 근처 출력 뉴런들에서 나오는 스파이크 격류가 감소하기 시작한다. 처음에는 느리게 감소되다가 점점 더 빨라지고, 결국 일부 출력 뉴런은 스파이크 전송을 완전히 멈춘다.[26]

성공이다! 그러나 달콤씁쓸한 성공이다. 이 성공은 우리가 곧 막다른 곳에 도달함을 의미한다. 이제 곧 우리는 현재 우리가 위치한 뉴런에서 발생하는 스파이크들을 진압하고 우리의 팔이 그 빌어먹을 쿠키를 향해 뻗어가는 동안 여기에 고립무원으로 남게 될 것이다. 우리는 마지막으로 떠나는 스파이크에 올라타 위로 향한 축삭돌기 가지를 따라 시상의 운동 구역들로 향한다. 그러는 동안에 그 스파이크의 클론들은 아래쪽의 중간뇌와 뇌간으로 뻗은 가지들을 따라간다. 그러나 결국 억제 신호가 최종적으로 승리하고, 상체 기울이기와 비틀기, 어깨 움직이기, 팔 뻗기에 필요한 뉴런들이 해방된다. 우리는 시상에 진입하여 시냅스 틈새를 건넌다. 우리의 스파이크가 GABA를 매개로 유발한 하향 전압 펄스가 잦아듦에 따라, 이 시상 뉴런은 활기를 되찾는다. 이제 GABA 격류가 사라졌으므로 이 뉴런의 전압이 치솟는다.

새 스파이크가 태어난다. 우리는 그 스파이크에 올라타 다시 운동 피질로 올라간다.

우리의 손아귀 안에

마침 알맞을 때다. 시상에서 유래한 스파이크들이 겉질의 운동 구역 곳곳에 도착함으로써 준비가 완료된다. 우리는 시냅스 틈새를 건너는 분자들과 함께 운동겉질 3층의 한 피라미드 뉴런에 도착한다. 우리 주변의 뉴런들은 손을 뻗어 쿠키를 움켜쥐기 위하여 일련의 스파이크를 점화하기 시작할 준비를 갖췄다. 그리고 우리는 그 뉴런 각각이 특정한 근육 수축이나 속도, 또는 운동의 변수를 위해 튜닝되어 있는지 검사할 수 있었으므로―실제로 많은 사람이 여러 해에 걸쳐 검사했다―오늘날 우리는 그 뉴런들의 대다수에 어떤 튜닝도 없으리라는 점을 안다.

운동겉질은 어쩌면 스파이크 군단의 위력을 우리에게 처음으로 보여준 구역이었다. 1986년, 아포스톨로스 게오르고풀로스Apostolos Georgopoulos와 동료들은 운동겉질에 있는 작은 뉴런 집단의 스파이크들을 조합하여 팔이 3차원 공간 안에서 움직이는 방향을 정확히 탈코드화할 수 있음을 보여주었다.[27] 그러나 이 연구에서 그들은 방향에 튜닝된 뉴런들만 고찰했고 특정 운동 방향을 제각기 명확히 선호하는 뉴런들의 스파이크들을 조합했다.[28]

여러 해가 지난 뒤 우리는 그 뉴런 집단의 임의의 부분집합에 기초해서도 마찬가지로 쉽게 운동을 탈코드화할 수 있음을 밝혔다. 튜닝은 중요하지 않았다. 열쇠는 뉴런 군단이었다.[29] 오늘날 우리는 심지어 운동겉질에 있는 뉴런 약 100개를 사용하여, 물체를 움켜쥔 피험자가 20가지의 서로 다른 움켜쥐는 방식 중 어떤 것을 사용하고 있는지 탈코드화할 수 있다.[30]

그러나 다음을 상기해야 한다. 운동은 시간 속에서 연속적으로 진행되는 과정이다. 이를 위해서는 자기 보존적 스파이크들의 지휘로 다양한 순간에 옳은 순서로 근육이 수축되어야 한다. 이제 그 준비 활동의 결과로 운동겉질 뉴런들은 우리의 팔을 움직일 스파이크 계열을 개시하기에 적합한 상태가 되었다. 그 계열은 안도의 한숨을 유발할 정도로 매혹적이고도 기이하게 단순하다.

마크 처칠랜드Mark Churchland, 크리슈나 셰노이Krishna Shenoy와 동료들은 팔 운동 도중에 운동겉질에서 일어나는 이 자기 보존적 역동이 단순하고 일관적이라고, 즉 스파이크 패턴의 회전이 일어난다고 보고했다.[31] 팔이 움직이는 동안 각각의 뉴런은 외견상 복잡한 스파이크 감소 및 증가의 계열을 나타낼 수 있지만, 그 복잡한 계열들은 집단적으로 원호를 그린다. 즉 뉴런들 전체에서 스파이크들의 밀물과 썰물이 신뢰할 만하게 나타나고, 릴레이 경주에서처럼 자기 차례가 된 뉴런들이 스파이크를 전송한다.

뉴런 군단 스파이크들의 이 같은 단순한 모양은 근육의 행동과 대비된다. 팔을 뻗고 돌리는 외견상 매끄러운 운동의 바탕에는 근육이 수축할 정도로 갑작스러운 변화가 가끔 일어나는데, 겉질에 있는 대다수 뉴런의 스파이크들에서는 갑작스러운 변화가 나타나지 않는다. 갑작스러운 경로 전환도, 갑작스러운 스파이크 급증도, 시무룩한 침묵도 없다. 오히려 팔이 움직이는 동안 운동겉질을 지배하는 것은 곳곳의 뉴런들이 전송하는 스파이크 개수의 매끄러운 변화다. 한 예로 팔이 손잡이를 돌릴 때처럼 회전하고 있을 때 팔 근육들은 갑작스러운 변화, 곧 재빠른 수축과 이완을 겪는다. 반면에 운동겉질에서는 손잡이가 한 번 회전할 때마다 스파이크들이 기본적으로 원을 그린다.[32] 이것은 대다수 뉴런이 운동 명령을 전혀 전달하지 않고 그 대신에 자기 보존적 스파이크들을 창출해야 할 때 나타나리라고 예상되는 현상이다.

하지만 팔 운동 명령은 여전히 우리 주변에서 전송되고 있는 스파이크들에 들어 있다. 팔이 손잡이를 돌릴 때, 우리는 스파이크 군단이 그리는 원 안의 잔물결에 기초하여 근육 수축을 직접 탈코드화할 수 있다.[33] 예컨대 스파이크 군단이 그리는 원호의 모양으로부터 팔의 운동 궤적을 예측할 수 있다.[34] 심지어 우리는 다양한 임무를 수행할 때 공통으로 나타나는 스파이크 군단의 변화로부터 팔 운동을 탈코드화할 수 있다.[35] 이 모든 것이 의미하는 바는 이러하다. 우리 주변에는 스파이크들의 물결이 퍼져가는데, 대다수 스파이크는 매끄럽고 익숙한 패턴을 이뤄 운동을 지속시키고 일부 스파이크들은 독특하다. 그것들은 특정 근육을 바로 지금의 특정한 방식으로 수축하는 데 필요하다.

이제 이 스파이크 물결이 무슨 말을 하고 있는지 알아낼 때다. 저기 저 스파이크에 재빨리 올라타자. 우리는 3층에서 다시 5층으로 내려간다. 이번에는 표적을 신중하게 골라 축삭돌기가 길고 굵은 피라미드 뉴런으로 건너가자. 그 축삭돌기는 어마어마하게 멀리 뻗어 우리를 운동겉질 5층에서 척수의 윗부분으로 데려갈 것이다. 척수의 윗부분은 팔을 움직이는 운동 뉴런들이 사는 곳이다. 우리는 그런 축삭돌기들의 조밀한 다발인 피라미드로pyramidal tract에 들어선다. 모두 5층 뉴런들에서부터 아래의 척수까지 이어진 그 축삭돌기들은 스파이크들 때문에 환히 빛나고 있다.

그 축삭돌기들 중 다수는 곧장 척수로 향한다. 운동겉질의 팔 담당 구역과 손 담당 구역에서 뻗어나온 축삭돌기들은 척수의 바깥쪽 가장자리로 향하여, 팔 곳곳의 근육들로 축삭돌기를 뻗은 운동 뉴런들과 접촉할 것이다. 운동겉질의 어깨 담당 구역과 몸통 담당 구역에서 뻗어나온 축삭돌기들은 척수의 중심으로 향한다. 그렇게 아래로 향하면서 많은 축삭돌기는 뇌간의 다양한 부위로 가지를 뻗는다. 그 가지들은 책상에 상체 기대기를 비롯한 자세 변화와 균형 이동을 조율하는 데 필수적인 작은 뉴런 집단들로 뻗어간다. 또 손이 목표물에 닿아 그것을 집으려면 각각의 근육이 정확히 얼마나 수축해야 하는지를 조율하는 데 필수적인 뉴런 집단들,[36] 그리고 쿠키를 집는 동안 몸이 조용히 작동하고 주변의 관심을 끌 위험을 최소화하기 위해 호흡을 잠시 멈추는 데 필수적인 뉴런 집단들로도 뻗어간다.

우리는 순식간에(몇 밀리초 만에) 척수에 도착했다. 우리를 여기로 데려온 5층 뉴런의 굵은 축삭돌기(미엘린으로 감싸인)는 뇌가 메시지를 먼 곳으로 빠르게 전송하기 위해 스파이크를 사용한다는 사실을 보여주는 모범적인 사례다. 우리가 곤두박질치며 척수의 꼭대기 부분들을 통과할 때, 우리를 둘러싼 것은 상호연결된 뉴런들로 이루어진 또 다른 복잡한 연결망이었다. 그 뉴런 중 일부는 표적을 흥분시키고 다른 일부는 억제하는데, 양쪽 유형 모두 스파이크를 운동 뉴런들로 전송한다. 운동 뉴런은 스파이크를 근육으로 운반하는 과정을 마무리하는 장치다.[37] 그렇게 억제성 뉴런들과 흥분성 뉴런들이 서로 연결되어 이룬 회로는 겉질을 강하게 연상시킨다. 코펜하겐에 있는 루네 베르그Rune Berg의 실험실에서 일하는 연구자들은 이 유사성이 매우 심층적임을 보여주었다.[38] 이 심층적 유사성 때문에 운동 뉴런들은 겉보기에 무작위하며 시간적으로 불규칙하게 스파이크들을 점화한다. 왜냐하면 운동 뉴런들에 도착하는 흥분성 입력과 억제성 입력이 절묘한 균형을 이루기 때문이다. 또 뉴런 각각이 전송하는 스파이크의 개수는 앞서 보았던 긴 꼬리 분포를 따른다. 즉 대다수 뉴런은 초당 1개 미만의 스파이크를 점화하고, 수십 개를 점화하는 뉴런은 소수다. 이처럼 엄밀한 의미의 뇌를 벗어난 여기, 우리 여행의 최종 구간에서도 우리는 주변에서 뉴런 군단이 활약하는 것을 발견한다.

운동겉질에서 뻗어온 축삭돌기의 대다수는 척수의 뉴런 네트워크 내부에 도달하며, 실행할 운동을 담당하는 운동 뉴런들과 최종적으로 연결된 뉴런들을 표적으로 삼는다.[39] 그러나 우리는 말하자면 비행기의 일등석에 탄 승객이다. 우리가 따라가는 축삭돌기는 손가락들을 통제하는 겉질 부분에서 뻗어 나왔다. 우리는 직접 운동 뉴런에 도달한다. 뇌에서 척수로 이어진 이 경로는 오직 고등 영장류인 우리에게만 있다. 이 경로는 손으로 세계를 조작하는 우리의 이례적인 능력을 위하여, 즉 손가락들을 아주 정확하게 통제할 수 있기 위하여 필수적인 듯하다.[40]

시냅스 틈새를 건너 운동 뉴런의 가지돌기에 상륙한 우리는 마지막으로 작은 전압 펄스에 올라타 뉴런 본체로 향한다. 우리의 펄스와 다른 펄스들이 그 운동 뉴런을 임계점으로 몰아가고, 우리는 새로 발생한 스파이크에 단단히 매달려 길게 뻗은 축삭돌기를 따라 쏜살같이 날아간다. 그 축삭돌기는 위로 이어져 어깨를 거치고 다시 아래로 팔을 거쳐 종착점에 도달한다. 그 종착점은 손가락굽힘근 flexor digitorum muscle으로 건너가는 시냅스다. 분자들이 건너편으로 흘러가 수용체들과 결합하는 것을 지켜보라. 근육들이 수축하는 것을, 손가락이 쿠키에 닿는 것을 느껴보라. 이제 우리의 여행은 끝났다.

9장

자발성

세계로는 충분치 않다

　우리가 거친 모든 곳에는 이미 스파이크들이 있었다. 운동겉질에서 우리는 영공간에 진입했다. 그때 우리는 하나의 스파이크를 타고 이동했는데, 그 스파이크는 이미 거기에 있던 스파이크들에 추가된 또 하나의 스파이크에 불과했다. 근육이 수축하려면 운동겉질에서 끊임없이 흘러나오는 스파이크들의 개수가 바뀌어야 한다. 앞이마엽겉질과 마루엽겉질에서는, 우리의 스파이크가 한 뉴런에 상륙했을 때 이미 그 뉴런과 주변의 뉴런들에서 스파이크들이 쏟아져나와 메모리 버퍼(기억을 임시로 붙잡아두는 일)와 증거 수집 작업을 수행하고 있었다. 앞서 살펴보았듯이, 우리가 '무엇 고속도로'와 '하기 고속도로'를 따라 한 뉴런에서 다른 뉴런으로 건너갈 때마다 우리를 지나쳐 반대 방향으로 다시 V1을 향해 흘러가는 스파이크들이 있었다. 그 스파이크들은 우리가 쿠키를 보기도 전에 이미 겉질의 시각 구역들 전역에 존재했다.

V1 자체에도 이미 스파이크들이 있었다. 망막을 떠난 우리가 겉질에서 처음 도착한 곳은 4층의 단순 세포였다. 그러나 그 뉴런의 가지돌기를 따라 본체로 내려가면서 우리는 우리 자신이 거기에 도착한 많은 전압 펄스 중 하나에 불과함을 발견했다. 그 펄스들은 시각겉질 4층에 있는 다른 뉴런들에서 유래한 스파이크들이 유발한 것이었고, 그중 일부는 성가시게 GABA를 뿜어내는 사이뉴런의 스파이크였다. 실제로 눈에서 오는 스파이크는 압도적인 소수였다. 단순 세포가 받는 입력 가운데 눈에서 직접 오는 것은 약 5퍼센트에 불과하다.[1]

우리가 간 모든 곳에 이미 스파이크들이 있었다. 하지만 우리는 쿠키에서 반사된 빛이 망막에 도달했기 때문에 전송된 스파이크들의 첫 물결에 속해 있었다. 어떻게 이럴 수 있을까? 이미 있었던 스파이크들은 무엇에 의해 만들어졌을까?

이를 설명하다 보면, 스파이크에 관한 뿌리 깊은 두 가지 오해를 풀게 될 것이다. 나 또한 그 오해들을 품었고 대다수 신경과학자는 지금도 품고 있다. 그러나 스파이크의 여행이 종결된 지금, 우리는 충분히 많은 것들을 보았으므로 더 나은 지식을 지녔다.

첫째 오해는 세계에서 일어나는 사건에 의해 모든 스파이크가 유발된다는 것이다. 즉 한 뉴런이 스파이크를 전송한다면 그 스파이크는 세계에서 일어나는 어떤 일과 연관되어 있음이 틀림없다는 것이다. 예컨대 운동겉질에 있는 스파이크는 우리가 무언가를 보았기 때문에 망막에서 발생한 스파이크로부터 기원한다는 것이다.

그것은 진실이 아니다. 많은 스파이크, 어쩌면 대다수 스파이크는 외부 세계에 있는 원인에 의해 발생하지 않는다. 우리는 그렇게 요청받지 않았는데도 발생하는 듯한 스파이크들을 뭉뚱그려 뉴런의 자발적 활동, 자발적 스파이크라고 부른다.

이런 '자발적' 스파이크들에 대한 설명 하나는, 그것들이 방금 일어난 일의 흔적 혹은 잔향이라는 것이다. 이를테면 우리의 여행에서 우리의 시선이 쿠키의 형태에 꽂히기 전에 뚜껑이 반쯤 열린 그 낡은 골판지 상자를 먼저 얼핏 본 것에서 자발적 스파이크가 유래했다는 설명인데, 솔깃하지만 불완전하다. 실제로 그 스파이크들은 요청받지 않았는데도 발생한다. 일평생 우리가 무엇을 하고 있었든 우리의 뇌 속에는 자발적 스파이크들이 있었다.

눈을 감아보라. 눈으로 들어오는 빛은 없다. 겉질의 시각 부분들로 전송해야 할 것도 없다. 이 순간에 스파이크는 당당하게 휴식을 취하리라고 생각할지도 모른다. 그러나 그렇지 않다. 우리의 시각겉질은 끊임없이 스파이크를 일으킨다. 눈이 떠 있든 감겨 있든 상관없고, 보이는 것이 있든 없든 상관없다. 실제로 뇌 영상화가 보여주었듯이, 눈을 감고 고요히 쉬고 있는 동안 피질 구역들로 이루어진 한 연결망 전체는 역설적이게도 가장 활발하게 활동한다. 우리가 무언가를 하면 그 연결망의 활동은 줄어든다. 이 "디폴트default" 연결망의 자발적 활동은 외부 세계의 잔향이 아닐뿐더러 세계와 관련 맺기를 통해 설명되지도 않는다.[2]

이번에는 수면을 살펴보자. 수면은 뇌가 '꺼지는 것'이라고, 뉴런들이 대화를 중단하는 것이라고 순박하게 생각할 수도 있을 것이다. 그러나 뇌는 그렇게 꺼질 수 없다. 실제로 뉴런들이 그렇게 대화하지 않는 것은 많은 국가에서 사망의 법적 정의를 구성하는 주요 요소다. 오히려 뇌 전역의 뉴런들은 우리가 잠든 내내 스파이크들을 전송한다.[3] 깊은 수면의 가장 깊은 단계에서, 우리의 겉질 전역에 있는 뉴런들은 한꺼번에 스파이크를 일으키고 한꺼번에 침묵하는 순환을 약 1초 주기로 반복한다. 그렇게 겉질 전역의 뉴런들이 함께 동시에 켜진 다음 침묵하는 것은 깨어 있는 뇌의 불규칙하고 동시적이지 않은 점화와 천양지차다. 하지만 이 서파slow-wave 수면 단계에서 피질 뉴런들이 전송하는 스파이크의 총수는 깨어 있을 때와 비교할 때 동등하거나 더 많다. 렘 수면에서는 피질 뉴런들이 불규칙하고 협응되지 않은 스파이크들을 전송한다. 깨어 있을 때처럼, 그 뉴런들은 세계 전체를 탐색한다. 다만, 그 뉴런들이 세계에 미치는 영향은 거의 없다. 왜냐하면 척수의 운동 뉴런들이 근본적으로 억제되어 활동하지 않기 때문이다. 그래서 뇌가 몸 근육들에 접근할 길이 봉쇄된다.[4] 요컨대 수면은 어떤 입력에 의해서도 태어나지 않았지만 뇌를 요란한 활동으로 채우는 자발적 스파이크들로 가득 차 있다.

그 요란한 자발적 활동은 우리가 처음 태어날 때부터 줄곧 있었다.[5] 발달하는 뇌의 모든 곳에서, 즉 망막, 겉질, 선조체, 중간뇌의 어두운 구석들과 뇌간에서 뉴런들은 스파이크를 유발할 무언가가 존재하기 이전에도 자발적으로 스파이크를 전송한다. 눈이 떠지기 전에도 망막과 시각겉질에는 스파이크들이 있다. 수염이 움직이기 전에도 감각 겉질의 수염 담당 부분들에는 스파이크들이 있다.

발달하는 뇌의 자발적 활동이 하는 역할은 여러 가지일 수 있다. 그 활동은 얼마나 많은 뉴런이 태어나고 어떤 뉴런이 사멸할지 통제한다. 그 활동은 뉴런들 자체를 형성하고 연결한다. 겉질에서 뉴런들 사이의 최초 연결은 무작위로 이루어지는 듯하다. 즉 축삭돌기가 가지돌기와 닿는 모든 곳에서 시냅스가 발생한다.[6] 뉴런이 발달함에 따라 가지돌기를 얼마나 멀리까지 뻗느냐는 확정되어 있지 않고 뉴런 자신의 활동에 의해 조절된다. 뉴런이 충분히 활동적이지 않으면 가지돌기가 성장하는데, 그럼으로써 뉴런을 더 쉽게 임계점으로 몰아갈 입력들이 유래할 수 있는 구역을 확장시키려 한다. 거꾸로 뉴런이 너무 활동적이면 가지돌기가 위축된다. 그러면 입력들이 줄고 접촉 구역이 축소되어 뉴런이 임계점에 도달하기가 더 어려워진다.[7] 자발적 스파이크는 태초부터 존재해왔다.

자발적 스파이크들은 발달에서, 수면에서, 우리의 깨어 있는 삶의 매 순간에서 다양한 역할을 하는 것이 틀림없다. 그러나 그 역할과 상관없이 자발적 스파이크들은 두 가지 원천 중 하나에서 발생한다는 공통점이 있다. 그 원천은 뉴런 자체 혹은 회로다.

누가 그런 말을 했어?

이 대목에서 우리는 스파이크에 관한 둘째 오해와 만나게 된다. 즉 뉴런은 항상 다른 뉴런들로부터 오는 입력이 있어야만 스파이크를 만들어낼 수 있다는 것이 그 오해다. 그 오해에 따르면, 한 뉴런이 스파이크 하나를 전송하는 현상은 수많은 전압 펄스들이 뉴런의 가지돌기를 타고 내려와 본체에서 합쳐져 그 뉴런을 임계점으로 몰아가 스파이크를 전송하게 만들었기 때문에 발생한다.

이것도 거짓이다. 왜냐하면 자발적 스파이크를 가장 간단명료하게 얻는 방법은 뉴런이 자신의 고유한 스파이크를 만들어내게 놔두는 것이기 때문이다.[8] 말 그대로 자발적으로 활동하도록 말이다.

우리는 지난 여행에서 바닥핵에 있는 그런 기묘한 뉴런 몇 개에 진입한 바 있다. 그 바닥핵 출력 뉴런들에서 끊임없이 나오는 GABA의 물결은 자발적이었다. 끊임없는 출력은 우리가 사장의 책상 위에 올라가 춤을 추는 것을 막는다. 그 출력을 내는 뉴런들은 심지어 따로 분리되어 접시 안에 놓여 있을 때도 스파이크를 일으킬 정도로 자발적 스파이크 생산에 열성적이다. 뇌에서 바닥핵 출력 뉴런 하나를 절제하여 최대한 오랫동안 생존하게 하면, 그 뉴런은 시계처럼 규칙적으로 약 100밀리초마다 하나씩 스파이크를 뱉어낼 것이다.

우리가 지난 여행의 첫머리에서 배웠듯이, 스파이크는 뉴런의 막에 있는 일련의 구멍들이 빠르게 열리고 닫히는 것에 의해 발생한다. 그 구멍들은 두 가지 유형이다. 나트륨이 유입되는 구멍들이 있고 칼륨 이 유출되는 구멍들이 있다. 이 신속한 점화 과정은 뉴런의 전압이 임계점에 도달하여 촉발된다. 따라서 뉴런이 다른 뉴런들로부터의 입력 없이 철저히 자발적으로 스파이크를 생산하려면 뉴런의 전압이 저절로 임계점에 도달해야 한다. 이를 위하여, 고유의 스파이크를 자발적으로 생산하는 뉴런들은 막에 특별한 유형의 구멍들을 갖추고 있다. 그 구멍들은 되먹임 고리를 형성한다. 즉 뉴런의 전압이 스파이크의 끝에서 곤두박질치면, 그 특별한 구멍들이 천천히 열려 양이온들이 뉴런 내부로 서서히 유입된다. 뉴런의 전압은 다시 임계점을 향해 상승한다. 그러면 스파이크가 발생하고 모든 과정이 다시 시작된다. 이것은 심장에 있는 박동조율기 세포들pacemaker cells이 일정하게 박동하는 메커니즘과 동일하다. 그 세포들의 자발적이며 규칙적인 스파이크들은 우리의 심장이 뛰고 우리가 살아 있게 해준다.

우리는 뇌 전역에서 박동조율기 뉴런들pacemaker neurons을 발견한다. 그것들은 바닥핵의 출력부뿐 아니라 모든 부분에 있다. 명칭이 기묘한 시상밑핵subthalamic nucleus(시상 아래에 끼워져 있는 뇌 부분)과 창백핵globus pallidus(창백한 공 모양의 부분)은 온통 박동조율기 뉴런으로 이루어졌다. 선조체에는 거대한 박동조율기 사이뉴런들이 흩뿌려져 있다.[9] 중간뇌에 띠 모양으로 분포하면서 신경조절물질들을 방출하는 박동조율기 뉴런은 생명에 필수적이다. 그 뉴런들의 끊임없는 스파이크들은 뇌 전역에 세로토닌, 노르아드레날린, 도파민을 매번 신선하게 공급한다. 우리는 그 뉴런들이 얼마나 중요한지를 한 사례에서 본 바 있다. 선조체에 도파민이 끊임없이 공급되지 않으면 파킨슨병에 걸린다. 또한 박동조율기 뉴런들은 뇌 발달의 아주 이른 시기에 겉질 전역과 망막을 비롯한 여러 곳에서 등장하여 뉴런들의 성장과 연결을 안내하는 자발적 활동을 주도한다.[10] 겉질에 있는 박동조율기 뉴런 중 다수는 출생 직후에 사라지지만, 발달한 생쥐 겉질에서 드물게 박동조율기 뉴런을 발견했다는 보고들이 있다.[11]

철저히 스스로 스파이크를 생산하는 박동조율기 뉴런 말고도, 요구된 것보다 더 많은 스파이크를 생산하는 여러 유형의 수다쟁이 뉴런 verbose neuron 도 있다.[12] 일부 수다쟁이 뉴런들은 억제에서 풀려난 후에 스파이크를 생산한다. 그것들은 억압에서 벗어나 활력을 되찾고 세상을 향해 "나는 자유롭다!"라고 외친다. 일부 수다쟁이 뉴런들은 임계점에 도달하여 첫 스파이크를 생산한 후 엄청나게 많은 스파이크를 소나기처럼 전송한다. 이 활동을 주도하는 것은 뉴런 막에 있는 특별한 구멍들인데, 그것들은 첫째 스파이크가 발생할 때 열려 양이온들이 한동안 유입될 수 있게 해줌으로써 뉴런의 전압을 반복해서 다시 임계점으로 밀어올리고 스파이크를 발생시킨다. 겉질에도 이런 수다쟁이 뉴런들이 있다. 그 뉴런들은 외적인 원인이 없더라도 다양한 방식으로 말한다.

그러나 입력 없이 태어난 자발적 스파이크들은 뉴런들의 체계적 활동을 교란하고, 그 결과로 각각의 뉴런은 독립적으로 각자의 고유한 활동을 하게 된다. 또한 아마도 뇌 발달의 아주 이른 단계만 예외로 제쳐두면, 박동조율기 뉴런들은 뉴런들의 연결망 전체에서 스파이크들을 생산하기에는 개수가 부족하다. 겉질에 드물게 있는 박동조율기 뉴런들과 수다쟁이 뉴런들만으로는 우리가 지난 여행 내내 목격한 자발적 활동을 산출하기에 부족하다. 그렇다면 결론은 명백하다. 거의 모든 자발적 활동의 원천은 연결망 자체다.

되먹임

겉질을 얇게 저민 조각 하나를 접시 안에 넣자. 이제 그 조각에 있는 뉴런들 중 다수의 활동을 기록하라. 그 뉴런들은 오로지 자기들끼리 연결되어 있고 외부 세계로부터 입력을 받지 않는데도, 그 얇은 조각에서는 요란하게 스파이크들이 오가고, 함께 스파이크를 생산하는 뉴런들의 집단이 아주 많이 발견될 것이다.[13] 온전한 뇌에서 뉴런 막 바깥에 있는 용액을 모방한 화학물질 용액 속에 그 얇은 조각을 담가 보자. 그러면 그 조각 전체의 뉴런들이 자발적으로 서파 리듬slow-wave rhythm을 타면서 몇 초 주기로 스파이크 분출과 침묵을 오갈 것이다.[14] 고립된 겉질 조각이 깊은 잠에 빠지는 것이다. 해마를 얇게 저민 조각들은 협응된 패턴의 스파이크들을 자발적으로 생산할 뿐 아니라 몇 분마다 자발적으로 그 패턴을 바꾸기까지 한다.[15] 그러나 뉴런 간 시냅스를 봉쇄하는 화학물질 용액 속에 이 조각들을 담그면, 거의 모든 스파이크가 사라지고 계속 지껄이는 박동조율기 뉴런들만 드물게 남는다. 요컨대 이 모든 고립된 뇌 부분에서 스파이크의 대다수는 뉴런들 사이의 연결망에 의해 생산된다.

비결은 되먹임이다. 서로 연결된 뉴런들의 회로는 고유한 활동을 유지할 수 있다. 왜냐하면 뉴런들이 서로에게 스파이크를 되먹임으로써 오로지 기존에 회로를 돌아다니던 스파이크들에만 의지하여 새 스파이크들을 생산할 수 있기 때문이다. 뇌가 그런 되먹임을 창출하려면 무엇이 필요한지 우리는 안다. 새 스파이크 하나를 만들어낼 스파이크 군단이 필요하다. 따라서 되먹임은 다수의 뉴런으로부터 유래해야 한다. 또 흥분성 되먹임은 자동으로 무한정 증폭하므로, 되먹여진 흥분을 상쇄하여 균형을 잡을 억제도 필요하다. 지난 여행에서 우리는 이런 회로들이 겉질 전역에 존재함을 보았다.

우리가 살펴본 것처럼, 피라미드 뉴런은 축삭돌기 가지들 중 다수를 인근의 뉴런들로 보낸다. 즉 피라미드 뉴런의 축삭돌기는 맹렬히 가지를 뻗어 인근의 피라미드 뉴런 수천 개와 연결된다. 대담하고 성마르게 급류를 타는 탐험가처럼 우리는 스파이크에 올라타 한 뉴런에서 다음 뉴런으로 건너뛰었는데, 실은 그 많은 연결 중 하나만 탐사했다. 만약에 우리가 지도 제작자처럼 참을성 있게 굴면서 출발점에서 나아갈 수 있는 모든 경로를 충실히 그렸다면, 모든 피라미드 뉴런 각각이 무수한 되먹임 고리들의 중심에 있음을 발견했을 것이다.

한 피라미드 뉴런에서 출발하여 그 뉴런의 축삭돌기를 따라 이웃 뉴런으로 가보자. 이어서 그 이웃 뉴런의 축삭돌기를 따라 그 이웃의 이웃 뉴런으로 가자. 그렇게 계속 가면서 피라미드 뉴런들의 사슬 하나를 탐사하자. 그러면 우리의 출발점 뉴런으로 되돌아오는 사슬이 항상 존재할 것이다. 첫 이웃 뉴런이 곧바로 출발점 뉴런으로 축삭돌기를 뻗어 즉각적 되먹임을 제공할 수도 있다. 혹은 셋째, 다섯째, 또는 열째 이웃이 출발점 뉴런으로 축삭돌기를 뻗을 수도 있다. 아무튼 항상 출발점으로 돌아오는 완전한 고리를 발견할 수 있다. 따라서 한 피라미드 뉴런이 스파이크를 전송하는 것은, 아주 가까운 미래에 자기 자신을 흥분시킬 가능성을 창출하는 것이기도 하다.

가능성의 창출이라는 점을 유념하라. 왜냐하면 거의 모든 고리는 그 스파이크를 출발점 뉴런으로 되먹이는 데 실패할 것이기 때문이다. 즉 많은 고리의 많은 뉴런에서, 거의 동시에 도착하여 스파이크를 창출할 다른 상향 전압 펄스들이 부족할 것이다. 또한 새 스파이크가 창출되더라도, 알다시피 그 스파이크는 어느 결정적인 시냅스에서 실패할 개연성이 높고 따라서 사슬이 끊어질 개연성도 높다. 그럼에도 우리는 원래의 스파이크가 출발점으로 돌아오리라고 장담할 수 있다. 왜냐하면 되먹임 고리의 개수가 천문학적 규모, 거의 셀 수 없는 규모이기 때문이다.

미세한 구역 안에 다른 뉴런 1만 개와 함께 들어 있는 피라미드 뉴런 하나를 상상하라. 그 뉴런이 이 구역 안의 다른 뉴런 각각과 10퍼센트의 확률로 연결되어 있다고 해보자. 그러면 그 뉴런은 즉각적 되먹임 고리, 즉 직접 연결된 다른 뉴런으로부터 곧장 돌아오는 되먹임 경로를 약 100개 보유할 것이다. 왜냐하면 우리의 출발점 뉴런은 1만 개의 뉴런 중 약 1,000개와 연결될 것이며, 그 1,000개 가운데 10퍼센트가 다시 우리의 출발점 뉴런과 연결될 것이기 때문이다. 그리하여 100개의 즉각적 되먹임 고리가 형성된다. 그런데 처음에 연결된 1,000개의 뉴런 각각은 다시금 약 1,000개의 다른 뉴런과 연결될 것이다. 따라서 우리의 출발점 뉴런과 다시 연결될 수 있는 뉴런의 개수는 벌써 100만 개에 달한다. 이런 식으로 계산해보면, 우리의 출발점 뉴런은 다른 뉴런 2개를 거치는 되먹임 고리를 약 1만 개, 다른 뉴런 3개를 거치는 되먹임 고리를 약 1000만 개 보유하게 된다.[16] 따라서 각각의 미세한 구역 안에 1만 개보다 훨씬 더 많은 뉴런이 들어있는 우리의 겉질에는, 스파이크들을 출발점에서 종착점으로 운반하고 다시 출발점으로 되먹여 원래의 뉴런에서 거의 함께 도착하는 전압 펄스들의 계열을 창출할(그리하여 스파이크의 발생을 유발할) 되먹임 고리들이 차고 넘칠 것이다. 그렇게 되먹임 고리들에 의해 스파이크가 발생하면 모든 과정이 다시 시작된다.

(이것은 겉질의 미세한 구역의 한 층에 관한 이야기일 뿐이다. 우리가 줌아웃하면 더 많은 되먹임이 보이고 스파이크들을 유지할 방도 또한 더 많이 보인다. 동일한 겉질 구역 내에서 층들을 넘나드는 되먹임 고리들도 있다.[17] 시각겉질에서 우리는 4층에서 3층과 2층으로 내달린 다음 다시 아래로 내달려 5층에 도달했다. 꼼꼼한 지도 제작자가 곁에 있었다면, 그는 2층과 3층에서 4층으로 돌아가는 경로도 있고 5층에서 3층과 2층으로 돌아가는 경로도 있다고 우리에게 일러주었을 것이다. 또한 겉질 구역들을 넘나드는 되먹임 고리들도 있다. 우리가 2개의 시각 고속도로에서 보았던, 우리가 방금 떠난 구역들—V1, V2, V4, MT—로 흐르던 스파이크들은 바로 그런 되먹임 고리들을 따라 운반되고 있었다.[18] 또한 겉질을 벗어나 시상을 거쳐 다시 겉질로 돌아오는 장거리 되먹임 고리들도 있다.[19] 조금 갔다가 돌아오는 고리가

있는가 하면, 멀리 갔다가 돌아오는 고리도 있다.)

지금까지의 설명은 어떻게 뉴런 군단이 자발적으로 활동할 수 있는지에 관한 것이었다. 이제 새로운 질문을 던져보자. 필수적인 균형은 어떻게 유지될까? 우리는 이 질문의 답도 이미 살펴보았다. 지난 여행에서 보았듯이 피라미드 뉴런의 축삭돌기는, GABA를 방출하여 표적 뉴런들을 억제하는 희박한 사이뉴런들과도 접촉한다. 그 사이뉴런들은 정말로 드물다. 겉질 뉴런으로 들어오는 입력의 약 90퍼센트는 흥분성이고 단 10퍼센트만 억제성이다. 그러나 억제성 입력은 강력하다. 뉴런 본체 가까이 위치한 GABA 시냅스들은, 지나가려는 흥분성 펄스들을 소멸시킨다. 그리고 그 GABA 시냅스들의 실패율은 흥분성 시냅스들보다 훨씬 더 낮다. 따라서 사이뉴런들에서 유래한 스파이크는 신뢰할 만하고 강력하다. 일부 사이뉴런은 직접 다시 원래의 피라미드 뉴런과 연결될 것이다. 다른 사이뉴런들은 되먹임 고리를 따라 더 멀리 나아간 곳의 피라미드 뉴런들을 억제하여 스파이크 전송을 멈추게 할 것이다. 또 다른 사이뉴런들은 되먹임 고리의 끝에 위치하여 궁극적으로 출발점 뉴런에 억제성 스파이크를 돌려줄 것이다. 이처럼 한 피라미드 뉴런에서 유래한 스파이크 하나가 신호탄으로 작용하여 수백만 개의 스파이크가 연결망을 누비게 된다. 그 흥분성 스파이크들과 억제성 스파이크들은 하류의 뉴런들이 얽히고 설켜 이룬 조밀한 망을 통과하여 흥분성 스파이크들과 억제성 스파이크들의 흐름을 창출해 결국 원래의 출발점 뉴런으로 돌려보낼 것이다.

심층적인 이론 연구에서 밝혀진 바에 따르면, 그런 뉴런 연결망의 세밀한 세부사항들이 자발적 활동의 유형과 그 활동의 지속 기간을 결정한다. 그 세부사항들은 흥분성 뉴런과 억제성 뉴런의 정확한 비율에 관한 것, 그리고 무엇이 무엇과 연결되어 있느냐, 또 얼마나 강하게 연결되어 있느냐에 관한 것이다.[20] 일부 배선은 연결망이 최초의 짧고 선명한 입력에 반응하는 것을 넘어 계속 활동함에 따라 대폭 확장될 수 있다.[21] 혹은 최초 입력 이후 연결망의 활동이 완전히 자족적일 수 있다. 아니면 최초 입력이 전혀 없더라도 연결망이 자족적인 (자기를 유지하는) 스파이크들을 보유할 수도 있다. 왜냐하면 연결망이 온전하기만 하다면, 이미 연결망 안에 있는 스파이크들만으로 새로운 스파이크들을 생산할 수 있기 때문이다. 일부 연결망은 불규칙한 스파이크 패턴을 형성하고, 또 다른 일부 연결망은 진동하는 패턴을 형성하여 스파이크들을 물결처럼 발생시키며, 나머지 연결망은 카오스로 붕괴하는 패턴을 형성한다.

그리고 이론가들은 어떤 유형의 연결망이 자족적 스파이크들을 생산하는지 잘 연구해낸다. 가장 명백한 것부터 말하면, 팔을 들어 책상 너머로 뻗는 동작과 손가락들을 펼쳐 쿠키를 쥐는 동작을 일으키는, 운동겉질에서 일어나는 자족적 활동은 어떤 유형의 연결망에 의해 수행될까? 잘 발전된 한 이론은, 운동겉질의 뉴런 군단에서 점화의 "원호arc"를 일으키는 유형의 자족적 연결망을 다룬다.[22] 그 이론에 따르면, 운동겉질의 연결망은 적절한 되먹임 고리들과 균형, 배선을 보유한 덕분에, 입력이 들어오면 그 연결망에 속한 일련의 뉴런들이 자족적인 스파이크들을 생산하게 된다. 하지만 이때 자족성은 일시적이다. 그 자족적인 스파이크들은 최초 입력보다 훨씬 더 오래가지만 몇십 밀리초 후에 사라진다.

실제로 인간에서부터 생쥐와 바다민달팽이와 초파리 애벌레까지, 모든 유형의 운동은 그런 자족적 뉴런 연결망들에 의해 창출된다.[23] 주기적인rhythmic 운동―예컨대 걷기, 기기, 헤엄치기―이 이루어지는 모든 곳에서, 반복되는 활동을 스스로 유지하는 뉴런들의 회로를 발견할 수 있다. 그런 회로가 최초 입력을 받아 살아나면, 자족적 뉴런들이 여러 주기에 걸쳐 스파이크들을 점화한 뒤에 침묵한다. 다수의 뉴런에서 동시에 스파이크가 발생할 때마다 한 근육이 수축하고, 모든 뉴런에서의 스파이크 발생을 두루 거쳐 완성되는 한 주기마다 1회의 운동이 창출된다. 그 운동이란 걷기에서 한 걸음, 기어가기에서 사지 하나를 끌어당기고 다른 하나를 밀기, 수영에서 팔 젓기 한 번 등이다.

우리의 앞이마엽겉질 뉴런들은 끈질기게 반복되는 스파이크들을 통해서 쿠키와 상자와 사무실 직원들에 대한 기억을 유지한 것이다. 스파이크가 끈질기게 반복된다는 것은 유지된다는 것을 뜻한다. 따라서 이 메모리 버퍼에 관한 최선의 이론은, 앞이마엽겉질이 상호 되먹임 뉴런 연결망들을 보유하고 있다는 것이다. 입력이 주어지면―이를테면 낡은 상자 뚜껑이나 동료의 시선이 포착되면―그 입력을 정신 안에 붙들어두는 스파이크들을 스스로 유지하는 연결망들을 말이다.[24]

같은 연결망 유형들이 의사결정도 담당할 개연성이 높다. 마루엽겉질과 앞이마엽겉질에 축적된 스파이크들은 몇 초 동안 존속할 수 있다. 그런데 몇 초 동안의 존속은 그 스파이크들이 뉴런들 자체에 의해 유지되어야 함을 의미한다. 따라서 결정이 내려지기까지의 오랜 과정 내내 뉴런들이 어떻게 스파이크들을 전송하는가에 대해 우리가 내린 최선의 이론은 그 뉴런들도 상호 되먹임 연결망의 일부라는 것이다.[25] 일련의 이론들은 이 뉴런 간 되먹임이 겉질의 국지적 회로들에서 일어난다고 본다.[26] 반면에 다른 이론들은 겉질에서 바닥핵과 시상을 거쳐 다시 겉질로 돌아오는 고리에서 그 되먹임이 일어난다고 본다.[27]

요컨대 우리가 보기에 되먹임 연결망들은 겉질의 모든 곳에 있다. 그 뉴런 연결망들은 자신의 고유한 역동을 창출한다. 운동겉질, 앞이마엽겉질, 마루엽겉질에서 우리는 자족적 연결망의 특징인 지속하는 스파이크들을 본다. 겉질의 다른 곳에서도, 심지어 우리가 그런 유형의 자족적 스파이크들을 명시적으로 탐색하지 않을 때도, 우리는 그 되먹임 연결망들의 상세한 윤곽을 볼 수 있다. 겉질에서 뉴런 간 배선은 시각겉질의 첫 구역들을 비롯해서 어디에서나 대략 같다. 피라미드 뉴런들에서 출발하여 국지적 근방을 거쳐 다시 그 뉴런들로 돌아오는 되먹임 고리가 무수히 많다. 따라서 비록 우리가 시각겉질의 첫 구역들에서 자족적 스파이크들을 명확히 볼 수 없더라도, 그 구역들은 그런 스파이크들을 생산할 능력이 있을 수 있다.

이 추론에서 나는 흥미로운 아이디어 하나를 떠올렸다. 우리는 운동겉질에서 팔 운동과 맞물린 튜닝을 딱히 지니지 않은 뉴런들을 많이 보았다. 이 튜닝 결여를 발견한 연구자들은 놀라지 않았다. 왜냐하면 운동겉질이 자족적 연결망을 보유했다면 그런 튜닝 결여가 예측되기 때문이다. 즉 그렇게 튜닝이 없는 뉴런들이 존재해야 한다. 그 뉴런들은 되먹임 고리에 속해 있어서 직접 입력을 받지도 않고 직접 척수로 출력을 전송하지도 않기 때문이다. 그런데 뇌를 누비는 이 여행에서 우리는 외부 세계에 명백히 반응하지 않는 뉴런들에 이름을 붙였다. '2형 암흑뉴런'이 그 이름이다. 우리는 모든 곳에서 2형 암흑뉴런들을 보았다.

이제 내가 방금 언급한 아이디어를 간단히 설명할 수 있다. 2형 암흑뉴런들이 우리에게 실제로 말해주는 바는, 자족적 역동이 모든 겉질 구역을 지배한다는 것이다. 바꿔 말해 2형 암흑뉴런들, 곧 '활동하지만 튜닝되어 있지 않은' 뉴런들은 실은 자발적 활동을 산출하기 위해 존재한다는 것이 나의 아이디어다.[28] V1, V2, V4, '무엇 고속도로'와 '하기 고속도로' 전체에서, 한마디로 우리가 여행하면서 거치거나 거치지 않은 모든 곳에서 2형 암흑뉴런들은 자발적 활동을 산출하기 위해 존재한다고 나는 생각한다. 자족적 역동에서 유래한 스파이크들을 보지 못했다고 우리가 생각하는 겉질의 모든 곳에서 어쩌면 우리는 그런 스파이크들을 내내 빤히 보고 있었을 것이다. 다름 아니라 2형 암흑뉴런들의 스파이크들이 그런 스파이크들이다.

우리는 피질 전역에서 자발적 스파이크들을 본다. 그리고 방금 설명했듯이, 우리는 그것들이 어떻게 발생하는지에 관한 연구를 잘해나가고 있다. 하지만 깨어 있고 행동하는 뇌에서 자발적 스파이크들은 무엇을 위해 존재할까? 뉴런의 박동조율과 연결망의 자발적 활동은 신경과학자에게 악몽과도 같다. 그 둘은 이례적으로 많은 에너지를 사용하지만 어떤 입력에 의해서도 촉발되지 않았다. 그것들은 세계에 관한 메시지를 운반하지 않는 듯하다. 즉 코드가 없는 것처럼 보인다. 뉴런의 박동조율과 연결망의 자발적 활동이 존재한다는 심오한 수수께끼를 푸는 것은 마지막 장의 과제다.

10장

단지 한순간

속도 제한

이제 쿠키는 입으로 이동하는 중이다. 쿠키가 올라오는 동안 우리의 뇌 전역에서 스파이크들이 발생한다. 망막에서부터 시각겉질과 앞이마엽겉질을 거쳐 운동겉질과 바닥핵, 또 아래로 뇌간을 통과하여 척수에 이르기까지, 모든 곳에서 스파이크가 발생했다. 그것은 단지 한순간이었다. 겨우 2초. 쿠키를 바라보는 순간부터 손에 쥐는 순간까지, 눈 깜박할 사이.

용암처럼 뜨거운 커피에 닿은 손을 화들짝 움츠리는 더없이 단순한 반사에서부터, 등 뒤에서 호랑이가 으르렁거리는 소리에 얼어붙는 것, 앞에서 전속력으로 달려오는 검은색 흰색 얼룩이 황홀경에 빠진 달마시안인지 화난 판다인지 판단하는 것, 가장 좋아하는 노래의 다음 가사로 뇌를 채워 덴마크 지형보다 더 평탄히 합창할 수 있게 하는 것에 이르기까지, 뇌가 외부 세계에 반응할 수 있는—반응해야 하는—속도는 스파이크의 작동 방식을 잔인할 정도로 엄격하게 제한한다. 그리고 우리의 뇌는 터무니없이 빠르게 반응할 수 있다.

단순히 외부 세계에 반응하는 데는 겨우 몇십 밀리초밖에 걸리지 않는다. 누군가 우리에게 사진 한 장을 섬광의 형태로 보여주면, 망막 신경절세포들의 스파이크에서 감지할 수 있는 변화가 일어나기까지 약 20밀리초가 걸린다. 시각겉질의 첫 구역인 V1은 사진을 본 순간 으로부터 약 40~50밀리초 뒤에 반응한다. V2의 반응은 V1의 반응보다 10밀리초 뒤에, V4의 반응은 V2의 반응보다 약 10밀리초 뒤에 일어난다. '하기 고속도로'는 '무엇 고속도로'보다 더 빠르다. MT 영역의 뉴런들은 V1에서 감지할 수 있는 최초의 변화가 일어난 순간으로부터 겨우 10밀리초 뒤에 스파이크 생산 패턴을 바꾼다.[1]

납득할 만하지 않은가? '하기 고속도로'는 겉질을 가로지르는 신속한 반응 경로다. 이 경로의 임무는 무언가가 어디에서 어떻게 움직이는지 파악하여, 손을 대고 움켜쥐거나 허리를 숙이고 엎드리기를 우리에게 즉각적 선택지로 제공하는 것이다. '무엇 고속도로'는 겉질을 가로지르는 더 느리고 신중한 경로다. 이 경로의 임무는 그 무언가가 무엇인지 파악하여 그것이 먹을 수 있는 놈인지, 주먹으로 처버릴 수 있는 놈인지, 늦게 출근했다는 이유로 질책하려는 놈인지 알려주는 것이다. 이 경로는 '하기 고속도로'보다 더 느리지만, 우리의 가락모양 얼굴영역fusiform face area은 익숙한 얼굴을 보는 순간으로부터 100밀리초 안에 활성화된다.

단지 외부 세계에 반응하는 것 이상의 행동을 할 때 뇌가 사용하는 시간은 더 길지만 훨씬 더 길지는 않다.[2] 한 가지 테스트를 해보자. 우리가 버튼 하나를 누르고 있는 동안, 누군가 사진 한 장을 겨우 30밀리초 동안 지속하는 섬광의 형태로 보여줄 것이다. 우리의 과제는 그 사진이 동물 사진일 때만 버튼에서 손을 떼는 것이다. 우리의 뇌는 망막에서 쏟아져 들어오는 스파이크들을 사용하여 사진 속 형상의 기본 얼개를 재구성해야 할 뿐 아니라 이어서 그 재구성의 결과를 동물들의 모습에 관한 기억들과 비교해야 한다(그 스파이크들은 어디가 어둡고 어디가 밝은지, 밝은 부분과 어두운 부분의 경계가 어떤 각도로 놓여 있는지 등에 관한 메시지를 담고 있다). 더 나아가 우리는 기억하는 동물의 모습들 중 하나가 그 사진 속에 있는지 판단해야 한다. 이렇게 꼼꼼히 따져보니, 꽤 어려운 과제인 듯하다. 그러나 필시 우리는 못해도 90퍼센트의 비율로 정답을 맞힐 것이다. 왜냐하면 우리의 뇌는 이 과제를 정말 빨리 해치울 수 있기 때문이다. 사진이 처음 나타나는 순간부터 무엇 고속도로의 (앞이마엽겉질에 위치한) 끄트머리에서 이루어지는 활동이 사진 속 형상이 동물인지 여부에 따라 달라지는 순간까지 걸리는 시간은 겨우 150밀리초다.[3] 이것이 믿기 어려울 정도로 빠르다고 느낀다면 다음 연구 결과를 보라. 테리 스탠퍼드Terry Stanford와 동료들은 새로운 시각 정보가 결정에 영향을 미치는 데 필요한 시간이 겨우 30밀리초면 충분함을 보여주었다.[4]

물론 뇌가 처리해야 할 것이 더 많을수록 반응은 더 느려진다. 우리의 뇌가 사진 속에 동물이 있는지를 판단한 다음에도 해야 할 일이 더 남아 있다. 우리는 옳은 반응—버튼에서 손을 떼거나 지속하기—을 선택해야 하고 또 그 반응을 실행해야 한다. 사진이 처음 나타나는 순간부터 버튼에서 손을 떼는 순간까지의 시간은 평균 450밀리초 정도일 개연성이 높다. 사진이 등장한 후 150밀리초에 이미 뇌는 사진 속에 동물이 있는지를 아는 듯하므로, 옳은 반응을 선택하여 실행하는 데 걸리는 시간이 더 긴 셈이다.

우리의 뇌를 느려지게 만드는 또 하나의 방법은 뇌가 수학을 하게 만드는 것이다. 이 방법은 너무나 자명해 보인다. 그럼에도 스타니슬라스 데헤네Stanislas Dehaene는 뇌가 수학을 하면 과연 얼마나 느려지는지 검사하기로 했다.[5] 그는 자발적 피험자들에게 다음과 같은 간단한 질문을 던졌다. "이 수는 5보다 큰가요, 작은가요?" 숫자가 처음 나타나는 순간부터 피험자들이 버튼을 눌러 대답을 제시하는 순간까지의 시간은 평균 400밀리초 정도였다. 0.5초보다 짧은 시간에 그들의 뇌는 그 수가 무엇인지 파악하고 그 수를 5와 비교하고 옳은 버튼을 눌러 반응했다. 또한 더 빠를 수도 있었다.

데헤네의 실험에서 절묘한 부분은 그가 과제 수행의 세 부분—파악하기, 비교하기, 반응하기—을 모두 조작해봄으로써 어느 부분에서 병목현상이 발생하는지 알아냈다는 점이다. 수를 말로 들려주었을 때보다 보여주었을 때 반응이 더 빨랐다. 이 결과는 뇌가 말보다 글을 더 빨리 파악함을 시사한다. 5에서 멀리 떨어진 수가 제시될수록 반응이 더 빨라졌다. 이 결과는 수직선이 그야말로 실재함을 시사한다. 또 버튼을 왼손으로 누를 때보다 오른손으로 누를 때 반응이 더 빨랐다. 모든 피험자가 오른손잡이였으므로, 이 결과는 그들의 좌뇌 운동 겉질이 오른손을 주로 통제하기 때문에(4장의 편측화 참조) 반응 속도의 향상이 일어났음을 시사한다. 결국 최단 반응 시간은 375밀리초였는데, 이 기록은 5에서 멀리 떨어진 수를 보여주고 버튼을 오른손으로 누르게 만들었을 때 나왔다. 최장 반응 시간은 435밀리초였고, 이 기록은 5에서 가까운 수를 말로 불러주고 버튼을 왼손으로 누르게 만들었을 때 나왔다. 그러나 처리 과정—파악, 비교, 반응—의 이 같은 차이들은 뇌의 전체 반응 시간을 겨우 몇십 밀리초 변화시켰다.

　우리는 뇌에게 충분한 정보를 제공하지 않음으로써 뇌를 더욱 느려지게 만들 수 있다. 이 대목에서 앞에서 본 무작위로 움직이는 점들의 영화가 다시 등장한다. 관련 과제는 점들이 주로 움직이는 방향을 판단하고 그 방향의 빛을—오른쪽의 빛이나 왼쪽의 빛을—바라보는 방식으로 판단을 제시하는 것이었음을 상기하라. 우리는 같은 방향으로 움직이는 점들의 비율을 조절함으로써 과제의 난이도를 조절할 수 있다. 같은 방향으로 움직이는 점들의 개수가 적을수록 과제는 더 어렵고, 피험자로 나선 인간과 원숭이와 설치동물은 더 느리게 판단을 내린다.[6] 모든 점 중 절반이 같은 방향으로 움직이면 결정을 내리는 데 약 400밀리초가 걸리고 거의 모든 결정이 정답이다. 그러나 같은 방향으로 움직이는 점들의 비율이 3퍼센트로 떨어지면 결정을 내리는 데 걸리는 시간이 약 두 배로 길어지고 피험자들은 많은 오류를 범한다. 더 나쁜 성적은 모든 점의 방향이 제멋대로일 때 나온다. 이 경우에는 정답이 없는데, 인간 피험자는 최대한 빨리 결정을 내리라는 지시를 받더라도 1초 이상 디스플레이를 응시할 것이다. 드물고 난해한 정보를 모아야 할 때 뇌는 심하게 느려진다. 하지만 여기에서도 '느림'은 상대적이다. 심하게 느려지더라도 고작 1초 정도가 더 걸릴 뿐이지 않은가.

출출해서 쿠키를 훔쳐 먹기로 결정하고 실행하는 과정은 위의 모든 것과 그 이상의 것을 아우른다. 그 모든 밝은 부분과 어두운 부분과 각을 조합하여, 칙칙한 갈색 책상 위에 놓여 있으며 뚜껑이 열려 있고 필기체로 "Cookies"가 적혀 있는 상자 안의 바삭한 쿠키의 모습을 구성하는 스파이크들. 밝은 갈색의 매혹적인 반달 모양이며 표면에 검은색 점들이 붙어 있는 그 물체를 쿠키로, 먹을거리로, 임박한 전체 회의에 앞서 원기를 회복해야 한다는 절박한 문제의 해답으로 알아보는 데 필요한 스파이크들. 방금 동료들이 어디에 있었는지, 지금 누가 누구와 함께 있는지, 누가 어디를 보고 있는지 기억하는 데 필요한 스파이크들. 그 기억들과 새로운 정보를 수집하여, 쿠키를 집을지 말지에 대한 판단의 근거로 삼는 데 필요한 스파이크들. 손을 뻗어 손가락 끝을 쿠키의 바삭한 가장자리에 대는 데 필요한 스파이크들. 점심식사 후 멍한 뇌의 무기력함을 넉넉히 감안하더라도, 쿠키가 무엇이고 어디에 있는지에 관한 정보를 모으는 데 걸리는 시간이 약 300밀리초, 필요한 모든 기억을 불러내고 결정을 내리는 데 걸리는 시간이 또 1.5초, 상체를 기울여 환희의 쿠키에 손을 대는 데 걸리는 시간이 또 300밀리초. 전부 합해서 겨우 2.1초가 걸린다.

이 시간 규모에서 스파이크는 비교적 답답한 도구다. 스파이크를 생산하고 전송하는 물리적 과정은 1~2초 안에 전송되고 수용되고 갱신될 수 있는 스파이크의 개수에 엄격한 상한선을 부여한다. 전압 펄스를 일으키는 일은 빠르게 이루어지지만 무한히 빠르게 이루어지지는 않는다. 분자들이 확산하고 이온들이 흐르고 전압이 등락해야 하기 때문이다. 전압 펄스들을 수집하여 임계점에 도달하는 일도 빠르게 이루어지지만 무한히 빠르게 이루어질 수는 없다. 임계점에서 스파이크를 생산하는 일도 빠르게 이루어지지만 무한히 빠르게 이루어지지는 않는다. 스파이크를 생산하고 전송하는 과정의 매 단계에서 시간이 경과하고, 세계에서 벌어지는 일을 처리하는 과정은 그만큼 더 지체된다. 설령 뉴런에 도착하는 모든 스파이크 각각이 뉴런을 임계점으로 밀어올리기에 충분할 만큼 큰 전압 펄스를 유발하더라도, 한 스파이크가 그 뉴런으로 건너가는 시냅스에 도착하는 순간과 그 뉴런에서 발생한 새로운 스파이크가 표적 시냅스에 도착하는 순간 사이에 최소 10밀리초의 간격이 발생할 것이다. 더구나 그 시냅스의 축삭돌기가 느리거나 길다면, 또는 느린 동시에 길다면, 그 간격은 더 길어질 것이다. 그렇다면 우리의 뇌는 스파이크들의 속도 제한을 어떻게 극복할 수 있을까?

두 가지 해법이 있다. 첫째 해법은 잘 알려져 있다. 뇌는 병렬로 계산한다는 것이다.

가지 않은 길

속도 제한 문제에 대한 첫째 해법은 '가지 않은 길'에 있다. 우리는 단일 경로로 여행했다. 그 경로는 뉴런들로 이루어진 단일한 직렬 사슬이었으며, 망막에서부터 겉질의 많은 부분을 거쳐 척수까지 아래로 이어져 있었다.

그런데 그 여행에서도 우리 외에 우리 자신의 클론이 있었다. 우리는 '무엇 고속도로'를 탔고, 또 다른 우리는 '하기 고속도로'를 탔다. 이는 언뜻 보기에 간단한 쿠키 집기 과제를 해결하는 데 필요한 노동 분업을 추적하기 위해서였다. 그러나 우리가 갈 수 없던 길들, 즉 우리의 여행과 나란히 병렬로 이루어지고 있던 여행들이 아주 많았다.

우리는 이 병렬성parallelism을 주위의 모든 곳에서 볼 수 있었다. 스파이크 클론에 올라타 축삭돌기를 따라 내달려 시냅스 틈새에 도달할 때마다, 우리는 그 틈새를 건너 가지돌기를 타고 내려가서 이제 막 스파이크를 전송하려는 새로운 뉴런 본체에 이르렀다. 우리는 그 축삭돌기가 형성한 시냅스 틈새 중 어느 것에서든지 건너갈 수 있었다. 우리가 갈 수 있었던 길들은 정말이지 얼마나 많았던가.

이제야 알고 하는 말이지만 우리는 운이 좋았다. 축삭돌기 하나는 많은 시냅스를 형성한다. 하지만 실패율이 높기 때문에 대다수의 시냅스 틈새에서 스파이크는 효과를 내지 못한다. 더구나 효과를 내더라도 시냅스 건너편의 뉴런은 스파이크를 생산하기에 충분한 입력들을 짧은 기간 안에 몰아서 받지 못해 스파이크를 생산하지 못할 개연성이 매우 높다. 스파이크의 여행은 위험한 여행, 파국에 이르기 쉬운 여행이다.

스파이크의 여행이 얼마나 위험한지 알기 위해 숫자들을 따져보자.[7] 우리는 피라미드 뉴런 하나가 다른 피라미드 뉴런들과 만나는 흥분성 접촉부(시냅스)를 약 7,500개 형성한다는 것을 발견했다. 그리고 그 접촉부들의 실패율은 약 75퍼센트다. 총 2.1초 동안의 여행에서 우리가 한 뉴런에서 다른 뉴런으로 얼마나 많이 건너갔는지 감안하면, 우리는 한 피라미드 뉴런의 스파이크에 올라탄 후 10밀리초혹은 그 안에 새로운 스파이크로 갈아타야 했다. 그래야만 쿠키를 집어드는 행동에 영향을 미칠 수 있었다. 그런데 이웃 뉴런 7,500개 각각이 앞으로 10밀리초 안에 스파이크를 전송할 확률은 (아주 대략적으로) 1퍼센트다. 따라서 우리가 겉질 어딘가에서 한 피라미드 뉴런에서 발생한 스파이크에 올라타 이동하기 시작했을 때, 우리가 건너가서 지체없이 여행을 이어갈 수 있었을 이웃 뉴런은 단 19개뿐이었다. 즉 거기에 도착하는 스파이크가 실패하지 않고, 이어서 거기에서 충분히 신속하게 새 스파이크가 전송되었을 이웃 뉴런이 19개였다는 것이다. 바꿔 말해 우리는 7,500개의 선택지 중에서 딱 19개뿐인 정답 중 하나를 맞혀야 했다. 그래야만 매번 건너가면서 여행을 이어갈 수 있었다. 뇌 전체를 통과하는 여행을 단 2.1초에 완료한 우리는 정말 운이 좋았다.

그런데 정답의 수가 그렇게 적더라도, 우리가 갈 수 있었던 경로의 수는 몇 번의 건너가기만 고려해도 폭발적으로 증가한다. 정답인 이웃 뉴런 19개 각각에서 다시금 19개의 다른 뉴런들에 도착할 수 있을 것이다. 따라서 두 번 건너간다면, 우리가 갈 수 있는 경로는 3,516개에 달할 것이다. 세 번 건너간다면, 가능한 경로의 수는 659,180개가 된다. 단 하나의 뉴런에서 출발하더라도, 또 드문 정답 시냅스를 발견하는 데 필요한 도박꾼의 운이 따르더라도, 몇 번만 건너가고 나면, 우리가 갈 수 있었지만 가지 않은 경로의 수는 지수함수적으로 폭증한다. 그리고 이 경로들 각각은 어떤 다른 계산을 병렬로(동시에) 하고 있을 가능성이 있다.

이 국지적 병렬 경로들보다 훨씬 더 많은 경로가 존재한다. 뇌 구역 각각은 스파이크들을 병렬로 전송한다. 실제로 망막을 벗어나자마자 망막 신경절세포들은 타일들이 벽면을 뒤덮듯이 시각 세계를 완전히 뒤덮는 대응 관계를 형성한다. 이때 인근의 뉴런들은 인근의 사물들과 대응한다. 망막의 맨 아래 위치한 뉴런들은 세계의 맨 위에 있는 사물들과 대응하고, 맨 위 뉴런들은 맨 아래 사물들과 대응한다. 쿠키 장면의 픽셀들은 각각의 통로channel 안에서 병렬로 다뤄졌다. 일부 신경절세포들은 책상 가장자리와 인접한 책상 곳곳의 자투리 픽셀들을 다뤘고, 일부 신경절세포들은 그레이엄 너머로 얼핏 보이는 벽, 그레이엄의 넥타이, (망가진) 복사기를 다뤘으며, 또 다른 신경절세포들은 맞은편 칸막이에 붙어 있는 전혀 감동적이지 않은 포스터를 다뤘다. 그 포스터가 선언하는 바는 이러했다. "고객 서비스는 회사의 부서가 아니라 정신이다." 우리는 공간의 한 위치, 즉 바삭한 쿠키의 경계선이 담긴 픽셀에서 유래한 스파이크들만 추적했지만, 그러는 동안에 우리 주위의 모든 곳에서는 다른 신경절세포들의 스파이크들이 세계의 나머지 부분에 관한 정보를 병렬로 운반하고 있었다.

게다가 그 픽셀들 각각도 최소 30가지 유형의 빽빽이 밀집한 신경절세포들에 의해 다뤄졌다. 그 신경절세포들은 제각각 다른 정보를 운반했다. 빛의 켜짐이나 꺼짐, 빛이 변화하는 속도, 빛의 방향, 또는 이것들의 조합에 관한 정보를 말이다. 공간 안의 픽셀 각각이 병렬로 계산되었고, 각각의 픽셀 안에서도 별개의 정보 흐름들이 30개 이상 병렬로 있었다. 그 정보 흐름들은 모두 스파이크들로 이루어져 있었는데, 우리는 하나의 흐름만 추적했다.

우리는 이런 병렬성을 여행의 막바지에서도 보았다. 운동겉질에 있는 뉴런들은 정보를 병렬로 전송해야 했다. 일부 뉴런들은 자세를 바꾸기 위해 스파이크들을 전송했다. 다른 일부는 어깨를 움직이기 위해 스파이크를 전송했고, 또 다른 일부는 팔을 뻗기 위해 스파이크들을 전송했다.

뇌의 병렬 계산은 이런 수준의 병렬성에 국한되지 않는다. 뇌 전체가 하나의 방대한 병렬 계산 괴물이다. 우리가 여행 중에 방문하지 못한 뇌 부분들이 아주 많다. 망막에서 유래한 스파이크 중 일부는 곧장 뇌간으로 전송된다. 이는 눈을 빠르게 움직여서 굶주린 짐승이 방금 시야에 들어왔는지 살펴보기 위해서다. 또 어떤 스파이크들은 해마와 그 주변으로 전송되는데, 그 덕분에 뇌는 회의 전 혈당을 보충해야 했던 응급 사건에 대한 유사한 기억을 불러내고, 이번 쿠키 사건에 대한 기억을 형성하고, 우리가 사무실 안의 어디에 있는지 점검한다. 편도체와 그 주변으로 전송되는 스파이크들은, 쿠키 훔쳐먹기 모험에서 혹시라도 나올 수 있는 나쁜 결과로부터 우리의 뇌가 기꺼이 교훈을 얻을 수 있도록 준비시킨다. 또 시상으로 전송되는 스파이크들과 소뇌, 무명질substantia innominate, 시상하부hypothalamus로 전송되는 스파이크들, 그밖에 모든 곳으로 전송되는 스파이크들이 있다. 다양한 것을 계산하고 다양한 해법을 제안하는 일을 모두 병렬로 해내기 위해 뇌의 모든 곳으로 스파이크들이 전송된다.

뇌는 모든 규모에서 병렬적이다. 단일 뉴런에서 뻗어나오는 경로들에서부터, 뇌 구역들을 통과하는 동시 노선들까지, 모든 규모에서 말이다. 이런 병렬 처리는 속도 제한 문제의 한 부분을 해결한다. 즉 어떻게 모든 일을 한꺼번에 해낼 것인가라는 문제를, 세계를 분할하고 각각의 부분을 동시에 계산함으로써 해결한다. 그러나 병렬 처리는 주요 속도 제한 문제를 해결하지 못한다. 즉 개별 계산 각각―예컨대 밝고 어두운 픽셀들이 쿠키로 변환되고, 결정으로 변환되고, 운동으로 변환되는 과정―은 여전히 직렬로 진행된다는 문제를 해결하지 못한다.

1초 이내의 시간에는 대다수 뉴런이 스파이크를 생산할 겨를이 없다. 또한 생산할 수 있는 극소수도 기껏해야 한 줌의 스파이크를 생산한다. 더 나아가 그렇게 한 줌의 스파이크가 생산되더라도, 그것들이 표적 뉴런들에 도착했을 때는 이미 그 뉴런들이 자신의 스파이크를 전송한 뒤일 것이다. 그렇다면 어떻게 우리가 눈에서 출발하여

150밀리초 이내에 겉질의 앞부분에 도착할 수 있을까? 또 다른 해법이 필요하다.

생존을 위한 자발성

몸이 첫째 시각겉질 구역에서 스파이크 군단을 생산하고, 이어서 둘째 시각겉질 구역에서 스파이크 군단을 생산하고, 또 여러 단계를 거쳐 척수에서 스파이크 군단을 생산하기 위하여 망막에서 유래한 스파이크들을 기다려야 한다면 어떻게 될지 상상해보라. 그렇게 이 모든 과정을 완료하려면 몇십 초, 심지어 몇 분이 걸릴 것이다.

몸은 매 단계에서 스파이크 군단이 사전 준비 없이 맨 처음부터 생산되기를 기다리며 빈둥거릴 여유가 없다. 그렇게 빈둥거리다가는 잡아먹힌다. 그렇다면 어떻게 스파이크들은 감각을 행동—들어올리기, 팔 뻗기, 이동하기, 결정하기—으로 변환하는 작업을, 생존하기에 충분할 만큼 빠르게 해내는 것일까?

해법은 자발적 스파이크들이라고 나는 주장한다. 그 스파이크들은 중대한 생존 문제에 대한 뇌의 해법이다. 자발적 스파이크들은 이미 존재하므로, 몸은 그것들이 생산되기를 기다릴 필요가 없다. 그리고 그것들이 이미 존재하므로, 몸은 그것들을 써먹을 수 있다.

자발적 스파이크를 이용하면 뉴런을 외부 세계에 더 빠르게 반응하게 만들 수 있다. 피라미드 뉴런을 입력으로 교란하지 않고 가만히 놔두면, 그 뉴런의 전압은 임계점보다 훨씬 아래의 디폴트 값에 안착할 것이다. 즉 휴식 상태에 접어든다. 바로 이 휴식 상태에서 출발하기 때문에, 그 뉴런으로부터 출력 스파이크 하나가 발생하려면 입력 스파이크 몇백 개가 필요한 것이다(3장 참조). 게다가 이것은 뉴런을 임계점으로 몰아가려는 시도를 진압하는 GABA의 흡혈귀 효과를 제쳐놓고 하는 얘기다. 휴식 상태의 뉴런은 깨워도 느릿느릿 깨어나며 경보음이 지속적으로 울리지 않으면 다시 잠들곤 한다.

반면에 그 뉴런의 전압이 이미 임계점 근처의 값이라면 어떻게 될까? 그러면 그 뉴런은 한 줌의 추가 스파이크들만 받아도 새로운 스파이크를 생산할 수 있다. 즉 거의 즉시 스파이크를 전송할 수 있다. 만일 그 한 줌의 추가 스파이크들이 외부 세계의 무언가에 의해 유발되었다면, 그 뉴런은 외부 세계에 거의 즉시 반응할 수 있다. 그렇다면 세계에 의해 유발된 스파이크들이 도착할 때, 어떻게 뉴런이 이미 임계점 근처에 있을 수 있을까? 바로 자발적 스파이크들 때문이다. 자발적 스파이크들은 많은 뉴런에서 전압 펄스들을 일으켜 그 뉴런들의 전압을 밀어올린다.

대규모 뉴런 회로를 휩쓰는 자발적 스파이크들의 소용돌이는 임계점 근처에 있는 뉴런들이 항상 존재하도록 만든다. 따라서 외부 세계에 관한 메시지를 실은 새 스파이크들이 언제든지 그 회로에 도착하면, 임계점 근처에 있는 뉴런들이 거의 즉시 반응하여 자신들의 스파이크를 전송함으로써 그 메시지를 계속 전달할 수 있다. 단일 뉴런은 굼뜰 수 있지만 뉴런 집단은 항상 반응할 준비가 되어 있다. 이것 역시 군단의 위력이다.[8] 이미 임계점 근처에 있는 뉴런들, 곧 '준비된 뉴런들'이 겉질 구역 각각에, 즉 V1, V2, V4, MT, 앞이마엽겉질 등에 이미 있었기 때문에, 우리 여행의 각 단계가 몇 밀리초 이내에 완료될 수 있었던 것이다.

이런 관점에서 보면, 자발적 스파이크들은 외부 세계에 의해 유발된 스파이크들을 돕기 위해 존재한다. 이것은 확실히 유효한 해석이지만 수많은 찝찝한 의문을 일으킨다. 첫째, 모든 것이 우연히 이루어지고 있다. 세계로부터 새 정보가 도착하는 정확한 순간에 어떤 뉴런들이 자발적 스파이크들에 의해 임계점에 다가가고 있을지는 무작위하게 결정되는 듯하다. 만일 뇌의 유일한 관심사가 스파이크 군단에 의해 운반되는 정보라면(7장 참조), 어떤 뉴런들이 무작위하게 임계점에 다가가고 있는지는 어쩌면 중요하지 않을 것이다. 그러나 그렇다 하더라도, 다른 뉴런들이 빠르게 반응하도록 하기 위해 존재하는 스파이크들과 외부 세계에 관한 의미를 지닌 스파이크들을 뇌가 어떻게 구별할 수 있을까?

가장 근본적인 의문은 다음과 같은 사정에서 나온다. 자발적 스파이크들을 세계에 의해 유발된 스파이크들을 돕는 한낱 조력자로 써먹는다면, 이는 그 자발적 스파이크들을 생산하고 유지하는 데 필요한 엄청난 에너지를 이상하게 사용하는 것이다. 실제로 그 에너지는 어마어마하기 때문에, 세계에 의해 유발된 스파이크들이나 세계 안에서 행동하기 위해 필요한 스파이크들이 추가되더라도 뇌의 에너지 사용량은 미미한 비율로만 증가한다.[9] 자발적 스파이크들이 이토록 많은 에너지를 사용한다는 사실은 뇌가 그것들을 훨씬 더 나은 방식으로 써먹는다는 것을 시사한다.

우리는 그 방식이 무엇인지 안다고 생각한다. 자발적 스파이크들은 행동을 위해 뇌가 필요로 하는 정보의 대부분을 이미 운반하고 있다. 그 스파이크들은 '예측'이다.

예측을 위한 자발성

예측은 우리가 하는 많은 행동에서 결정적으로 중요하다. 기존 경험으로부터 축적한 앎은 미래 행동을 이끄는 길잡이다. 그 길잡이는 예측한다. '과거에 일어난 일에 기초할 때, 다음번에 일어날 개연성이 가장 높은 일은 이것이다.' 우리의 뇌는 경험을 예측으로 변환한다. 그리고 이 변환은 모든 시간 규모의 행동에서, 또한 단순한 행동과 복잡한 행동을 막론하고 모든 행동에서 이루어진다.

시각 세계를 예측하기

우리가 경험으로부터 배운 어떤 것은 아주 오랜 세월에 걸쳐 이루어진 것이기 때문에 우리는 그것을 배웠다는 것조차 자각하지 못한다. 그것은 '보기seeing'다. 우리의 시각 시스템은 아주 긴 시간에 걸쳐 발달한다. 우리는 자궁 안에서 눈을 떴지만 볼 것이 아무것도 없었다. 태어났을 때 우리의 뇌는 세계가 어떤 모습인지 전혀 몰랐다. 세계에 관한 통계들도 몰랐다. 얼마나 많은 경계선, 모서리, 곡선이 있는지, 그것들이 주로 어디에 있는지―지평선과 나무줄기와 집에는 일관되게 경계선이 있고, 종이와 주사위와 창문에는 일관되게 모서리가 있고, 달과 축구공과 파이에는 일관되게 곡선이 있음을―몰랐다. 경계선, 모서리, 곡선이 어떻게 관련을 맺는지, 어떻게 나무와 집과 축구공의 형태를 이루는지 몰랐다. 또 경계선, 모서리, 곡선이 주로 어떻게 운동하는지도 몰랐다. 그것들이 어떻게 갑자기 사라지거나 거꾸로 가거나 곤두박질치는 일 없이 우아한 호와 매끄러운 궤적을 그리는지를 몰랐다.

시각 세계에 관한 이 통계들은 모두 경험을 통해 학습된 것이다. 누군가를 수직선이 없는 세계 안에서 성장시키면 그는 수직적 물체가 앞에 놓여 있어도 보지 못할 것이다.[10] 누군가를 한쪽 눈을 가려놓고 성장시키면 나중에 다시 그 눈을 뜬다고 해도 그 눈은 아무것도 보지 못할 것이다.[11] 양쪽 경우 모두에서 시각겉질의 뉴런들은 세계에 관한 통계를 배울 수 없었다. 수직선의 경험을 박탈당했기 때문에, 수직선에 튜닝된 뉴런들이 없다. 한쪽 눈의 경험을 박탈당했기 때문에, 그 눈에서 유래한 시각 정보에 튜닝된 뉴런들이 없다. 뉴런들은 경계선, 모서리, 곡선을 경험을 통해 학습한다. 시각겉질에 있는 뉴런들은 우리가 성장한 가시적 세계의 통계들을 정확히 반영한다.

이는 우리 뇌가 이 평생의 경험을 예측으로 변환할 수 있음을 의미한다. 만일 그 가시적 세계의 통계들이 대체로 일관적이라면 우리는 각각의 장면을 새로 분석할 필요가 없다. 왜냐하면 바로 지금 세계 안에 무엇이 있는가에 관한 대부분을 뇌가 예측할 수 있기 때문이다. 이 예측은 우리의 뉴런들이 그 세계를 이미 경험해왔기 때문에 가능하다. 예측은 자발적 스파이크들을 생산하는 그 경험 많은 뉴런들에 의해 이루어진다. 자발적 스파이크들은 바로 지금 세계 안에 있는 경계선들과 모서리들과 곡선들의 특정한 집단을 예측한다. 또한 그것들의 임박한 운동도 예측한다. 이를테면 (순간이동을 고려할 상황은 아니니까) 지금 우리에게서 멀어지고 있는 세라가 다음 순간에는 조금 더 멀어지리라는 사실을 예측한다. 또한 세계 안에 있는 더 복잡하고 미묘한 특징인 색깔과 질감과 대상을 예측한다.

이 예측성 자발적 스파이크들이 속도 제한 문제를 해결한다. V1에서 스파이크들의 첫 물결을 일으키고, 이어서 V2에서 스파이크들을 동원하고, 이어서 V4와 그 밖의 구역들에서 스파이크들을 일으키는 것만이 목적이라면, 우리는 망막으로부터 오는 스파이크들을 수용할 필요가 없다. 왜냐하면 자발적 스파이크들이 이미 그 구역들 각각에 존재하고 이미 시각 세계의 대부분을 예측하고 있기 때문이다.

하지만 이 예측은 정확히 어떻게 이루어질까? 한 기발한 이론에 따르면, 시각겉질 구역들은 눈으로부터 어떤 정보가 와야 하는지 예측함으로써 속도 제한 문제를 부분적으로 해결한다. 지난 여행에서 우리가 '무엇 고속도로'와 '하기 고속도로'를 따라 나아갈 때, 매번 시냅스를 건너 새 뉴런에 도달할 때마다 그 새 뉴런은 시각 세계의 더 복잡한 특징에 반응하여 스파이크를 전송했다. 그런데 이 예측 이론에 따르면, 우리가 '무엇 고속도로'를 달릴 때 올라탄 스파이크들이 전달하던 것은 외부 세계에 무엇이 있을 개연성이 가장 높은가 하는 것, 즉 현시점에서의 최선의 추측이었다. 즉 V1에서 발생한 스파이크들은 가장 개연성 높은 단순 특징들의 집합을 알리고 있었고, V2에서 발생한 스파이크들은 그 특징들의—예컨대 긴 경계선과 모서리의—가장 개연성 높은 결합을, V4에서 발생한 스파이크들은 그 결합들과 색깔들의 가장 개연성 높은 집단을, 관자엽에서 발생한 스파이크들은 가장 개연성 높은 대상들을 알리고 있었다. 하지만 이 이론의 핵심은 반대 방향으로 날아가는 스파이크들의 역할이다. 매 단계에 이미 존재하면서 우리를 지나쳐 우리가 방금 있었던 곳을 향해 날아가던, 그러니까 '무엇 고속도로'의 진행 방향을 거슬러 질주하던 스파이크들을 기억하는가? 그 스파이크들이 하는 일이 바로 예측이었다.

관자엽 겉질로부터 거슬러 내려오면서 그 스파이크들은 각각의 추측이 옳을 경우 세계 안에 있어야 할 특징들을 예측한다. 그리고 고속도로를 매 단계 거슬러 올라가면서 그 스파이크들은 해체를 통해 예측한다. 만일 이 대상이 외부 세계에 있다면(관자엽) 그 대상은 이러이러한 복잡한 특징들의 집합을 (V4에서) 가져야 하고, 만일 이러이러한 복잡한 특징들의 집합이 있다면(V4) 이러이러한 모서리들과 곡선들과 긴 직선들의 집합이 (V2에) 있어야 한다. 또 이러이러한 모서리들과 곡선들과 긴 직선들의 집합이 있다면(V2) 이러이러한 단순 경계선들의 집합이 공간 안에서(V1에서) 이러이러하게 배치되어 있어야 한다. 그렇게 '무엇 고속도로'를 거슬러 내려오는 스파이크들은 결국 눈으로부터 V1에 어떤 정보가(그 정보는 경계선들의 위치와 그것들이 만나는 지점 및 각도에 관한 것이다) 도착하고 있어야 하는지 예측한다.

그리고 눈에서 오는 입력은 그 예측에서 틀린 부분만 교정한다. 우리의 시각 시스템은 세계 안에 무엇이 있는지를 여러 해에 걸쳐 학습했으므로 예측은 대부분 옳을 것이다. 따라서 교정할 것이 많지 않을 것이다. 따라서 시각겉질 구역들에 있는 자발적 스파이크의 대다수는 우리의 눈이 외부 세계의 실상을 '보기도' 전에 그 실상을 정확하게 말해줄 것이다.

이론에 따르면 그러하다.[12] 이 이론이 서술하는 과정을 전문가들은 '베이지언 위계 추론Bayesian hierarchical inference'이라고 부르지만, 원한다면 '부트스트래핑bootstrapping(자족적 과정)'이라고 불러도 좋겠다. 일반인에게는 '지식과 경험에 기초한 추측educated guessing'이라는 명칭이 더 친근할 것이다. 명칭이 무엇이든, 그 의미는 '보기'가 워낙 빨라서 보는 당사자조차도 보기가 일어나는지 모를 수 있다는 것이다. 바꿔 말해, 정보는 이미 있으며 입력에 의해 교정된다는 것이다.

무엇이 유용할지 예측하기

내가 주장하려는 바는, 뇌가 자발적 스파이크들을 예측을 위해 써먹는 것은 단지 보기에 국한되지 않는다는 것이다. 심지어 감각들에 국한되지도 않는다. 예측은 어디에나 있다.

뇌는 결정의 결과를 예측한다. 생생하게 예증하기 위해 간단한 게임을 하나 해보자. 당신은 내가 내미는 카드 두 장 가운데 하나를 선택해야 한다. 한 장은 보상을 줄 확률이 매우 높고 나머지 한 장은 낮다. (보상은 약간의 초콜릿 우유다.) 당연히 당신은 어느 카드가 확률이 높은 카드인지 알고 싶을 것이다. 초콜릿 우유가 싫은 사람이 어디 있겠는가? 내가 카드를 반복해서 내밀면 당신은 어느 카드가 가장 좋은지 금세 알아낼 것이다. 당신은 그 카드가 최고의 보상을 주리라고 예상할 것이고, 그 카드를 선택할 때 빚어질 결과를 예측할 것이다. 그러면 당신은 그 예측을 행동의 길잡이로 삼을 것이다. 당신은 그 카드를 선택하면 좋은 결과가 빚어진다고 예측하고, 따라서 그것을 선택할 것이다. 당신의 뇌는 단순한 사건의 사례 몇 개로부터 신속하게 예측을 창출할 수 있다.

따라서 자발적 활동을 통해 좋은 일이 임박했다고 예측하는 뉴런들이 발견되어야 마땅하다. 마이클 플라트Michael Platt 와 폴 글림처Paul Glimcher 는 바로 그런 뉴런들의 집합이 마루엽 뒤쪽 끝에 있다고 보고했다.[13] 그들은 원숭이들에게 화면 중앙의 점을 응시하다가 신호를 받으면 위쪽 불빛과 아래쪽 불빛 중 하나를 선택해서 바라보는 단순한 과제를 주었다. 과제를 몇 번 수행하고 나자 원숭이들은 두 불빛 중 어느 것이 가장 많은 주스를 보상으로 주는지 학습했다. 즉 녀석들의 뉴런들은 어느 불빛이 가장 가치가 높은지 예측할 줄 알게 되었다. 정확히 설명하면 이러하다. 마루엽 뒤쪽 끝에는 눈이 움직이기 직전에 점화하는 뉴런의 무리가 있다. 그 무리에서 한 집단(상향-운동 뉴런들)은 눈이 위로 움직이기 직전에 많은 스파이크를 점화했고, 다른 집단(하향-운동 뉴런들)은 눈이 아래로 움직이기 직전에 많은 스파이크를 점화했다. 그런데 이 눈-운동 뉴런들의 자발적 스파이크가 변화하여 불빛의 가치를 예측했던 것이다. 눈의 상향 운동이 더 많은 주스를 보상으로 가져올 경우, 상향-운동 뉴런들이 선택 신호에 앞서 더 많은 자발적 스파이크를 점화했다. 눈의 하향 운동이 더 많은 주스를 보상으로 가져올 경우, 하향-운동 뉴런들이 선택 신호에 앞서 더 많은 자발적 스파이크를 점화했다. 그리고 최선의 불빛이 지닌 가치가 더 클수록—그 불빛을 선택할 때 추가로 얻는 주스가 더 많을수록—그 불빛 쪽으로 눈을 움직일 뉴런들이 점화하는 자발적 스파이크가 더 많았다. 즉 자발적 스파이크들은 해당 뉴런이 일으키는 행동의 가치도 예측했다.

결정(혹은 판단)을 예측하는 자발적 활동은 뇌 전역에서 발견된다. 무작위한 점들의 운동에서 대세를 판단하는 성가신 과제를 수행할 때, 마루엽겉질 구역에 있는 눈-운동 뉴런들은 점들이 아직 나타나기도 전에 자발적 스파이크들을 뱉어낸다. 그리고 특정한 방향을 선호하는 뉴런들이 더 많은 자발적 스파이크를 뱉어낼수록, 원숭이가 점들이 그 방향으로 움직인다고 판단할 개연성이 더 높다.[14] 원숭이의 V1에서 자발적 활동이 더 강하고 상관성이 더 높을수록, 원숭이가 그림의 한 부분이 회전되어 이상하게 보인다는 점을 감지할 개연성이 더 높다.[15] 또 사람들이 자신이 보고 있는 그림이 마주 보는 얼굴 2개인지 아니면 꽃병인지 판단하려 애쓸 때, 그 그림을 보기 전에 그들의 가락모양 얼굴영역에서 자발적 활동이 더 많을수록 그들이 그림을 얼굴로 판단할 개연성이 더 높다.[16]

뇌의 의사결정을 다루는 이론들의 제안에 따르면, 자발적 활동이 미래 결정에 영향을 미치는 이 모든 현상이 존재하는 이유는 그 활동이 사전 정보를 코드화하기 때문이다. 결정에 앞서 특정 뉴런의 자발적 스파이크들이 점화하는 현상이 의미하는 바는 이것이다. "이 몸의 기존 경험을 감안할 때, 나의 선택이 옳거나 가치가 클 확률에 대한 나의 현재 예측은 이것이다."("나의 선택"이란 특정 불빛을 선택하기, 점들이 움직이는 방향을 판단하기, 얼굴을 보고 있다고 판단하기 등일 수 있다.) 그리고 그런 모든 뉴런은 외부에서 정보가 들어오기 전에 자신의 예측을 전송한다. 따라서 그 예측은 임박한 결정을 최대한 빠르고 정확하게 내리기 위한 출발점 구실을 할 수 있다.[17]

메모리 버퍼 안에 기억 내용을 붙잡아두는 것도 일종의 예측 활동이다. 메모리 버퍼를 작업기억이라고도 하는데, 작업기억의 용량은 엄격히 제한되어 있다. 따라서 세계에서 일어나는 일이 이 버퍼에 진입하는 것은, 그 일을 기억할 가치가 크다는 것을 의미한다. 그러므로 그 버퍼 안에 한 사건을 들여놓는 것은, 즉각적인 미래에 그 사건을 아는 것이 유용하리라고 예측하는 것이다.

우리는 메모리 버퍼에 진입하는 두 가지 방식에서 이 예측을 볼 수 있다. 우리의 뇌는 새롭거나 이상하거나 놀라운 것들을 메모리 버퍼에 들여놓는 자연적인 경향이 있다. 우리의 뇌는 판에 박힌 것들을 무시한다. 예컨대 출근하려고 집을 떠날 때 문을 잠그는 행동을 무시한다. 문을 잠그고 몇 초가 지나면 우리는 문을 잠갔는지 기억하지 못할 개연성이 높다. 판에 박힌 평범한 것들은 예측 가능성이 높고 통상적

이어서, 그것들을 기억할 필요가 있는 상황이 닥칠 개연성이 낮다. 반면에 새롭고 이상하고 놀라운 사건의 등장은 미래에 그 사건과 관련해서 어떤 행동을 할 필요가 있을 수도 있다고 미리 말해준다.

둘째 방식은 메모리 버퍼가 지금까지의 경험을 통해 유용성이 입증된 사건들을 붙잡아두는 것이다. 인간을 비롯해 기타 동물들의 메모리 버퍼를 탐구하기 위해 사용하는 대단히 따분한 과제들에서, 우리는 한 사건을 반복하고 또 반복함으로써 그 사건을 메모리 버퍼에 저장할 필요가 있음을 확증했다. 우리는 특정 위치에서 섬광이 반복해서 나게 할 수도 있고, 금속판이 특정 진동수로 반복해서 진동하게 할 수도 있다. 이런 사건들은 오직 피험자가 정보를 기억하여 행동의 지침으로 사용할 때만 미래의 보상을 미리 말해준다. 예컨대 피험자가 섬광이 나는 곳을 바라보거나 둘째 진동이 첫째 진동보다 진동수가 더 높거나 낮았다고 보고할 때만 말이다. 따라서 피험자 역할을 하는 우리와 기타 동물은 그 사건들에 주의를 기울이는 법을 배우고, 그것들을 의도적으로 메모리 버퍼 안에 들여놓는 법을 배운다. 그 사건들은 우리가 해야 할 미래 행동을 미리 말해주기 때문이다.

우리는 일상에서도 의도적으로 주의를 집중해 외견상 판에 박힌 사건을 메모리 버퍼 안에 집어넣을 수 있다. 그 사건에 주의를 기울임으로써 우리는 그 사건이 미래에 유용하리라는 신호를 보낸다. 함께 집을 나설 때 아내가 차에 오르는 나에게 가장 먼저 하는 말은 "문 잠갔어?"일 것임을 나는 오랜 경험으로 안다. 또한 그럴 때 내가 아내의 눈을 똑바로 보면서 한 치의 거리낌도 없이 "응" 하고 대답하지 못하면 반드시 다시 가서 현관이 잠겼는지 확인해야 한다는 것도 안다. 그러므로 그 오랜 경험으로부터 나는 차에 타기 전에 현관을 잠그는 것에 주의를 집중하는 법을 배웠다. 즉 현관을 잠그는 행동을 나의 메모리 버퍼에 들여놓는 법을, 바꿔 말해 몇 초 후에 그 기억이 필요할 것임을 예측하는 법을 배웠다. 이 간단한 주의집중 덕분에 나는 우리의 긴 결혼생활 내내 마지못해 터벅터벅 현관을 오가며 허비했을 시간을 절약했는데, 나의 계산에 따르면 무려 몇 시간에 달한다.

그런 기억들이 어떻게 보관되든 그 기억들은 모두 앞이마엽겉질 뉴런들의 자발적 활동에 의해 유지된다. 기억을 유발한 사건으로부터 긴 시간이 경과하고 나면, 그 뉴런들은 서로에게 스파이크를 전송하여 서로의 활동을 유지하고 그 사건이 곧 유용해질 것이라고 예측한다. 임박한 결정의 길잡이로서, 미래 행동의 길잡이로서 유용해질 것이라고 말이다.

한 예로 우리의 몸을 움직이는 행동을 생각해보자. 앞에서 우리는 운동의 예측과 관련된 내용을 살펴보았다. 겉질의 운동 구역들에서 우리는 자발적 활동의 소나기를 만났다. 운동이 시작되기 한참 전에 뉴런들이 점화하여 소나기처럼 스파이크를 쏟아냈다. 그 자발적 활동은 운동을 준비시키고 예측했다. 그 활동은 반응 운동을 직접 통제하는 뉴런들의 군단을 준비시켰다. 인간의 경우 겉질 운동 구역들 전반의 자발적 활동 수준(fMRI로 측정됨)이 우리가 버튼을 누르는 강도를 좌우하는 듯하다.[18] 팔을 움직이기 직전의 원숭이의 경우 운동앞겉질 뉴런들의 스파이크 생산량이 원숭이가 다음 순간에 그 뉴런들이 선호하는 방향으로 팔을 움직일 확률에 비례한다.[19] 운동에 앞선 자발적 스파이크들은 또한 어떤 운동이 일어날지도 예측하는 듯하다.

예측으로서의 자발적 활동은 모든 곳에서 속도 제한 문제를 해결할 수 있다. 우리는 매번 바닥부터 새로 결정하기 위해 기다리지 않아도 된다. 스파이크들이 이미 그럴싸한 결정을 선점하고 있기 때문이다. 우리는 감각 정보를 다시 새롭게 수집하지 않아도 된다. 스파이크들이 이미 다음 순간에 유용할 정보를 유지하고 있기 때문이다. 우리는 각각의 운동을 바닥부터 새로 창출하지 않아도 된다. 자발적 스파이크들이 그럴싸한 다음 운동을 선점하고 있기 때문이다. 자발적 스파이크들은 우리의 반응을 더 빠르고 우수하고 활발하게 만든다. 꾸물거리면 안 된다. 그러다간 잡아먹힌다.

자발적 스파이크들의 지배

시각겉질 구역들이 자발적 스파이크들을 사용하여 시각 세계를 예측하는 방식을 다루는 기발한 이론들이 있다. 또한 지금까지 나는 감각 영역 바깥에서 예측이 일어나는 자리에 관한 아이디어들을 제시했다. 그 이론들과 아이디어들은 옳을 수도 있고 틀릴 수도 있다. 그러나 겉질에 있는 뉴런들의 자발적 스파이크가 정말로 세계를 예측하고 있다면, 그 예측의 방식이 어떠하든 다음과 같은 단순한 사실이 성립해야 한다. 즉 뉴런들의 자발적 활동은 외부 세계에서 일관되게 일어나는 무언가에 의해 유발된 활동처럼 보일 것이다.[20] 유발된 활동이 흔히 독특해 보이고 자발적 활동과 전혀 다르게 보인다면, 자발적 활동은 예측하는 것일 수 없을 테니까 말이다.

이 아이디어는 V1에서 검증하기가 가장 쉽다. 그 구역의 뉴런들이 시각 세계에 어떻게 반응하는지에 대해서는 우리가 아주 잘 안다(3장의 대부분을 참조하라). 따라서 V1에서의 자발적 활동이 어떤 모습을 닮아야 하는지도 우리는 잘 안다. 그리고 우리에게는 성인의 V1에서 일어나는 자발적 활동이 외부 세계에 의해 유발된 스파이크들을 빼닮았다는 증거가 풍부하다.[21] 아미람 그린발드Amiram Grinvald와 동료들은 세 편의 결정적인 연속 논문에서 이 증거의 많은 부분을 제시했다.[22] 1996년에 그들은 어떤 그림이 등장하기 직전에 우리가 자발적 활동을 이용하여 그 그림에 의해 V1에서 어떤 활동이 유발될지 예측할 수 있음을 보여주었다. 더욱 고무적이게도, 유발된 활동과 자발적 활동 사이의 유사성은 자발적 활동과 그림이 등장하기 잠시 전의 자발적 활동 사이의 유사성과 똑같은 수준이었다. 1999년에 그들은 V1에 있는 어느 단일 뉴런의 주변 뉴런들에서 나타나는 동일한 활동 패턴이 그 뉴런을 점화시킨다는 것을 보여주었다. 그 패턴이 유발된 것인지, 자발적으로 일어난 것인지는 중요하지 않았다. 이 경우에 뉴런 군단은 최고의 위력을 발휘한다. 마지막으로 2003년에 그들은 공간 내 경계선의 동일한 각도를 선호하는 뉴런들의 집단이 자발적으로 함께 활동함을 보여주었다. 이는 세계를 보여주었을 때 그 뉴런 집단이 함께 활동하는 것과 똑같았다. 그것이 다가 아니었다. 요제프 파이저József Fiser와 동료들은 V1에서 스파이크들 사이의 상관관계는 눈이 어둠 속에 있을 때 자발적으로 일어난 스파이크들인지, 영화를 봄으

로써 유발된 스파이크들인지와 상관없이 동일함을 보여주었다.[23]

우리는 피질의 다른 곳에서도 이 같은 자발적 활동과 유발된 활동의 일치를 목격했다. 쥐에서 청각과 촉각을 담당하는 겉질의 첫 부분들에서 한 뉴런 집단이 점화하는 서열은 쥐가 귀 기울여 소리를 들을 때나 잠들었을 때나 마취되었을 때나 동일하다.[24] 그리고 나의 실험실에서 보여주었듯이, 쥐가 미로를 탐험할 때 앞이마엽겉질의 뉴런 군단에서 발생한 스파이크 패턴은 쥐가 잠들었을 때 다시 나타났다.[25] 그 재현의 빈도는 아주 높았다. 쥐가 미로를 탐험하는 동안 1밀리초마다 기록한 스파이크 패턴들이 거의 모두 수면 중 자발적 활동에서 재현되었다. 정말이지, 외부 세계의 사건들에 의해 유발된 스파이크에는 자발적 스파이크와 구별되는 독특한 점이 없다.

심지어 우리는 발달 과정에서 뇌가 시각 세계의 통계들을 경험하고 내면화함에 따라 시각겉질 구역들의 자발적 활동이 변화하는 것도 관찰했다. 한 멋진 실험에서 요제프 파이저와 동료들은 피에트로 베르케스Pietro Berkes의 지휘를 받으며 페럿에서 V1의 발달을 추적했다. 그들은 다양한 성숙 단계에서 "자연 세계의 영화"에 반응하여 점화하는 뉴런들의 패턴과 완전한 어둠 속에서의 뉴런 점화 패턴을 기록했다.[26] 젖먹이 페럿들에서는 영화에 대한 스파이크 패턴과 어둠에 대한 스파이크 패턴이 매우 달랐다. 그러나 발달이 진행함에 따라 그 두 패턴이 수렴함으로써, 완전히 성숙한 페럿들에서는 자연 세계의 영화를 관람할 때나 칠흑 같은 어둠 속에 앉아 있을 때나 한결같이 유사한 뉴런들이 동시에 점화했다(이 "자연 세계의 영화"는 〈매트릭스) 예고편이었다. 즉 파이저와 동료들이 말하는 "자연"은 나무와 꽃과 벌 따위를 의미하지 않는다. 그들이 말하는 자연이란 세계의 평범한 통계들에 부합하는 이미지들의 연쇄를 의미한다. 그 연쇄 속에는 많은 경계선, 곡선, 모서리가 등장하고, 그것들이 평범하게 운동하면서 평범한 상호관계를 맺는다. 일부 경계선, 곡선, 모서리는 키아누 리브스가 입은 트렌치코트의 이미지를 구성하고 있었다).

앞서 나는 이 수렴이 시각 세계의 통계들을 학습한 결과라고 주장했는데, 우리는 어떻게 이 사실을 알까? 왜냐하면 이 수렴이 자연적 이미지들에서만 나타났기 때문이다. 단지 많은 평행선으로 이루어진 비자연적 이미지들을 볼 때 유발되는 스파이크 패턴은 피험동물이 성숙하더라도, 어둠 속에서 발생하는 자발적 패턴과 확연히 다르게 유지되었다. 이 모든 것은 시각겉질에서 예측이 발달함을 시사한다. 자발적 활동의 예측은 눈뜬 지 얼마 안 된 젖먹이 페럿에서는 큰 오류들을 범한다. 왜냐하면 갓난 페럿은 시각 세계의 통계들을 모르기 때문이다. 그 예측은 세월이 흐르고 세계에 대한 경험이 축적됨에 따라 향상된다. 오류들은 점점 더 작아진다. 따라서 자발적 활동과 유발된 활동 사이의 차이도 점점 더 작아진다. 그리하여 시각겉질이 완전히 성숙하면, 자발적 활동과 자연적으로 유발된 활동이 거의 다르지 않게 된다. 성숙한 시각겉질은 자연 세계의 대부분을 예측할 수 있으니까 말이다. 그러나 비자연적 이미지들에 대한 예측의 오류는 전혀 줄어들지 않는다. 왜냐하면 그 이미지들은 페럿의 세계에 대한 경험의 일부가 아니기 때문이다.

영원한 순환

이제 나는 우리의 뇌가 어떻게 작동하는지에 관한, 간단하지만 상당히 급진적인 모형을 제시하고자 한다. 그 모형에 따르면, 외부 세계에 의해 유발된 스파이크들은 자발적 활동을 조정하는데, 바로 이 조정이 그 스파이크들에 담긴 메시지다. 고무찰흙을 주물러 눈사람을 만들고 쿠키를 만들고 이어서 나무를 만들 때, 우리의 손가락 놀림에 의해 똑같은 재료가 그때그때 달라지면서 다양한 의미를 지니게 되는 것과 마찬가지다. 조정은 예측의 오류를 개선한다. 감각과 사건과 귀결에 대한 예측의 오류를 말이다.

이런 연유로, 성숙한 뇌에서는 각각의 뉴런이 전송하는 스파이크 개수의 분포가 자발적 활동과 유발된 활동에서 거의 다르지 않다.[27] 방금 보았듯이, V1과 앞이마엽겉질에서의 스파이크 패턴들의 분포도 마찬가지다. 대다수의 스파이크는 내적이고 자발적인, 현재진행 중인 활동의 산물이다. 그것들이 입력에 의해 겪는 일은 단지 새로운 형태를 띠게 되는 것뿐이다. 바꿔 말해, 정보는 외부 세계에 의해 유발되는 스파이크의 패턴이나 타이밍이나 개수로 코드화되어 있는 것이 아니라 자발적이며 현재진행 중인 스파이크들의 변화로 코드화되어 있다.

자발적 스파이크들이 이토록 결정적이라면 그것들은 과연 어디에서 유래할까? 자발적 스파이크는 커다란 꾸러미를 이룬 뉴런들을 연결하여 하나의 뇌로 만드는 진화의 불가피한 귀결이라고 나는 주장한다. 뉴런은 어떤 동물 안에 있든 본질적으로 같다. 인간의 뉴런과 표범의 뉴런, 뱀의 뉴런과 개구리의 뉴런, 개미의 뉴런과 지렁이의 뉴런, 제브라피시의 뉴런과 오징어의 뉴런은 본질적으로 같다. 이 덕분에, 인간 뇌의 스파이크들을 기록할 수 없음에도 내가 이 책을 쓸 수 있고 우리의 뇌가 어떻게 작동하는지 서술할 수 있는 것이다. 또한 이것은 뉴런이 진화적으로 아주 오래되었으며 신경계를 지닌 모든 생물의 공통 조상에서 기원했음이 틀림없다는 것을 의미한다. 최선의 추측에 따르면, 뉴런은 6억 3500만 년 전에서 5억 4000만 년 전 사이에 등장했다.[28] 뉴런이 진화한 목적은 외부 세계에서 일어나는 일에 대한 반응들을 신속하게 조율하기 위해서이거나[29] 아니면 단세포생물이 다세포생물로 진화할 때[30] 새로 추가된 세포들의 활동을 조율하는 문제를 해결하여 예컨대 몸 동작을 맡은 세포들과 먹이 섭취를 맡은 세포들이 제때 옳은 순서로 옳은 일을 하도록 만들기 위해서다.

뉴런이 생존에 이롭다는 사실은 확실히 입증되었다. 둘러보면 어디에나 뉴런이 있지 않은가. 그리하여 더 많은 뉴런이 추가되었다. 그리고 다수의 뉴런이 연결되어 하나의 연결망을 이루자마자, 다수의 되먹임 고리가 생겨났다. 즉 연결망이 독자적으로 자발적 스파이크들을 창출할 잠재력이 생겨났다. 특히 뉴런의 개수가 아주 많아서 유전자들이 뉴런 각각과 그것의 연결들을 개별적으로 지정할 수 없을 때 그러했다. 이 경우에 유전자들은 뉴런의 유형, 신경계 안에서의 장소, 연결될 뉴런의 유형을 지정할 수 있다. 그러나 연결의 세부사항들은 우연에 맡겨진다. 그러면 필연적으로 되먹임 연결망이 형성된다. 요컨대 자발적 스파이크는 단지 뉴런 연결망 만들기의 부산물로 등장했다.

나의 주장은 진화가 그 부산물을 들여와서 유용한 일에, 즉 뇌의 속도 문제를 해결하는 데 써먹었다는 것이다. 이 문제는 뉴런들의 개수 증가 때문에 발생했다. 감각 입력을 수용하는 뉴런들과 직접 운동을 일으키는 뉴런들 사이에 훨씬 더 많은 뉴런이 끼어들면, 곧바로 처리해야 할 일이 훨씬 더 많아지고, 극복해야 할 장애물이 더 많아지고, 입력과 운동의 가능한 대응 방식이 더 많아진다. 이 문제가 발생했을 때 진화는 자발적 스파이크들을 들여와 써서 반응을 준비시킬(혹은 필요를 예견할) 수 있었다. 그리고 그 결과로 끊임없이 예측하는 인간 뇌의 복잡성이 진화했다.

우리의 여행은 외견상 시시한 행동의 심층적인 복잡성을 보여주었다. 순식간에 이루어지는 행동 하나가 아찔할 만큼 복잡한 스파이크들의 연쇄를 유발했다. 수십억 개의 뉴런에서 유래하여 수십억 개의 축삭돌기를 따라 질주하고 수십억 개의 시냅스 틈새를 건너는 수십억 개의 스파이크. 각각의 스파이크는 축삭돌기가 갈라지는 지점 각각에서 복제된다. 그렇게 스파이크의 개수는 끝없이 증가하고, 각각의 스파이크 클론은 케이블을 따라 질주하여 시냅스 틈새에서 분자들의 연쇄반응을 일으킴으로써 다음 뉴런의 가지돌기로 건너가려 애쓴다. 많은 스파이크가 실패함을 우리는 이제 알지만, 만일 스파이크가 성공하면 가지돌기에서 전압 펄스가 유발되어 같은 순간에 발생한 다른 펄스 수천 개와 합류한다. 각각의 펄스는 구불구불한 가지돌기를 따라 뉴런 본체에 도달하며, 일부 펄스는 뉴런을 흥분시켜 임계점으로 몰아가고 다른 펄스는 그런 흥분성 펄스를 소멸시켜 억제한다. 알고 보니 그 수천 개의 다른 펄스는 자발적 스파이크들이 유발한 것들이었다. 자발적 스파이크들이 모든 것을 지배한다. 스파이크들의 흐름은 겉질의 층들과 구역들과 나머지 뇌 부분들을 넘나들며 끊임없이 뇌를 누비는데, 그 흐름을 자발적 스파이크들이 지배한다. 그것들은 항상 존재하며, 외부 세계에 의해 유발된 스파이크들보다 훨씬 더 많다.

뇌는 스파이크보다 느린 다양한 시간 규모에서 작동한다.[31] 도파민과 세로토닌 같은 신경조절물질의 변화는 몇 분에 걸쳐 일어난다. 즉각적인 학습을 위한 시냅스 강도가 변화하는 데는 몇 시간이 걸린다. 복잡한 솜씨를 숙달하기 위한 장기적 변화에는 며칠이나 몇 주가 걸린다. 뇌의 발달에는 몇 년이 걸린다. 특히 인간의 뇌는 20대 초반까지 발달한다. 이 모든 요인이 매 순간 스파이크들이 전송되는 방식을 변화시킨다. 그러나 어떤 요인도 당장에 직접 변화를 일으키지는 못한다. 이 요인들의 효과는 스파이크들의 변화를 통해서만 감지된다.

자발적 스파이크들은 매 순간 우리가 이 세계 안에서 제대로 작동하는 데 결정적으로 중요하다. 겉질의 감각 부분들에서 자발적 활동은 다음 순간의 감각 입력이 무엇일지 예측하여 뇌가 세계를 재빨리 따라갈 수 있게 해준다. 운동겉질과 기타 구역들에서 자발적 활동은 (영공간 안에서) 몸을 준비시킴으로써 다음 순간의 운동 명령이 순식간에(스파이크 몇 개가 작동할 시간 안에) 실행될 수 있게 만든다. 앞이마엽겉질의 깊숙한 구석에서 자발적 스파이크들은 행동에 필요한 정보에 대한 기억을 붙잡아두고, 행동의 귀결에 대한 예측을 붙잡아둔다. 그 덕분에 결정이 신속하게 내려질 수 있다. 그러나 적어도 인간의 경우에는 자발적 스파이크들이 훨씬 더 많은 역할을 한다는 것을 우리는 안다.

매 순간, 우리의 자발적 스파이크들은 바로 우리 자신이다. 그것들은 우리의 몽상과 한가로운 생각, 숙고와 계획, 기억과 묵상이다. 머리카락 일부를 진한 자주색으로 물들이면 우리의 모습이 어떻게 보일까 하고 궁금해하기, 퇴근길에 갑자기 요리할 생각이 없어져 '피시 앤칩스'를 사기로 마음먹기, 몇 년 안에 기타를 숙달하는 것을 상상하기, 바닷물이 느린 개처럼 부드럽게 발목을 휘감을 때 발가락들을 젖은 모래 속으로 쑤셔 박는 것을 몽상하기가 모두 다름 아닌 자발적 스파이크들이다. 우리의 풍부한 내면적 삶은 뇌 전체에서 일어나는 자발적 스파이크들의 전송과 수용이다. 그렇다면 스파이크에게 가장 중요한 여행은 입력에서 출발하여 출력에 이르는 여행이 아니라 영원한 순환, 영원히 뇌 안에서 맴도는 것이다.

결말

스파이크의 미래

그 모든 스파이크

뇌를 가로지르는 우리의 여행은 머지않아 달라질 것이다. 나는 이미 보유한 지식을 통해 우리가 본 것을 해석하는 일만 할 수 있었다. 그 지식은 지난 100여 년 동안의 노력으로 축적되었다. 더 많은 세월이 흐르고 더 많은 데이터가 수집되고 더 많은 지식이 획득되면, 우리는 그 여행에 관하여 더 많이 알게 되고 우리가 본 것들을 더 잘 이해하게 될 것이다. 그런데 과연 어떤 것들을 알게 될까?

전망을 점치는 일에는 다양한 어려움이 뒤따른다. 가장 쉬운 일은 우리가 미래에 얻게 될, 스파이크에 관한 데이터의 유형들을 예측하는 것이다. 현재 기술의 동향을 고려하고 현재 입증된 단서들을 조사하여, 미래에 이르는 연장선을 그려볼 수 있으니까 말이다. 더 어려운 일은 그 데이터에서 어떤 통찰들이 나올지 예측하는 것이다. 가장 어려운 일은 그 통찰들의 의미를 예측하는 것이다. 아무튼 우리가 예측할 수 있는 것은 우리가 탐사하고자 하는 새로운 방향들이다. 그리고 우리가 탐사하고자 하는 바는 우리가 전혀 모르기 때문에 이 책에서 완전히 빠진 모든 것이다. 예컨대 뇌의 무질서의 바탕에 놓인 스파이크들, 그리고 인간의 생각하는 행동의 바탕에 놓인 스파이크들이 우리의 탐사 목표다. 이 스파이크들에 도달할 수 있기 위해서 우리는 어쩌면 미래의 기술에 이르는 연장선부터 그려봐야 할 것이다.

현재 도래한 시스템 신경과학의 황금시대를 추진하는 힘은 후끈 달아오른 기술적 군비경쟁, 즉 동시에 최대한 많은 뉴런에서 최대한 많은 스파이크를 기록하는 기술을 놓고 벌어지는 경쟁이다. 실제로 무어의 법칙과 유사한 것이 신경과학계에도 있다. 동시에 기록할 수 있는 뉴런의 개수는 몇 년마다 두 배로 증가한다. 2011년에 예측된 그 시간은 7.4년이었다. 2020년 초반인 지금, 그 시간은 6.4년이다.[1] 우리의 기록 능력 향상이 느려질 조짐은 없다.

"뉴로픽셀스 Neuropixels" 탐침 probe 은 이 두 배 증가 양상의 획기적인 의미를 멋지게 예증한다. 이 탐침은 2017년에 개발된 가느다란 실리콘 실이다. 길이가 10밀리미터인 이 탐침을 동물의 뇌 속 깊숙이 삽입하면 최대 200개의 뉴런이 전송하는 개별 스파이크들을 기록할 수 있다.[2] 뉴로픽셀스 탐침 몇 개를 동시에 삽입하면 뇌 전역에 널리 흩어져 있는 1,000개에 가까운 뉴런을 측정할 수 있다.[3] 왜냐하면 뉴로픽셀스 탐침은 길기 때문이다. 생쥐의 겉질은 두께가 1밀리미터도 안 된다.[4] 따라서 길이가 10밀리미터인 뉴로픽셀스 탐침은 생쥐의 겉질과 그 아래의 많은 구역을 관통한 상태로 뉴런들을 측정할 수 있다. 이 모든 구역은 이제껏 동시에 측정된 적이 없다.

따라서 가까운 미래에 스파이크에 대한 우리의 이해가 어떻게 달라질지에 관하여 간단하지만 심오한 예측을 할 수 있다. 그 이해는 또 한 번 뒤집힐 것이다. 많은 뇌 구역의 활동을 동시에 측정할 수 있게 되면, 뇌 구역 X가 역할 Y를 담당한다는 식의 많은 멋진 이론들이 뒤집힐 것이다. 우리가 많은 뇌 구역에서 동시에 스파이크를 관찰하면, 동일한 역할—결정하기, 운동하기, 기억하기, 지각하기—에 많은 구역이 관여한다는 사실을 알게 될 것이다. 그리고 이것이 결정적으로 중요한데, 그 구역들 중 다수는 겉질이 아닐 것이다. 정말이지 우리는 겉질을 덜 중시하면서 뇌를 보는 새로운 관점으로의 이행을 코앞에 두고 있는지도 모른다.

더 구체적으로 말하면, 우리가 가까운 미래에 얻게 될 데이터의 유형에 관하여 두 가지 예측을 꽤 확실하게 할 수 있다. 첫째 예측은 간단하다. 우리는 10년 전에 상상할 수 있었던 수준보다 더 많은 스파이크를 더 많은 뉴런에서 기록하게 될 것이다. 현재 뉴런들 속의 칼슘을 영상화하는 기술 수준을 보면 우리가 얼마나 많은 스파이크를 얻게 될지 짐작할 수 있다. 현재 최대 용량은 포유동물에서 약 1만 개의 뉴런, 제브라피시 치어에서는 몇만 개의 뉴런을 동시에 영상화하는 것이다.[5] (왜 제브라피시 치어냐고? 이 물고기의 치어는 머리가 반투명하기 때문이다! 녀석의 뇌에서 반짝이는 화학물질을 그냥 외부에서 비디오로 촬영할 수 있다.) 칼슘 영상화 기술은 직접 스파이크를 기록하지 않는다.

그 기술은 스파이크 때문에 뉴런 본체의 내부에서 칼슘의 양이 천천히 변화하는 것을 기록한다. 이 기록은 스파이크 기록의 대체물로는 유용하지만, 스파이크와 칼슘 변화 사이에 명확한 일대일대응이 성립하지는 않는다.[6] 그럼에도 칼슘 영상화 기술의 개발은 우리가 몇천 개의 개별 뉴런을 영상화하는 데 필요한 모든 도구―현미경, 각종 장비, 분석용 소프트웨어―를 이미 개발했음을 의미한다. 따라서 유일하게 필요한 것은 칼슘에 비례하여 빛을 내는 화학물질을 뉴런의 전압에 비례하여 빛을 내는 화학물질로 대체하는 것뿐이다. 이 대체가 이루어지면, 원리적으로 수천 개의 뉴런에서 유래한 스파이크들을 영상화할 역량을 갖추게 된다.

그리고 우리는 그 대체 기술을 (거의) 개발했다.

'전압 영상화 voltage imaging'라는 그 기술은 전압의 변화에 반응하여 빛을 내는 화학물질을 직접 동영상으로 촬영한다. 사실 그 기술은 이미 몇십 년 전부터 사용되었다.[7] 그러나 현재까지는 단순한 무척추동물인 거머리와 바다민달팽이에서 단일 뉴런의 스파이크들을 관찰할 때만 그 기술을 사용할 수 있었다. 왜냐하면 이 무척추동물들의 뉴런은 거대하지만 극소수의 스파이크를 생산하기 때문이다.[8] 사정이 이러한 것은 전압 영상화가 칼슘 영상화와 비교할 때 이중의 난관을 극복해야 한다는 것과 관련이 있다. 즉 전압 영상화는 훨씬 더 빠른 대상―스파이크―을 훨씬 더 적은 발광성 화학물질에 의존하여 기록하려 애쓰는 기술이다. 칼슘 영상화에서는 뉴런 본체에 화학물질을 채우지만, 전압에 반응하는 화학물질은 오직 뉴런의 막에 있어야만 제구실을 한다. 왜냐하면 2장 첫머리에서 서술했듯이, 전압의 변화는 뉴런의 막에서 일어나기 때문이다. 대략적으로, 칼슘 반응성 화학물질의 양은 뉴런 본체의 부피에 비례하는 반면, 전압 반응성 화학물질의 양은 뉴런의 표면적에 비례한다. 따라서 탐지 가능한 전압 반응성 화학물질이 훨씬 더 적을 수밖에 없다. 따라서 정말 거대한―표면적이 아주 큰―뉴런들만이 전압 반응성 화학물질을 충분히 많이 보유하여 자신의 전압 변화를 영상으로 드러낼 수 있다. 그리고 그런 거대한―본체의 지름이 몇십 마이크로미터에 달하는―뉴런은 무척추동물에서만 발견된다. 따라서 이제껏 우리는 전압을 직접 촬영하는 마법을 오직 무척추동물에서만 사용할 수 있었다.

하지만 이제 변화가 임박했다. 2019년에 새로운 유형의 전압 반응성 화학물질들에 관한 혁신이 여러 차례 이루어졌다. 그 덕분에 그 화학물질들은 더 밝게 빛나고 더 빠르게 변화하고 훨씬 더 오래 존속하게 되었다. 그리하여 다수의 단일 뉴런들의 전압을 동시에 영상화하는 작업이 마침내 포유동물에서도 성공적으로 이루어지고 있다.[9] 이제 필요한 것은 규모뿐이다. 우리의 역량은 현재 한 줌의 뉴런들을 영상화하는 수준이지만 앞으로는 수십 개, 수백 개, 수천 개의 뉴런을 영상화하는 수준으로 발전해야 한다.

전압 영상화 기술의 잠재력은 아직 완전히 실현되지 않았다. 그리고 그 잠재력은 우리가 미래에 얻게 될 데이터의 유형에 관한 둘째 예측과 관련이 있다. 이 기술에서 우리는 뉴런의 전압을 영상화하기 때문에 이론상 스파이크 외에 더 많은 것을 볼 수 있다. 우리는 뉴런이 뱉어내는 스파이크와 다음 스파이크 사이의 전압 요동을 빠짐없이 볼 수 있다. 또 입력들이 창출하는 펄스들도 볼 수 있다. 이를 위해서는 엄청나게 밝고 빠르고 안정적인 화학물질들이 필요한데, 그런 물질들도 지금 등장하고 있다. 그리고 그 모든 전압 요동을 파악하면 무엇이 스파이크를 유발했는지 알 수 있다. 우리는 스파이크에서 펄스로, 또 스파이크로, 다시 또 펄스로, 또 스파이크 등으로 계속 이어지는 여행을 자세히 추적할 수 있다.

뉴런 기록 능력이 지수함수적으로 향상하면 언젠가 우리는 생쥐의 겉질 전체에서 모든 단일 뉴런 각각이 전송하는 모든 단일 스파이크 각각을 기록할 수 있게 될 것이다. 아, 그때 우리는 얼마나 행복할까! 우리는 어떤 경이로운 것들을 보고 어떤 것들을 배우게 될까! 다만, "그래서 뭐가 되는데?"라는 질문은 그런 미래에 대한 상상을 냉정하게 깨뜨린다. 그래서 우리는 이 데이터로 무엇을 할 것인가?

우리가 점점 더 많은 스파이크를 발굴하면 뇌에 대한 우리의 이해가 발전할까? 혹시 세부사항으로 점점 더 깊이 들어가며 사실들과 관찰들을 축적하고 또 축적하면, 우리는 빅데이터에 빠져 익사하고 뇌에 대한 우리의 이해는 파편화되기만 하지 않을까?[10]

우리는 이런 상황의 도래를 경계해야 한다. 최근에 도래한 황금시대에 우리가 가장 많이 배운 바는 어쩌면 우리가 뇌의 작동에 관하여 안다고 생각한 것과 실제로 아는 것 사이의 커다란 간극이 있다는 사실일 것이다. 지난 여행에서 본 것처럼, 스파이크에 대한 심층적 탐구에서 뇌의 작동에 관한 새로운 통찰이 많이 나왔다. 어떻게 단일 뉴런의 가지돌기가 입력 스파이크들을 영리하게 결합하는지, 어떻게 시냅스가 고의로 실패하는 듯한지, 또 암흑뉴런이 도처에 있다는 것, 생명의 작동에서 암흑뉴런의 역할이 수수께끼라는 것, 뇌가 정보를 어떤 수준에서 코드화하는지(단일 뉴런 수준이 아니라 뉴런 군단의 수준에서 코드화한다는 것), 자발적 활동은 잡음이 아니라 뇌 작동의 속도 제한을 극복하려는 목적을 가지고 있다는 것을 우리는 스파이크에 대한 탐구 덕분에 통찰했다.

그러나 우리의 이해에서 가장 뚜렷한 구멍은 눈에서 손까지 가는 여행에서 마주치지 않은 모든 것, 즉 정신mind에 관한 모든 것에 있다. 나는 스파이크가 그 모든 것에 어떻게 기여하는지는 이야기할 수 없었다. 이 방면에서 우리가 아는 바가 워낙 적기 때문이다.

스파이크 오류

뉴런 간의 스파이크 전달이 생각, 언어, 행동의 토대라면, 스파이크 전달 오류는 생각, 언어, 행동에 오류를 일으킬 것이다. 어떤 오류는 술 취한 사람의 불분명한 발음처럼, 혹은 처음으로 아기를 키우는 부모가 잠이 부족한 상태로 얼굴에 오줌을 한 번 더 뒤집어쓰기 전에 기저귀를 채우려고 날렵하게 몸부림칠 때의 서툰 모습처럼 일시적이다.

반면에 어떤 오류는 영구적이다. 그런 오류를 일컬어 뇌 장애라고 한다.

일부 뇌 장애는 확실히 스파이크 전달 오류다. 대표적인 예로 뇌전증을 들 수 있다. 뇌전증 환자를 괴롭히는 발작은 갑작스러운 근육 수축으로 몸이 걷잡을 수 없이 떨리는 것을 동반한 경련발작일 수도 있고, 갑자기 의식을 잃었다가 되찾는 결여 발작absence seizure처럼 비경련성일 수도 있다. 뇌전증은 많은 경로로 발병할 수 있는데, 일부 경로들은 특정한 유전자 변이들과 관련이 있고, 다른 경로들은 발달 과정에서 유전적 영향들이 발휘되는 것에서 유래하며, 또 다른 경로들은 뇌졸중이나 뇌종양에 의한 직접적 뇌 손상에서 유래한다. 그러나 뇌전증이 어떤 유형이고 어떤 경로로 발병하든, 발작의 직접적 원인은 협응된coordinated 스파이크들이 뇌 전체에서—특히 겉질과 해마에서—걷잡을 수 없이 폭증하는 것, 바꿔 말해 뉴런들이 동시에 전송하는 스파이크들의 물결이다. 이 폭증하는 스파이크들의 동시성은 워낙 뚜렷해서 전극을 두피에만 설치해도 포착된다. 그 스파이크들의 물결이 경련발작에서는 무작위한 근육 경련을 일으키고 결여 발작에서는 의식 상실을 일으킨다.

다른 많은 뇌 장애와 스파이크 전달 오류 사이의 상관성은 덜 명백하다. 그 장애들은 크게 세 범주로 분류된다. 그 범주들은 운동장애, 기억장애, 사고장애다. 그 장애들에 대한 연구는 스파이크 전달을 제외한 다른 뇌 특징들의 변화에 초점을 맞춘다. 그러나 장애들의 모든 증상은 궁극적으로 뇌 특징들의 변화가 스파이크를 변화시키는 것을 통해 발현될 수밖에 없다. 운동장애에 대해서는 이 생각이 어쩌면 딱히 논란거리가 아닐 것이다. 한 예로 헌팅턴병을 보자. 이 병의 고전적인 증상은 "무도증chorea," 즉 돌발적이며 의지와 무관한 사지운동이다. 헌팅턴병은 특정한 단일 유전자 변이가 그 원인으로 밝혀진 드문 질병 중 하나다. 이런 식으로 단일 변이와 관련지을 수 있는 질병은, 뇌의 병인지 다른 부위의 병인지를 막론하고 극소수에 불과하다. 헌팅턴병을 일으키는 변이는 DNA 암호의 세 철자 CAG가 한 단일 유전자 안에서 너무 많이 반복되는 것이다. 이 유전자 변이는 단일 유전자에 의해 코드화된 단백질의 변이된 형태를 창출한다(그 단백질의 명칭이 "헌팅틴huntingtin"이다. 왜 이런 명칭이 붙었는지 따로 설명할 필요는 없을 것이다). 그 유전자는 겉질 바로 밑에 있으며 크고 조용한 선조체에 속한 뉴런 집단에서 주로 발현한다. 따라서 그 뉴런들은 단백질의 엉터리 버전으로 가득 차서 기능에 문제가 생기고 이내 사멸하기 시작한다(이 현상은 유전자 변이를 지닌 사람이 30대 중반이 넘어섰을 때 비로소 일어나기 시작하는데, 그 이유는 명확히 밝혀지지 않았다). 그런데 이제 알다시피, 선조체는 운동 제어에, 특히 적절한 운동이 일어나도록 만드는 일에 긴밀히 관여한다. 다수의 선조체 뉴런이 사멸한다는 것은 선조체가 적절한 운동을 제어하는 스파이크를 전송할 수 없게 된다는 것을 의미한다. 그리하여 이 오류로 인해 부적절하고 흔히 격렬한 사지운동이 유발된다.

기억장애들도 스파이크 전달 오류다. 알츠하이머병은 인지 문제들과 성격 변화뿐 아니라 심각한 기억상실도 일으킨다. 이 병에 관한 많은 연구는 뉴런들 사이에 있지 말아야 할 단백질 조각들(베타아밀로이드beta amyloid)이 거기에 축적되는 것과 뉴런 내부에서 일어나는 어느 단백질의 접힘 오류(타우 엉킴tau tangle)에 초점을 맞춘다. 이 단백질 문제들은 뉴런들의 기능 장애와 뉴런 간 연결의 기능 장애를 특히 겉질과 해마에서 일으키고 결국 뉴런들의 대규모 사멸을 불러일으킴으로써, 처리되고 있는 기억을 날려버린다. 기억의 회상은 뉴런 간 스파이크 전달을 통해 이루어진다. 뉴런들과 뉴런 간 연결들의 손실이 증가하여 스파이크 전달 오류가 축적되면 기억은 차츰 사라진다.

사고장애들도 스파이크 오류와 맞물려 있다. 조현병은—지나치게 예민한 감각, 왜곡된 인지, 망상, 환각을 비롯한—다양한 증상들의 집합이며, 그 근본 원인들은 명확히 밝혀지지 않았다. 조현병에 관한 이론은 다양하다. 환청, 특히 환자가 존재하지 않는 목소리를 듣는 증상은 조현병에서 흔히 나타난다. 그런데 청각은 뉴런 간 스파이크 전달을 통해 일어난다. 구체적으로 뇌간의 달팽이핵cochlear nucleus에 있는 뉴런들에서부터 일련의 뉴런들을 거쳐 소리를 담당하는 겉질 구역들에 있는 뉴런들로 스파이크가 전달되는 것이 관건이다. 그렇다면 존재하지 않는 소리를 듣는 이유는 그 스파이크 전달에 오류가 생겼기 때문이다. 그 오류에는 외부에서 들어오는 소리가 없는데도 마치 있는 것처럼 발생하는, 존재하지 말아야 할 스파이크들의 전달이 포함된다. 실제로 환청에 시달리는 환자의 뇌를 스캔하면, 환청이 일어날 때 소리를 담당하는 겉질 구역들이 실제 목소리를 들을 때와 똑같이 활동하는 것을 볼 수 있다.[11]

스파이크는 뇌에 어떤 문제가 있는지 이야기할 때 우리가 사용할 수 있는 공통 언어를 제공한다. 뇌 장애들의 근본 원인은 다양하다. 특정 유전자의 변이일 수도 있고, 쓰레기 단백질이 청소되지 않은 것일 수도 있고, 특정 화학물질과 결합하는 수용체의 기능 부전일 수도 있고, 세포의 낡은 부분들을 수리하는 기능의 결함일 수도 있고, 프리온들―잘못 접힌 단백질들―이 신경계를 침범하여 망가뜨리는 것일 수도 있다. 이 모든 근본 원인의 공통점은 궁극적 발현이다. 이 모든 원인은 특정 뉴런 집단들 사이의 스파이크 전달에 특징적인 변화를 일으킨다. 그리고 그 변화가 궁극적으로 장애 증상을 유발한다.

문제는 그 변화가 정확히 무엇인지 볼 수 있는 경우가 드물다는 점이다. 살아 있는 인간의 뇌에서 스파이크들을 기록할 수 없기 때문이다. 위에 서술한 모든 내용은 동물들의 뇌에 대한 이해에 기초를 둔 지식이다. 그리고 그 이해는 대부분 건강한 동물의 뇌에서 발생한 정상적인 운동, 기억, 청각과 관련된 스파이크들에서 나왔다. 뇌 장애의 동물 모형에서―즉 인간의 뇌 장애와 유사한 근본 원인에서 기인한 뇌 변화가 있는 동물들에서―어떤 스파이크 변화가 일어나는지에 관해 우리가 아는 것은 매우 적다. 곰곰이 생각하면 이는 기이한 일이다. 그 동물 모형들의 많은 뉴런을 동시에 기록할 수 있는 황금시대의 도구들로 거둔 수확은 아직 미약하다.

그러므로 스파이크 연구의 미래에 관한 확실한 예측 하나는, 운동장애, 기억장애, 사고장애에서 스파이크들이 어떻게 변화하는지 밝혀지리라는 것이다. 가까운 미래에 최신 기록 기술을 뇌 장애의 동물 모형들에 적용하는 신경과학자들이 급증하여, 다수의 뇌 영역에 흩어져 있는 수백 또는 수천 개의 뉴런에서 일어나는 스파이크 변화를 한꺼번에 포착하기 시작하는 것을 우리는 목격하게 될 것이다. 파킨슨병의 동물 모형과 "취약 X 증후군 Fragile X syndrome"(자폐증의 드문 형태 중 하나)의 동물 모형에서 수십 또는 수백 개의 뉴런을 기록하는 최근 연구들에서 이미 조짐이 나타나고 있다.[12] 또한 우리는 이 장애들의 동물 모형을 개량하려 할 것이다. 즉 원인과 증상이 인간의 장애와 더 많이 일치하게 되어 우리가 더 자신 있게 장애에 대한 이해의 기초로 삼을 수 있는 모형에서 스파이크들을 기록하려 할 것이다. 하지만 많은 기억장애와 사고장애에 대해서는 동물 모형을 개량하는 것이 아주 어려운 일이다. 치매, 우울증, 강박장애, 조현병 등을 동물에서 유사하게 구현하기는 어렵다. 그 주요 원인 하나는 윤리적 문제다. 우리 인간을 모방하기에 가장 좋은 동물은 우리와 가장 가까운 친척 사이인 영장류인데, 거의 모든 기억장애와 사고장애의 영장류 모형을 개발하는 연구는 동물실험에 대한 우리 사회의 윤리적 관용의 한계에 심각한 의문을 유발할 것이다.

어쩌면 기이하게도, 인간에서 스파이크를 기록함으로써 장애들을 연구하는 것이 새로운 동물 모형들을 개발하는 것보다 윤리적으로 더 수용할 만하다는 판단이 내려질 수도 있다. 인간에서 일상적으로 스파이크를 기록한다는 것은 현재의 기술로는 윤리적으로 어림도 없는 일이다. 이를 위해서는 뇌를 깊게 침범하는 외과 수술과 대단한 규모의 장비들이 필요하기 때문이다. 그런 기록은 대체로 특수한 뇌전증 사례(발작을 촉발하는 활동이 시작되는 지점을 발견하기 위하여)

와 파킨슨병 사례(뇌심부 자극용 전극을 올바른 위치에 이식하기 위하여)에 국한된다. 그러나 자금이 풍부한 최신 신경과학기술 기업들은 이 모든 상황을 바꾸려 한다. 그 회사들은 뇌-컴퓨터 인터페이스Brain-Computer Interface(BCI)를 개발하여 인간의 뇌 활동과 컴퓨터를 직접 연결하려 한다. 바꿔 말해 건강한 인간 뇌에서 끊임없이 스파이크를 기록하는, 이식 가능한 장치를 제작하려 한다.

예컨대 뉴럴링크Neuralink는 "뉴럴레이스neural lace"를 개발하고 있다. 이 장치는 유연한 전극망 형태의 BCI이며, 주사기로 뇌에 주입할 수 있고, 운이 좋으면 면역반응을 일으키지 않으면서 여러 해 동안 뇌 속에 머무를 수 있을 것이다.[13] 또 "뉴럴더스트neural dust"라는 것도 있는데, 이것은 아주 작은 수동적 기록용 전극으로, 이 전극에 포착된 신호를 읽어내는 데는 초음파가 사용된다.[14] 이 글을 쓰는 2020년 2월 현재, 이 연구 프로그램들은 기껏해야 예비적 개념 입증용 장치들을 동물에서 시험하는 단계에 이르렀다. 그러나 공언된 목표에 도달하려면, 언젠가 연구자들은 그 장치들을 건강한 인간 뇌에 이식하는 수술에 대한 윤리적 반감을 극복해야 할 것이다. 현재로서는 이것도 어림없는 일로 느껴질 수 있다. 모든 대수술에 내재하는 출혈이나 감염, 사고의 위험과 더불어 뇌를 건드리는 작업이 초래할 수 있는 영구적 뇌 손상이나 뇌졸중의 (무시할 수 없는 수준의) 위험을 감안하면, 그 장치들을 이식하는 수술을 건강한 사람이 자발적으로 받는다는 것은 터무니없게 느껴진다. 그러나 절대로 안 된다는 말은 절대로 하지 말아야 함을 우리는 안다. 따지고 보면, 완벽하게 건강한 사람이 성형수술을 받는 것은 오늘날 일상다반사다. 더구나 그 장치들을 윤리적으로 더 수용할 만하게 사용하는 방법도 있는 듯하다. 즉 인간만이 겪는 다양한 운동장애, 기억장애, 사고장애의 사례에서 스파이크들을 이해하고 그것들의 변화를 이해하기 위해 그 장치들을 사용할수 있을 법하다.

그러나 언젠가 우리가 원하는 대로 인간 뇌―당신의 뇌, 나의 뇌, 달라이 라마의 뇌―에서 스파이크들을 기록할 수 있게 되면 우리가또 무엇을 추구하게 될지 우리는 안다. 우리는 주관적 경험과 관련된스파이크들을 탐구하게 될 것이다.

주관적 스파이크

지금까지 우리는 뇌를 누비면서, 한 가지 행동에 얽힌 스파이크들을 고작 몇 초 동안 추적했다. 그러나 잘 알다시피, 내가 스파이크들로 서술하지 못한 수많은 정신적 활동 유형이 존재한다. 이를테면 계획과 열망, 상상, 따분하고 부조리한 상황들에 대한 정신적 이미지, 사회적 상호작용, 감정, 주의注意와 그것의 통제, 알아챔awareness, 내적독백, 의식이 그런 정신적 활동이다.

왜 나는 이 활동들을 스파이크로 서술할 수 없었을까? 현재 우리는인간에서 발생하는 스파이크들을 기록할 수 없기 때문이다. 드물게인간의 스파이크들을 기록할 기회를 얻으면, 우리는 다른 동물에게 하듯이 피험자에게 간단한 과제를 수행할 것을 요청한다. 이를테면 두 사진 중 하나를 선택하고 보상을 받게 하거나, 움직이는 점을 눈으로 추적하게 한다. 우리의 풍요로운 정신적 세계와 비교하면 그 모든 과제는 정말 따분하다. 하지만 인간 피험자에게도 그런 과제를 부여할 이유가 충분히 있다. 인간 뇌의 코딩과 계산을 다른 동물들과 비교하고 대비하려면 똑같은 과제들을 사용해야 한다.[15] 다른 모든 항목을 간단하게 유지하고 우리가 측정하고자 하는 항목만 변화시키는 것은 나무랄 데 없는 과학 탐구 방식이다. 그러나 이런 연구는 생각, 감정, 우리가 우리 자신이라는 경험의 바탕에 깔린 스파이크들을 이해하는 데 도움이 되지 않는다. 그래서 설명에 상당히 큰 공백이 발생한다. 생각, 언어, 행동은 뉴런 간 스파이크 전달이다. 그러나 위에 열거한 주관적 경험들의 목록에 대해서 우리는 그 바탕에 깔린 스파이크들에 관하여 아무것도 모른다.

그리고 이 설명의 공백은 여러 심층적 오해의 빌미가 될 수 있다. 우리는 뇌의 작동 및 뉴런들과 우리에게 친숙한 정신의 면모들 사이의 연결에 관해 기껏해야 일반적인 불명료한 사항들을 알 따름이다. 그래서 많은 기괴한 것들이 나타난다. 이를테면 미심쩍은 개념들이 "신경neuro"이라는 접두어를 달고 무더기로 등장한다. 그 접두어 덕분에 그 개념들은 더없이 과학적이고 영리하게 느껴진다. 신경마케팅 neuromarketing, 신경법학neurolaw, 신경문학비평neurocriticism 등이 그런 개념이다.[16] 단맛 나는 갈색 음료 브랜드에 대한 깊은 충성심을 피력할 때, 사무실 냉장고에서 조금 남은 자멜리아의 우유를 훔쳐먹는 범

죄를 저지를 때, 〈곰돌이 푸〉는 자본주의의 동심 파괴를 심오한 은유로 다룬 작품이라는 특이한 해석을 제시할 때—꿀을 추구하는 것은 돈의 유혹에 대한 상징적 표현이 아니겠는가?—우리의 뉴런들이 서로에게 어떤 신호를 보내는지에 관해 우리가 말 그대로 아무것도 모른다면, 정말 단적으로 털끝만큼도 모른다면 그런 개념들은 미심쩍을 수밖에 없다. 물론 우리는 사람들을 fMRI 스캐너에 집어넣은 다음에, 수백만 개에서 수억 개의 뉴런을 포함한 뇌 구역 하나에서 몇 초 동안 일어난 혈류의 변화가 인기 있고 끈적한 갈색 음료 두 가지의 맛과 어떻게 대응하는지 보고할 수 있다. 그러나 그 혈류 변화는 뉴런들이 전송한 스파이크들에 관해서는 아무것도 말해주지 않는다. 그 혈류 변화는 스파이크들이 빚어낸 결과인데도 말이다.

감정에 대해서 우리가 아는 바는 적다. 어쩌면 우리는 편도체라는 뇌 부분이 '공포'를 담당하는 장소라는 이야기에 익숙할 것이다.[17] 그 이야기는 틀렸다. 편도체와 공포의 관련성을 보여주는 증거는 두 가지다. 첫째, 편도체가 온전하지 않은 몇 안 되는 사람들은 공포가 없는 듯하다. 둘째, 동물의 편도체를 기능하지 못하도록 억제하면, 그 동물은 소리나 섬광이 따끔한 전기 충격을 예고한다는 것을 학습하지 못한다. 편도체는 그러한 학습이 이루어지는 장소, 즉 세계 안의 어떤 사건이 임박한 불쾌한 일을 예고한다는 것이 학습되는 장소다. 요컨대 편도체는 공포 그 자체의 장소가 아니라 공포를 예측하는 장소다.[18] 우리는 동물의 편도체에서 발생하는 스파이크들에 대해서, 그리고 그것들이 그런 예측을 학습하는 동안 어떻게 변화하는지에 대해서 어느 정도 안다.[19] 그러나 공포라는 주관적 경험을 유발하는 스파이크들에 대해서는 아무것도 모른다. 행복을 유발하는 스파이크들에 대해서도, 양가적 태도를 유발하는 스파이크들에 대해서도 아무것도 모른다. 리사 펠드먼 배럿Lisa Feldman Barrett은 감정과 뇌를 다루는 흥미로운 책을 썼는데, 무려 448쪽에 달하는 그 책에서도 스파이크에 대한 언급은 단 한 차례도 나오지 않는다(한국어판은 『감정은 어떻게 만들어지는가』라는 제목으로 출판되었고, 704쪽이다—옮긴이).

스파이크와 주관적 경험 사이의 간극은 데카르트적 이원론의 잔재에서도 드러난다. 그 이원론은 정신과 뇌가 어떤 식으로든 서로 별개라는 생각이다. 이 생각은 특히 궁극적으로 주관적인 의식 경험—자신의 자아를 자각한다는 순간적인 느낌, 내적 독백, 다양한 것들(붉음, 바삭함, 끈끈함, 맛, 질감, 냄새)에 대한 경험—과 관련하여 강하게 제기된다. 뉴런들 사이에서 오가는 스파이크들과 의식의 관계에 대해서는 알려진 바가 없다. 이처럼 실제 뇌의 작동에 발을 딛지 못했기 때문에 의식 연구는 표류하고 있다.

의식을 연구하는 과학자들은 우리가 의식이 있을 때 뉴런들이 어떤 신호를 전송하는지에 대해서 아무것도 알려진 게 없다는 문제를 극복해야 한다. 일부 과학자들은 fMRI를 들여다본다. 주관적 경험이 일어나는 동안 어떤 거대한 뉴런 집단들의 활동이 증가하거나 감소하는지를 최소한 어렴풋하게라도 보기 위해서다.[20] 일부 과학자들은 인간 뇌의 구역들 사이의 배선을 들여다보고 그 배선이 굉장히 복잡하다고 주장한다.[21] 일부 과학자들은 거대한 도약을 감행하여 스파이크를 완전히 도외시한다. 뉴런 하나가 가지돌기들과 아찔할 만큼 복잡한 화학적 신호전달 경로들을 통해 수행할 수 있는 복잡한 계산들도 당연히 도외시한다. 그러면서 그들은 곧장 양자 수준으로 내려간다.[22] 뇌의 어떤 수준에서 정보 전달이 이루어지는지 우리는 안다. 어쩌면 맨 먼저 그 수준에서 의식 이론을 검증해야 마땅함을 감안할 때, 그들의 전략은 기이하게 느껴진다.

의식을 연구하는 일부 철학자들은 이 설명의 공백으로 곤두박질 친다. 그들은 이원론을 옹호하면서, 우리가 의식을 물리적으로 설명할 수도 없고 그런 설명을 생각할 수도 없으므로 정신은 물리적 실체가 없다고 추론한다.[23] 우리가 그런 설명을 발견하거나 생각할 수 없는 이유는 간단하다. 우리가 개별 뉴런들의 활동과 주관적 정신 상태들을 아직 연결할 수 없기 때문이다(그래서 그런 데카르트적 이원론의 잔재들이 생명을 이어가는 것이다). 개별 뉴런들의 활동과 정신 상태들 사이에 연결이 없기 때문이 아니라, 필수적인 데이터를 우리가 확보하지 못했고 아직 확보할 수 없기 때문이다. 우리의 뉴런들, 스파이크 군단, 1초 동안 발생하는 20억 개의 스파이크 전부를 의식적 경험과 연결하려는 시도를 우리는 정말이지 한 번도 해본 적이 없다.

미래의 스파이크 연구는 한가한 사변을 밀어내고 확고한 지식을 제공할 것이다. 우리가 더 많은 스파이크를 기록하게 되리라는 점은 기정사실이고, 지난 여행에서 우리의 뇌를 누비며 마주친 모든 현상에 대하여, 즉 스파이크 군단과 스파이크의 의미와 암흑뉴런과 자발적 스파이크에 대하여 훨씬 더 많이 배우게 될 것이다. 우리가 수집할 수 있는 스파이크들이 증가할수록, 우리는 스파이크들에 의해 통제되지 않는 뇌의 요소들에 대해서도, 그리고 아무리 많은 스파이크를 탐욕스럽게 모으더라도 설명할 수 없는 것들—이를테면 기분, 그리고 어쩌면 먼 과거에 대한 기억—에 대해서도 더 많이 배우게 될 것이다. 또한 우리는 다양한 스파이크를 얻게 될 것이 거의 확실하다. 다양한 뇌 장애 환자에서 유래한 (현재 우리가 전혀 모르는) 스파이크들, 인간의 사고 과정에서 발생한 (우리가 아직 건드리지도 못한) 스파이크들, 주관적 경험의 와중에 발생한 (우리가 아직 1개도 기록하지 못한) 스파이크들, 인간으로서 산다는 것의 의미에 대한 우리의 이해를 풍부하게 해줄 스파이크들이 확보될 것이다. 우리의 다음 여행은 그런 미래로 향해야 마땅하다.

어린 시절 나는 책의 첫 장을 여러 번 썼다. 내가 구상한 장대한 이야기의 첫 대목을 흥분해서 휘갈겨 쓴 것인데, 처음의 돌진이 끝나면 추진력은 잦아들고 짜릿함은 밍밍해질 따름이었다. 2장까지 나아간 적은 한 번도 없다. 알고 보니, 11장까지 완결하는 최선의 길은 간단한 성분 두 가지를 조합하는 것이었다. 첫째는 쓰고자 하는 것에 관한 계획이었고, 그에 못지않게 중요한 둘째 성분은 훌륭한 사람들의 지원이었다. 여기에서 그 사람들에게 감사를 표하고 싶다.

이 프로젝트 전체를 탄생시키고, 책을 위한 최초의 아이디어를 구상하는 데 결정적으로 기여하고, 프로젝트를 실행하는 내내 지혜로운 조언을 해준 사이언스팩토리The Science Factory의 에이전트 제프 슈리브Jeff Shreve에게 감사를 표한다. 이 프로젝트를 프린스턴으로 가져가서 이끌어준 프린스턴 대학교 출판부의 멋진 팀, 특히 내 글을 담당한 편집자 핼리 스테빈스Hallie Stebbins에게, 또 원고를 꼼꼼히 정리하고 나의 중독적 세미콜론 사용을 교정하기로 결심해준 돈 홀Dawn Hall에게 감사한다. 슬프게도 교정이 완전히 이루어지지는 않았지만 말이다.

세계 곳곳의 과학자 친구들과 동료들이 시간과 전문성을 제공해준 덕에 책이 더 나아질 수 있었다. 리카르도 스토치Riccardo Storchi와 팀 포헐스Tim Vogels는 정말 요긴한 정보를 제공했다. 톰 베이든, 티아고 브랑코, 마테오 카란디니, 마크 처칠랜드, 라스무스 페테르센은 책의 일부를 읽으면서 나의 오류를 찾아내고 유익하게 탐사할 만한 새 길을 알려줌으로써 각자의 깊이 있는 전문성으로 나를 도왔다. 애슐리 주아비넷Ashley Juavinett이 처음 네 장을 꼼꼼히 읽어준 덕분에 그 부분이 대폭 개선되었다. 팻 스캔널Pat Scannell과 프린스턴 대학교 출판부에서 내 글을 검토한 사람들(마티아스 에니그Matthias Hennig와 그의 이름 모를 파트너)에게 그 모든 일을 마다하지 않고 내가 이 책을 계속 써가도록—심지어 마지막 한 장 전체를 새로 써서 덧붙이도록—도와준 것에 대하여 감사한다. 여러분 모두에게 감사를 표한다. (그리고 팻Pat, 위스콘신에서 주말에 무장하고 돌아다니는 사냥꾼들이 프랑스와 독일의 전투병을 모두 합친 것보다 더 많다는 말을 자네에게 들었는데, 솔직히 겁나는 그 말을 뉴런을 다루는 책에 집어넣을 길을 발견하지 못해 미안하네. 그래서 여기에 이렇게 적어두네.)

애비Abbi와 세스Seth는 아빠가 뇌에 관한 책을 쓴다는 것을 어렴풋하게 알아채고 아빠를 더 재미있는 일들—테디베어 병원 놀이, 마당에서 축구하기, 잠들기 전에 이야기 들려주기 등—에 몰두하게 만들어 아빠의 정신 건강을 지켜주었다. 가장 깊은 감사와 사랑은 나를 늘 아낌없이 지원하는 나의 아내 닉Nic의 몫이다.

1장 우리는 스파이크다

1. 여기에서 언급할 모든 뉴런 개수들의 출처는 다음 문헌이다. Suzana Herculano-Houzel, *The Human Advantage*, MIT Press, 2016.

2. Peter Lennie, "The cost of cortical computation," *Current Biology* 13(2003): 493-497; Simon B. Laughlin and Terry J. Sejnowski, "Communication in neuronal networks," *Science* 301(2003): 1870-1874.

3. 나는 지금까지 출판된 모든 영어 소설이 약 500만 편(프레드너의 추정)이고 한 편에 실린 단어가 평균적으로 9만 개라는 전제 아래, 출판된 모든 영어 소설에 들어 있는 단어들의 총수는 450조 개라고 추정했다. 우리의 겉질에서 평생 발생하는 스파이크의 개수와 소설 속 단어의 개수가 같아지려면 영어 소설가들이 3억 8000만 년 동안 소설을 써야 할 것이라는 추정에는 연간 출판되는 영어 소설이 10만 편이라는 추정치가 사용되었다. 아래 출처를 참조하라. Erik Fredner, "How many novels have been published in English? (An attempt)," March 14, 2017; https://litlab.stanford.edu/how-many-novels-have-been-published-in-english-an-attempt/

4. 스파이크 기록에 관한 최초 보고들 중 하나는 다음 문헌이다. Edgar D. Adrian, "The impulses produced by sensory nerve endings: Part I," *Journal of Physiology* 61(1926): 49-72.

5. 무어의 법칙과 유사한 것이 신경과학계에도 있다. 다수의 뉴런에서 동시에 스파이크를 기록하는 기술이 발전함에 따라, 한꺼번에 기록 가능한 뉴런

의 개수가 지수함수적으로 늘어나고 있다. 그 개수가 두 배로 증가하는 데 걸리는 시간은 6.3년이다. 이를 "스티븐슨의 법칙"이라고 불러도 좋을 성싶다. 다음을 참조하라. Ian Stevenson and Konrad Kording, "How advances in neural recording affect data analysis," *Nature Neuroscience* 14(2011): 139-141; 그리고 이언 스티븐슨의 웹사이트를 보라. https://stevenson.lab.uconn.edu/scaling/

6. 빛으로 뉴런을 켜거나 끄는 기술은 광유전학optogenetics을 통해 성취되었으며 2005년에 처음으로 포유동물에 적용되었다. 몇몇 박테리아는 막에 빛을 받으면 열리는 이온통로가 있다. 그 이온통로의 코드를 보유한 유전자들을 뉴런에 삽입하면 뉴런의 막에도 똑같은 이온통로가 형성된다. 그러면 우리가 뉴런에 빛을 쪼이면 그 통로가 열려 이온들이 (해당 유전자들이 어떤 유형의 이온통로로 발현하느냐에 따라) 유입되거나 유출되어 뉴런을 흥분시키거나 억제한다. 이 기술은 동시에 수천 개의 뉴런에 적용될 수도 있고 특정 유형의 이온들에 적용될 수도 있다. 추가 정보는 다음을 참조하라. Gero Miesenböck, "The optogenetic catechism," *Science* 326(2009): 395-399; Karl Deisseroth, "Optogenetics: 10 years of microbial opsins in neuroscience," *Nature Neuroscience* 18(2015): 1213-1225.

7. 다음 문헌들은 뇌심부자극술을 위한 전극으로 인간에서 스파이크를 기록한 사례를 다룬다. René Reese, Arthur Leblois, Frank Steigerwald, Monika Pötter-Nergera, Jan Herzoga, H. Maximilian Mehdorn, Günther Deuschl, Wassilios G. Meissnerd, and Jens Volkmann, "Subthalamic deep brain stimulation increases pallidal firing rate and regularity," *Experimental Neurology* 229(2011): 517-521; Arun Singh, Klaus Mewes, Robert E. Gross, Mahlon R. DeLong, José A Obeso, and Stella M. Papa, "Human striatal recordings reveal abnormal discharge of projection neurons in Parkinson's disease," *Proceedings of the National Academy of Sciences USA* 113(2016): 9629-9634.

8. 다음 문헌은 뇌전증 발작이 시작되는 지점을 알아내기 위해 인간 환자의 뇌에 이식한 전극으로 스파이크를 기록한 사례를 다룬다. Matias J. Ison, Rodrigo Quian Quiroga, and Itzhak Fried, "Rapid encoding of new memories by individual neurons in the human brain," *Neuron* 87(2015): 220-230.

9. R. Jenkins, A. J. Dowsett, and A. M. Burton, "How many faces do people know?" *Proceedings of the Royal Society B: Biological Sciences* 285(2018): https://

royalsocietypublishing.org/doi/10.1098/rspb.2018.1319

10. Nancy Kanwisher, Josh McDermott, and Mavin M. Chun, "The fusiform face area: A module in human extrastriate cortex specialized for face perception," *Journal of Neuroscience* 17(1997): 4302-4311.

11. 도리스 차오의 연구와 그것이 속한 맥락, 곧 얼굴 코드를 해독하기 위한 노력에 관한 멋진 서술을 보려면 다음 문헌을 참조하라. Alison Abbott, "The face detective," *Nature* 564(2018): 176-179.

12. Doris Y. Tsao, Winrich A. Freiwald, Roger B. H. Tootell, and Margaret S. Livingstone, "A cortical region consisting entirely of face-selective cells," *Science* 311(2006): 670-674.

13. Sebastian Moeller, Winrich A. Freiwald, and Doris Y. Tsao, "Patches with links: A unified system for processing faces in the macaque temporal lobe," *Science* 320(2008): 1355-1359.

14. Le Chang and Doris Y. Tsao, "The code for facial identity in the primate brain," *Cell* 169(2017): 1013-1028.

2장 있거나 아니면 없거나

1. 매력적인 인물인 워런 매컬러는 시스템 신경과학과 계산신경과학의 초기 개척자다. 그의 만년의 모습을 아는 사람 중 하나인 아빕은 그의 삶을 간략하게 다룬 훌륭한 평전을 썼다. 그의 연구를 시대의 맥락 안에서 고찰하는 더 자세한 평전으로는 에이브러햄의 작품이 있다. Michael A. Arbib, "Warren McCulloch's search for the logic of the nervous system," *Perspectives in Biology and Medicine* 43(2000): 193-116; Tara H. Abraham, *Rebel Genius: Warren S. McCulloch's Transdisciplinary Life in Science*, MIT Press, 2016.

2. 운 좋은 연구자들만 그런 떨림을 볼 수 있었다. 오실로스코프는 1930년대에 들어서야 널리 사용되었다. 그래서 가장 초창기에 스파이크를 기록한 에드거 에이드리언을 비롯한 연구자들은 손수 제작한 장치를 사용하여 전압의 미세한 떨림을 회전하는 원통형 기록지에 닿아 있는 펜의 운동으로 변환했다.

3. 1950년대 호지킨과 헉슬리의 연구에 이르기까지 스파이크 기록의 초기 역

사에 관한 이 서술은 다음 문헌을 바탕으로 삼았다. Alan J. McComas, *Galvani's Spark: The Story of the Nerve Impulse*, Oxford University Press, 2011.

4. 여기에서 "임계점"이라는 용어를 사용하는 것은 우연이 아니다. 신경과학에 관한 기초 지식이 있는 독자는 왜 내가 뉴런이 스파이크를 창출하는 방식에 관한 모든 교과서의 서술에서처럼 "문턱threshold"이라는 용어를 사용하지 않는지 의아하게 여길지도 모르겠다. 예컨대 이 서술을 보라. "그리고 전압이 문턱에 도달하면 스파이크가 태어난다." 내가 "임계점"을 선택한 것은, 스파이크가 창출되는 정확한 전압값을 뜻하는 "문턱"이 존재하지 않기 때문이다. 뉴런이 스파이크를 생산하는 전압값은 최근에 뉴런에 어떤 다른 일이 일어났는가에 따라 달라진다. 가장 중요한 요인은 뉴런이 마지막 스파이크를 얼마나 오래전에 생산했는가 하는 것이다. 요컨대 스파이크가 생산되는 전압값은 늘 존재한다. 그 전압값이 임계점이다. 그러나 그 전압값이 늘 동일한 것은 아니다. 바꿔 말해 문턱은 없다. 왜 뉴런이 문턱을 가지지 않는지를 책 한 권 분량으로 설명한 문헌으로는, 밀도가 높아 읽기가 쉽지 않지만 경외심을 자아내는 다음 문헌이 있다. Eugene Izhikevich, *Dynamical Systems in Neuroscience: The Geometry of Excitability and Bursting*, MIT Press, 2005. 임계점이 얼마나 가변적일 수 있는지 알고 싶다면 다음 문헌을 참조하라. Johnathan Platkiewicz and Romain Brette, "A threshold equation for action potential initiation," *PLoS Computational Biology* 6(2010): e1000850.

5. Amanda Gefter, "The man who tried to redeem the world with logic," *Nautilus*, February 5, 2015, http://nautil.us/issue/24/information/the-man-who-tried-to-redeem-the-world-with-logic; Neil R. Smalheiser, "Walter Pitts," *Perspectives in Biology and Medicine* 43(2000): 217-226.

6. John von Neumann, "First draft of a report on the EDVAC," 1945 Technical Report. Typeset and edited by Michael D Godfrey; version dated January 10, 2011. 다음에서 다운로드할 수 있다. https://sites.google.com/site/michaeldgodfrey/vonneumann/vnedvac.pdf?a5redirects=o&d=1

7. 실제로 망막의 세 층 사이에 형성된 회로들은 터무니없을 만큼 복잡해서 연구자들은 훨씬 더 큰 뇌를 이해할 능력이 있을지 고민에 빠진다. 전문적 세부 사항을 원하는 독자를 위해 여기에서 망막에 관한 집중 특강을 하겠다. 첫째 층(1층)의 원뿔세포들은 2층의 양극세포들과 "수평horizontal" 세포들로 글루타

메이트를 방출한다. 양극세포들의 역할은 원뿔세포들에서 유래한 정보를 압축하여 3층으로 전달하는 것이다. 수평세포들의 역할은 원뿔세포로부터 양극세포로의 정보 전달을 억제하는 것이다. 원뿔세포들에서 멀리 떨어진 곳의 양극세포들은 같은 양극세포들로부터 입력을 받는다. 이 때문에 경쟁이 발생한다. 그리하여 멀리 떨어진 양극세포들의 반응이 억제되고, 따라서 활성화된 수평세포(들) 근처 양극세포들의 반응이 도드라진다.

양극세포의 전압 변화는 연결된 원뿔세포(들)에서 들어오는 글루타메이트가 얼마나 오래 중단되는가에 비례한다. 켜짐 유형의 양극세포는 그 중단에 반응하여 전압을 높임으로써 광자들이 탐지되었음을 알린다. 꺼짐 유형 양극세포들은 그 중단에 반응하여 전압을 낮춤으로써 어둠의 감소를 알린다. 이어서 모든 양극세포는 자신의 전압에 비례하는 양의 글루타메이트를 3층의 망막 신경절세포들(이들이 뇌로 스파이크를 전송한다)과 아마크린 세포들amacrine cells(이들은 신경절세포를 억제한다. 그리고/또는 억제를 양극세포에 되먹인다)로 방출한다.

생쥐 망막에는 최소 아홉 가지 유형의 양극세포와 최대 40가지 유형의 아미크린 세포가 있다. 이 유형들은 세포가 반응하는 대상에 의해 정의된다. 망막의 회로망에 관한 세부사항을 포괄적으로 설명하는 문헌을 원한다면 Jonathan B. Demb and Joshua H. Singer, "Functional circuitry of the retina," *Annual Review of Vision Science* 1(2015): 263-239을 참조하라. 우리가 양극세포에 관하여 아는 바는 터무니없을 만큼 적다. 다음을 참조하라. Thomas Euler, Silke Haverkamp, Timm Schubert, and Tom Baden, "Retinal bipolar cells: Elementary building blocks of vision," *Nature Reviews Neuroscience* 15: (2014): 507-519. 왜 망막이 이런 식으로 배선되어 있는지를 자세히 알고 싶다면 다음의 11장을 참조하라. Peter Sterling and Simon B. Laughlin, *Principles of Neural Design*, MIT Press, 2015. 다음 온라인 교과서는 유용한 출발점이다. *Webvision*, by Helga Kolb and her colleagues: https://webvision.med.utah.edu/

8. Amanda Gefter, "The man who tried to redeem the world with logic," *Nautilus*, February 5, 2015; http://nautil.us/issue/24/information/the-man-who-tried-to-redeem-the-world-with-logic

9. Michael Brecht, Bruno Preilowski, and Michael M. Merzenich, "Functional architecture of the mystacial vibrissae," *Behavioural Brain Research* 84(1997):

81-97.

10. Michael R. Bale, Dario Campagner, Andrew Erskine, and Rasmus S. Petersen, "Microsecond-scale timing precision in rodent trigeminal primary afferents," *Journal of Neuroscience* 35(2015): 5935-5940.

11. Magdalena N. Muchlinski, John R. Wible, Ian Corfe, Matthew Sullivan, and Robyn A. Grant, "Good vibrations: The evolution of whisking in small mammals," *Anatomical Record* 303(2020): 89-99.

12. Ben Mitchinson, Chris J. Martin, Robyn A. Grant, and Tony J. Prescott, "Feedback control in active sensing: Rat exploratory whisking is modulated by environmental contact," *Proceedings of the Royal Society B: Biological Sciences* 27(2007): 1035-1041; Robyn A. Grant, Ben Mitchinson, Charles W. Fox, and Tony J. Prescott, "Active touch sensing in the rat: Anticipatory and regulatory control of whisker movements during surface exploration," *Journal of Neurophysiology* 101(2009): 862-874.

13. Rune W. Berg and David Kleinfeld, "Rhythmic whisking by rat: Retraction as well as protraction of the vibrissae is under active muscular control," *Journal of Neurophysiology* 89(2003): 104-117.

14. 이것은 직선 경로가 있다고 전제하고 추정한 값이다. 인간 뇌의 길이는 약 150~160밀리미터다. 당연한 말이지만, 스파이크는 직선 경로로 이동할 수 없다. 스파이크를 뇌의 뒤쪽 끝에서 앞쪽 끝까지 운반하는 축삭돌기가 있다고 상상하면, 그 축삭돌기는 우선 아래로 향해 겉질 밑의 백색질에 진입하고, 이어서 휘어진 경로로 백색질을 가로지른 다음에, 뇌의 앞부분에서 다시 위로 향해 겉질에 진입할 것이다. 상세한 설명은 4장을 참조하라.

15. Heather L. More, John R. Hutchinson, David F. Collins, Douglas J. Weber, Steven K. H. Aung, and J. Maxwell Donelan, "Scaling of sensorimotor control in terrestrial mammals," *Proceedings of the Royal Society B: Biological Sciences* 277(2010): 3563-3568.

16. Peter Sterling and Simon Laughlin, *Principles of Neural Design*, MIT Press, 2015, chapter 7.

17. 겉질의 앞쪽 끝에서 뒤쪽 끝까지의 거리 안에 얼마나 많은 겉질 뉴런이 놓여 있는가에 대한 이 추정값은 쥐에서 얻은 데이터(Romand et al.)에 기초

를 둔다. 그 이유는 두 가지다. (1) 우리는 쥐의 뇌에 관한 정확한 데이터를 다량으로 보유하고 있다. (2) 쥐의 겉질에는 인간의 겉질과 달리 주름이 없기 때문에, 쥐의 겉질에서 직선 거리를 거론하는 것은 유의미하다. 인간의 겉질에는 주름이 있다. 따라서 뇌의 뒤쪽 끝에서 앞쪽 끝까지 이어진 뉴런 사슬 속에 위 추정값보다 훨씬 많은 뉴런이 있을 개연성이 높다. 구체적인 수치들은 이러하다. 성체 쥐에서 겉질의 길이는 약 14밀리미터. 돌기들을 무성하게 뻗은 5층의 피라미드 뉴런들은 가장 큰 뉴런이며 본체의 지름이 최대 20마이크로미터. 따라서 이 뉴런 본체 700개를 잇대어 늘어놓으면, 전체 길이가 쥐 겉질의 종단 길이와 같아진다. 다음을 참조하라. Sandrine Romand, Yun Wang, Maria Toledo-Rodriguez, and Henry Markram, "Morphological development of thick-tufted layer V pyramidal cells in the rat somatosensory cortex," *Frontiers in Neuroanatomy* 5(2011): 5.

18. Robyn A. Grant, Vicki Breakell, and Tony J. Prescott, "Whisker touch sensing guides locomotion in small, quadrupedal mammals," *Proceedings of the Royal Society B: Biological Sciences* 285(2018): 20180592.

19. 길이 2미터짜리 축삭돌기를 가진 뉴런의 본체가 지구만 하다고 가정하고 계산하면, 지구에서 태양까지 거리보다 더 멀리 신호를 보내는 셈이다. 지구에서 태양까지 거리는 평균 1억 4960만 킬로미터, 지구의 지름은 적도에서 1만 2756킬로미터다. 따라서 전자는 후자의 약 1만 1723배에 해당한다.

이제 2미터짜리 축삭돌기를 가진 뉴런을 생각해보자. 그 뉴런의 본체 지름이 약 20마이크로미터라면(넉넉히 잡은 값이다), 그 뉴런의 축삭돌기 길이는 본체 지름의 10만 배에 해당한다. (뉴런 본체뿐 아니라 가지돌기들도 뉴런의 크기에 포함하고 싶다면, 뉴런의 크기를 233마이크로미터라고 하자. 이때 축삭돌기 길이는 뉴런 크기의 4만 3333배에 해당한다.)

20. 눈이 망막에서 전압과 화학물질로 코드화된 모든 정보를 스파이크들로 번역하는 것이 좋은 일만은 아니다. 그 번역 과정에서 정보 손실이 일어난다. 겉질은 망막의 원뿔세포들에 도달한 광자들로부터 얻을 수 있는 시각세계에 관한 정보의 일부만 받는다. 원뿔세포들로부터 망막의 출력 뉴런들로 전달되는 메시지는 아날로그 메시지라고 할 수 있다. 그 메시지는 전압의 연속적 변화이며, 그 변화는 신경전달물질들의 흐름을 조절한다. 그러나 이 연속적 변화를 스파이크들로 번역하는 과정에서 신경절세포들은 그 메시지의 많은 세부사항을

버릴 수밖에 없다. 그 세포들은 메시지를 양자화한다. 즉 연속적인 신호를 이진 법적 사건―스파이크―으로 변환한다. 따라서 각각의 스파이크는 한 값이 아니라 가능한 값들의 범위를 대표한다. 그러므로 이 변환 과정에서 불가피하게 정보가 손실된다. 이 메시지를 받는 시각겉질은 외부 세계에 관한 잠재적 정보가 많이 빠져 있는 메시지를 받는 것이다.

21. J. Y. Lettvin, H. R. Maturana, W. S. McCulloch, and W. H. Pitts, "What the frog's eye tells the frog's brain," *Proceedings of the Institute of Radio Engineers* (IRE) 47(1959): 1940-1951. 눈여겨보았겠지만, 이 논문의 저자 목록에 월터 피츠가 포함되어 있다. 레트빈은 뉴런 활동을 기록했고 마투라나는 해부학을 담당했지만, 당시 몰락하고 있던 피츠가 어떤 역할을 맡았는지는 불분명하다.

22. Tom Baden, Philipp Berens, Katrin Franke, Miroslav Román Rosón, Matthias Bethge, and Thomas Euler, "The functional diversity of retinal ganglion cells in the mouse," *Nature* 529(2016): 345-350.

23. Peter Sterling and Simon Laughlin, *Principles of Neural Design*, MIT Press, 2015. 더 정확히 설명하면 이러하다. 방향 선택적 켜짐 세포들은 머리가 움직임에 따라 외부 세계의 장면이 우리의 망막에서 어떻게 미끄러지는지 계산하는 데 사용된다.

24. Tom Baden, Thomas Euler, and Philipp Berens, "Understanding the retinal basis of vision across species," *Nature Reviews Neuroscience* 21(2020): 5-20.

25. Bruce A. Rheaume, Amyeo Jereen, Mohan Bolisetty, Muhammad S. Sajid, Yue Yang, Kathleen Renna, Lili Sun, Paul Robson, and Ephraim F. Trakhtenberg, "Single cell transcriptome profiling of retinal ganglion cells identifies cellular subtypes," *Nature Communications* 9(2018): 2759; Yi-Rong Peng, Karthik Shekhar, Wenjun Yan, Dustin Herrmann, Anna Sappington, Gregory S. Bryman, Tavévan Zyl, Michael Tri H. Do, Aviv Regev, and Joshua R. Sanes, "Molecular classification and comparative taxonomics of foveal and peripheral cells in primate retina," *Cell* 176(2019); 1222-1237.

3장 군단

1. 이렇게 묻고 싶은 독자가 있을 것이다. "어이, 험프리스 씨, 가쪽무릎핵lateral geniculate nucleus은 왜 빼먹은 거야?" 스파이크들은 망막에서 곧장 겉질의 첫째 시각 구역으로 가지 않는다. 망막 신경절세포의 축삭돌기는 시상의 일부인 가쪽무릎핵까지 뻗어간다. 거기에 있는 한 뉴런 집단이 망막의 신호를 시각겉질로 중계한다. 또 다른 가쪽무릎핵 뉴런 집단은 망막의 신호를 겉질 아래에 위치한 여러 구조물로 중계한다. 예컨대 시야의 변화에 빠르게 반응하기(이를테면 날아오는 축구공을 피해 고개를 숙이기) 위해 위둔덕으로 중계한다. 망막에서 뻗어나오는 통로들이 30개 있는 것에 어울리게 (어쩌면 당신도 짐작하겠지만) 그만큼 복잡한 통로 집단이 가쪽무릎핵에서 뻗어 나간다는 것이 이제 막 밝혀지고 있다. 다음을 참조하라. Miroslav Román Rosón, Yannik Bauer, Ann H. Kotkat, Philipp Berens, Thomas Euler, and Laura Busse, "Mouse dLGN receives functional input from a diverse population of retinal ganglion cells with limited convergence," *Neuron* 102(2019): 462-476.

2. Nuno Macarico da Costa and Kevin A. C. Martin, "How thalamus connects to spiny stellate cells in the cat's visual cortex," *Journal of Neuroscience* 31(2011): 2925-2937.

3. 뉴런의 모양은 놀랄 만큼 다양하다. 이 겉질 뉴런들의 모양과 다른 많은 뉴런 유형들의 모양을 NeuroMorpho.org에서 풍부하게 볼 수 있다.

4. 정확히 말하면, 도착하는 스파이크 하나가 표적 뉴런에서 스파이크를 유발하기에 충분한 경우는 거의 없다. 그러나 알다시피 자연은 철통같은 법칙을 세우려는 우리의 노력을 조롱하곤 한다. 단일한 축삭돌기와 단일한 표적 뉴런의 가지돌기와 여러 번 접촉할 수 있다. 그러면 그 접촉 지점들의 시냅스 각각이 동일한 스파이크를 받고, 따라서 단일한 스파이크가 표적 뉴런의 전압을 동시에 여러 배로 증가시킬(또는 감소시킬) 수 있다. 극단적인 사례는 치아이랑dentate gyrus의 한 뉴런에서 CA3 영역의 한 뉴런으로 건너가는 "뇌관 시냅스detonator synapse"다(치아이랑과 CA3 영역은 둘 다 해마에 속한다). 그 단일한 치아이랑 뉴런과 그 CA3 뉴런은 다수의 연결을 강하게 형성한다. 적당한 상황에서(즉 그 연결들이 최근에 많은 스파이크를 통과시켰다면) 그 연결들은 치아이랑 뉴런에서 오는 스파이크 하나로도 CA3 뉴런에서 스파이크가 발생할 만

큰 강해질 수 있다. 이에 관한 결정적인 실험들은 다음을 참조하라. Nicholas P. Vyleta, Carolina Borges-Merjane, and Peter Jonas, "Plasticity-dependent, full detonation at hippocampal mossy fiber-CA3 pyramidal neuron synapses," *eLife* 5(2016): e17977. 또 이것이 왜 드문 사건이어야 하는지에 관한 섬세한 정량적 논의는 다음을 참조하라. Nathaniel N. Urban, Darrell A. Henze, and German Barrionuevo, "Revisiting the role of the hippocampal mossy fiber synapse," *Hippocampus* 11(2001): 408-417.

5. 겉질을 진지하게 공부하는 학생은 브레이튼버그와 슈츠가 겉질에 관한 통계들을 알아내기 위해 수행한 연구를 주제로 삼아 그들이 스스로 쓴 다음의 단행본을 반드시 읽어야 한다. Valentin Braitenberg and Almut Schuz, *Cortex: Statistics and Geometry of Neuronal Connectivity*, 2nd ed., Springer, 1998.

6. Michael London, Arnd Roth, Lisa Beeren, Michael Hausser, and Peter E. Latham, "Sensitivity to perturbations in vivo implies high noise and suggests rate coding in cortex," *Nature* 466(2010): 123-127.

7. Michelle Rudolph and Alain Destexhe, "Tuning neocortical pyramidal neurons between integrators and coincidence detectors," *Journal of Computational Neuroscience* 14(2003): 239-251.

8. Mark D. Humphries, "The Goldilocks zone in neural circuits," *eLife* 5 (2016): e27735.

9. William R. Softky and Christof Koch, "Cortical cells should fire regularly, but do not," *Neural Computation* 4(1992): 643-646.

10. "완벽하게 무작위하다"라는 말은 그 스파이크 계열들이 푸아송 과정Poisson process을 따랐다는 뜻이다. 즉 마치 스파이크 간 간격들이 지수분포exponential distribution에서 무작위로 선택되기라도 한 것 같으며, 각각의 간격은 서로에 대하여 완전히 독립적이었다는 뜻이다. 푸아송 과정을 따르려면 스파이크 간 간격들의 평균과 표준편차가 같아야 하는데, 소프트키와 코흐는 그것들이 실제로 (대략) 같음을 보여주었다.

11. 이 장은 현재 선호되는 겉질에 관한 "균형 입력" 이론을 간략하게 소개한다. 그러나 어떻게 불규칙한 스파이크들이 발생하는가에 관한 다른 제안들도 이 이론에 기여했다. 소프트키와 코흐가 스스로 제시한 해답은 [1] 우리의 뉴런 모형들이 너무 단순하며, 이 불규칙한 출력은 충분한 입력들이 한꺼번에 들

어올 때 표적 뉴런의 가지돌기가 작고 고립된 입력들을 걸러내고 큰 전압 펄스만 본체로 보내는 것에서 기원한다는 것이었다. 그렇게 충분한 입력이 한꺼번에 들어오는 일은 무작위하게 일어날 터였다. 다른 학자들은 우리가 가진 뉴런모형들의 단순한 특징들을 약간 변경해도 스파이크 간 간격을 더 불규칙하게 만들 수 있음을 보여주었다. 이를테면 스파이크가 생산된 후에 전압이 얼마나 하강하는지를 변경하거나[2], 전압이 얼마나 신속하게 임계점에 도달했는지에 따라 스파이크 발생까지의 지체 시간이 달라지게 만들면[3], 스파이크 간 간격이 더 불규칙해진다. 관련 문헌들은 아래와 같다.

[1] William R. Softky and Christof Koch, "The highly irregular firing of cortical cells is inconsistent with temporal integration of random EPSPs," *Journal of Neuroscience* 13(1993): 334-350.

[2] Todd T. Troyer and Kenneth D. Miller, "Physiological gain leads to high ISI variability in a simple model of a cortical regular spiking cell," *Neural Computation* 9(1997): 971-983.

[3] Boris Gutkin and G. Bard Ermentrout, "Dynamics of membrane excitability determine interspike interval variability: A link between spike generation mechanisms and cortical spike train statistics," *Neural Computation* 10(1998): 1047-1065.

12. 셸던과 뉴섬의 최초 아이디어는 소프트키와 코흐의 첫 논문이 출판되고 18개월가량이 지난 1994년에 발표되었으며 완전한 모형들은 1998년에 제시되었다. Michael N. Shadlen and William T. Newsome, "Noise, neural codes and cortical organization," *Current Opinion in Neurobiology* 4(1994): 569-579; Michael N. Shadlen and William T. Newsome, "The variable discharge of cortical neurons: Implications for connectivity, computation, and information coding," *Journal of Neuroscience* 18(1998): 3870-3896.

13. Alain Destexhe, Michelle Rudolph, and Denis Paré, "The high-conductance state of neocortical neurons in vivo," *Nature Reviews Neuroscience* 4(2003): 739-751.

14. Misha V. Tsodyks and Terry Sejnowski, "Rapid state switching in balanced cortical network models," *Network* 6(1995): 111-124.

15. Carl van Vreeswijk and Haim Sompolinsky, "Chaos in neuronal networks with balanced excitatory and inhibitory activity," *Science* 274(1996); Carl van Vreeswijk and Haim Sompolinsky, "Chaotic balanced state in a model of cortical circuits," *Neural Computation* 10(1998): 1321-1371.

16. Christopher I. Moore and Sacha B. Nelson, "Spatio-temporal subthreshold receptive fields in the vibrissa representation of rat primary somatosensory cortex," *Journal of Neurophysiology* 80(1998): 2882-2890.

17. Yousheng Shu, Andrea Hasenstaub, and David A. McCormick, "Turning on and off recurrent balanced cortical activity," *Nature* 423(2003): 288-293; Bilal Haider, Alvaro Duque, Andrea R. Hasenstaub, and David A. McCormick, "Neocortical network activity in vivo is generated through a dynamic balance of excitation and inhibition," *Journal of Neuroscience* 26(2006): 4535-4545.

18. Michael Wehr and Anthony M. Zador, "Balanced inhibition underlies tuning and sharpens spike timing in auditory cortex," *Nature* 426(2003): 442-446.

19. Michael Okun and Ilan Lampl, "Instantaneous correlation of excitation and inhibition during ongoing and sensory-evoked activities," *Nature Neuroscience* 11(2008): 535-537.

20. Tal Kenet, Amos Arieli, Misha Tsodyks, and Amiram Grinvald, "Are single neurons soloists or are they obedient members of a huge orchestra?" in *23 Problems in Systems Neuroscience*, ed. J. L. van Hemmen and T. J. Sejnowski, Oxford University Press, 2006, 160-181.

21. Michael Okun, Nicholas A. Steinmetz, Lee Cossell, M. Florencia Iacaruso, Ho Ko, Péter Barthó, Tirin Moore, Sonja B. Hofer, Thomas D. Mrsic-Flogel, Matteo Carandini, and Kenneth D. Harris, "Diverse coupling of neurons to populations in sensory cortex," *Nature* 521(2015): 511-515.

22. Matteo Carandini, Jonathan B. Demb, Valerio Mante, David J. Tolhurst, Yang Dan, Bruno A. Olshausen, Jack L. Gallant, and Nicole C. Rust, "Do we know what the early visual system does?" *Journal of Neuroscience* 25(2005): 10577-10597.

23. Cyrille Rossant, Sara Leijon, Anna K. Magnusson, and Romain Brette, "Sensitivity of noisy neurons to coincident inputs," *Journal of Neuroscience*

31(2011): 17193-17206.

24. Charles F. Stevens and Anthony M. Zador, "Input synchrony and the irregular firing of cortical neurons," *Nature Neuroscience* 1(1998): 210-217.

25. Emilio Salinas and Terrence J. Sejnowski, "Impact of correlated synaptic input on output firing rate and variability in simple neuronal models," *Journal of Neuroscience* 20(2000): 6193-6209.

26. 흥분과 거기에 맞서 균형을 잡는 억제 사이의 짧은 지연의 사례들을 보려면 다음 문헌들을 참조하라. Michael Wehr and Anthony M. Zador, "Balanced inhibition underlies tuning and sharpens spike timing in auditory cortex," *Nature* 426(2003): 442-446; Michael Okun and Ilan Lampl, "Instantaneous correlation of excitation and inhibition during ongoing and sensory-evoked activities," *Nature Neuroscience* 11(2008): 535-537.

27. 어떻게 가지돌기가 계산할 수 있는지를 이해하기 쉽게 검토하려는 독자는 다음 문헌을 출발점으로 삼아라. Michael Häusser, "Dendritic computation," *Annual Review of Neuroscience* 28(2006): 503-532.

28. Lucy M. Palmer, Adam S. Shai, James E. Reeve, Harry L. Anderson, Ole Paulsen, and Matthew E. Larkum, "NMDA spikes enhance action potential generation during sensory input," *Nature Neuroscience* 17(2014): 383-390.

29. Monika Jadi, Alon Polsky, Jackie Schiller, and Bartlett W. Mel, "Location-dependent eIects of inhibition on local spiking in pyramidal neuron dendrites," *PLoS Computational Biology* 8(2012): e1002550.

30. 피라미드 뉴런 하나와 2층 신경망의 동등성은 연달아 출판된 다음 두 논문에서 확립되었다. Panayiota Poirazi, Terrence Brannon, and Bartlett W. Mel, "Arithmetic of subthreshold synaptic summation in a model CA4 pyramidal cell," *Neuron* 37(2003): 977-987; Panayiota Poirazi, Terrence Brannon, and Bartlett W. Mel, "Pyramidal neuron as two-layer neural network," *Neuron* 37(2003): 989-999.

31. Romain D. Cazé, Mark Humphries, and Boris Gutkin, "Passive dendrites enable single neurons to compute linearly non-separable functions," *PLoS Computational Biology* 9(2013): e1002867.

32. Mark Humphries, "Your cortex contains 17 billion computers," *The Spike*,

February 12, 2018, https://medium.com/the-spike/your-cortex-contains-17-
billion-computers-9034e42d34f2

4장 세 갈래 길

1. Ho Ko, Sonja B. Hofer, Bruno Pichler, Katherine A. Buchanan, P. Jesper
Sjöström, and Thomas D. Mrsic-Flogel, "Functional specificity of local synaptic
connections in neocortical networks," *Nature* 473(2011): 87-91.
2. Lee Cossell, Maria Florencia Iacaruso, Dylan R. Muir, Rachael Houlton, Elie
N. Sader, Ho Ko, Sonja B. Hofer, and Thomas D. Mrsic-Flogel, "Functional
organization of excitatory synaptic strength in primary visual cortex," *Nature*
518(2015): 399-403.
3. 므르식 플로걸의 실험실은, 시각겉질의 첫째 부분(V1)에 있으며 유사하게
튜닝된 뉴런들 사이의 선택적 연결이 발달 과정에서 발생하는 것을 보여주었
다(Ko et al.). 발달 초기에 뉴런 간 연결은 무작위하게 형성된다. 그러나 늦어
도 성년기 초기에 (생쥐에서) 튜닝 선택적 배선이 등장한다. 이것은 뇌 기능에
근본적이라고 여겨지는 어떤 규칙 때문일 가능성이 있다. 그 규칙에 따르면, 함
께 점화하는 뉴런들은 함께 연결된다. 여기 V1에서는, 동일한 위치에 있는 동
일한 정보를 망막으로부터 받는 단순 세포들은 세계에 유사하게 반응할 것이
며 따라서 그들 간 연결은 강화될 것이다. 반면에 서로 다른 정보를 받는 단순
세포들은 함께 점화하지 않는다. 따라서 그들 간 연결은 위축된다. 결론적으로
단순 세포들은 서로를 강화한다.

한마디 보태면, 이 결론은 다음과 같은 흥미로운 함의를 지녔다. 만일 우리가
비자연적인 통계를 지닌(이를테면 모든 경계선이 수평한) 시각 세계를 만들고
그 안에서 뇌가 발달하게 하면, 그 뇌에서는 단순 세포들이 함께 반응하는 패
턴이 달라지고 결국 V1에 있는 단순 세포들 간 배선이 달라질 것이다. Ho Ko,
Lee Cossell, Chiara Baragli, Jan Antolik, Claudia Clopath, Sonja B. Hofer, and
Thomas D. Mrsic-Flogel, "The emergence of functional microcircuits in visual
cortex," *Nature* 496(2013): 96-100.
4. V1에 있는 복합 세포의 출력이 단순 세포들의 출력을 조합함으로써 만들

어지는 과정을 서술하는 모형들은 다음 문헌들을 참조하라. Matteo Carandini, Jonathan B. Demb, Valerio Mante, David J. Tolhurst, Yang Dan, Bruno A. Olshausen, Jack L. Gallant, and Nicole C. Rust, "Do we know what the early visual system does?" *Journal of Neuroscience* 25(2005): 10577-10597; Nicole C. Rust, Odelia Schwartz, J. Anthony Movshon, and Eero P. Simoncelli, "Spatiotemporal elements of macaque V4 receptive fields," *Neuron* 46(2005): 945-956.

5. Ferenc Mechler and Dario L. Ringach, "On the classification of simple and complex cells," *Vision Research* 42 (2002): 1017-1033; Nicole C. Rust, Odelia Schwartz, J. Anthony Movshon, and Eero P. Simoncelli, "Spatiotemporal elements of macaque V4 receptive fields," *Neuron* 46(2005): 945-956.

6. M. Florencia Iacaruso, Ioana T. Gasler, and Sonja B. Hofer, "Synaptic organization of visual space in primary visual cortex," *Nature* 547(2017): 449 – 452.

7. Selmaan N. Chettih and Christopher D. Harvey, "Single-neuron perturbations reveal feature-specific competition in V4," *Nature* 567(2019): 334 – 340.

8. Bilal Haider, Michael Hausser, and Matteo Carandini, "Inhibition dominates sensory responses in the awake cortex," *Nature* 439(2013): 97-100.

9. 겉질의 층들과 거기에 있는 뉴런 유형들을 다룬 문헌으로는 다음을 참조하라. Kenneth D. Harris and Gordon M. G. Shepherd, "The neocortical circuit: Themes and variations," *Nature Neuroscience* 18(2015): 170 – 181.

10. 겉질에 서로 분리된 2개의 시각 처리 흐름이 존재한다는 생각은 몇십 년 전부터 있었다. 그 흐름들은 이른바 등쪽dorsal 흐름과 배쪽ventral 흐름인데, 이 것들은 해부학적으로 정의된다. 등쪽 흐름은 내가 말하는 '하기 고속도로', 배 쪽 흐름은 '무엇 고속도로'다. 관련 내용을 개관하려면 다음 문헌들을 참조 하라. Melvyn A. Goodale and A. David Milner, "Separate visual pathways for perception and action," *Trends in Neurosciences* 15(1992): 20 – 25; Leslie G. Ungerleider and James V. Haxby, "'What' and 'where' in the human brain," *Current Opinion in Neurobiology* 4 (1994): 157 – 165; Melvyn A. Goodale, "How (and why) the visual control of action differs from visual perception,"

Proceedings: Biological Sciences 281(2014): 20140337.

11. Geoffrey M. Boynton and Jay Hegdé, "Visual cortex: The continuing puzzle of area V2," *Current Biology* 14(2004): R523 – R524.

12. Edward H. Adelson, "On seeing stuff: The perception of materials by humans and machines," *Proceedings of the SPIE* 4299(2001): 1 – 12.

13. Anthony J. Movshon and Eero P. Simoncelli, "Representation of naturalistic image structure in the primate visual cortex," *Cold Spring Harbor Symposia on Quantitative Biology* 7(2014): 115-122.

14. S. Zeki, "Colour coding in the cerebral cortex: The reaction of cells in monkey visual cortex to wavelengths and colours," *Neuroscience* 9(1983): 741-765.

15. Gregory Horwitz and Charles Hass, "Nonlinear analysis of macaque V4 color tuning reveals cardinal directions for cortical color processing," *Nature Neuroscience* 15(2012): 913-919.

16. Vincent Walsh, "How does the cortex construct color?" *Proceedings of the National Academy of Sciences USA* 96(1999): 13594-13596.

17. 대상 알아보기에 관한 계산학적 문제를 검토하려는 독자는 다음을 참조하라. James J. DiCarlo, Davide Zoccolan, and Nicole C. Rust, "How does the brain solve visual object recognition?" *Neuron* 73(2012): 415-434.

18. J. Anthony Movshon and William T. Newsome, "Visual response properties of striate cortical neurons projecting to area MT in macaque monkeys," *Journal of Neuroscience* 16(1996): 7733-7741.

19. MT 영역 뉴런들이 광역적 운동을 어떻게 다루는지에 관한 모형들을 보려면 다음 문헌들을 참조하라. Eero P. Simoncelli and David J. Heeger, "A model of neuronal responses in visual area MT," *Vision Research* 38(1998): 743-761; Nicole C. Rust, Valerio Mante, Eero P. Simoncelli, and J. Anthony Movshon, "How MT cells analyze the motion of visual patterns," *Nature Neuroscience* 9 (2006): 1421-1431.

20. 시각 시스템을 모형화한 심층신경망의 초기 사례 하나를 다음 문헌에서 볼 수 있다. Honglak Lee, Chaitanya Ekanadham, and Andrew Y. Ng, "Sparse deep belief net model for visual area V2," in *Advances in Neural Information*

Processing Systems, vol. 20, ed. J. C. Platt, D. Koller, Y. Singer, and S. T. Roweis, 2008, 873-880. 심층신경망을 비롯한 '새로운' 인공지능 기법들에는 특별한 면모가 없다는 점을 유념하라. 시각 시스템에 대해서는, 이 '훈련하고 비교하기train-and-compare' 게임이 1980년대부터 이루어져왔다. 예컨대 다음 문헌을 참조하라. S. R. Lehky and T. J. Sejnowski, "Network model of shape-from-shading: Neural function arises from both receptive and projective fields," *Nature* 333(1998): 452-454.

21. 시각의 심층신경망 모형화를 조망하려는 독자는 다음 자료를 참조하라. Grace Lindsay, "Convolutional neural networks as a model of the visual system: Past, present, and future"(2020): https://arxiv.org/abs/2001.07092

22. 심층신경망들과 관자엽 뉴런들의 활동을 일치시키는 연구는 짐 디카를로의 실험실에서 이루어졌다(Yamins et al.). 최근에 그들은 그 심층신경망들을 한계까지 밀어붙였다(Bashivan, Kar, and DiCarlo). 그들은 우선 신경망 출력층의 특정한 단위들이나 단위 집단들을 통제하도록 고안된 합성 이미지들을 준비했다. 그 이미지들은 단위나 집단의 활동을 최대로 증가시키거나, 한 집단의 활동을 증가시키는 동시에 다른 집단의 활동을 감소시키도록 제작되었다. 그런 다음에 그들은 그 합성 이미지들을 원숭이들에게 보여주었다. 절반이 넘는 원숭이의 관자엽 뉴런들이 심층신경망의 활동과 똑같은 방식으로 반응했다. 뉴런들의 활동을 증가시키려고 제작한 이미지들은 대개 제구실을 했고, 뉴런들의 활동을 감소시키려고 제작한 이미지들도 마찬가지였다. Daniel L. K. Yamins, Ha Hong, Charles F. Cadieu, Ethan A. Solomon, Darren Seibert, and James J. DiCarlo, "Performance-optimized hierarchical models predict neural responses in higher visual cortex," *Proceedings of the National Academy USA* 111 (2014): 8619-8624; Pouya Bashivan, Kohitij Kar, and James J. DiCarlo, "Neural population control via deep image synthesis," *Science* 364(2019): eaav9436.

23. 시각겉질 구역들의 위계를 다룬 고전적 논문은 Daniel J. Felleman and David C. Van Essen, "Distributed hierarchical processing in the primate cerebral cortex," *Cerebral Cortex* 1(1991): 1–47이다. 또한 다음 문헌들을 참조하라. David C. Van Essen, Charles H. Anderson, and Daniel J. Felleman, "Information processing in the primate visual system: An integrated systems perspective," *Science* 255(1992): 419-423; Malcolm P. Young, "Objective analysis of the topological organization of the primate cortical visual system," *Nature* 358(1992): 152-155. 순수하게 위계적인 설명에 대한 비판은 다음의 예를 참조하라. Jay Hegdé and Daniel J. Felleman, "Reappraising the functional implications of the primate visual anatomical hierarchy," *Neuroscientist* 13(2007): 416-421; S. Zeki, "The rough seas of cortical cartography," *Trends in Neurosciences* 41 (2018): 242-244.

24. Ricardo Gattass, Sheila Nascimento-Silva, Juliana G. M. Soares, Bruss Lima, Ana Karla Jansen, Antonia Cinira M. Diogo, Mariana F. Farias, Marco Marcondes, Eliã P. Botelho, Otávio S. Mariani, João Azzi, and Mario Fiorani, "Cortical visual areas in monkeys: Location, topography, connections, columns, plasticity, and cortical dynamics," *Philosophical Transactions of the Royal Society of London B: Biological Sciences* 360(2005): 709-731.

25. 겉질에서의 시각적 위계를 다룬 펠레만과 판 에센의 고전적 논문은 이 되먹임의 결정적 중요성을 강조한다. Daniel J. Felleman and David C. Van Essen, "Distributed hierarchical processing in the primate cerebral cortex," *Cerebral Cortex* 1(1991): 1-47.

26. Yunyun Han, Justus M. Kebschull, Robert A. Campbell, Devon Cowan, Fabia Imhof, Anthony M. Zador, and Thomas D. Mrsic-Flogel, "The logic of single-cell projections from visual cortex," *Nature* 556(2018): 51-56.

27. 최근에 발표된 관련 논문으로 다음이 있다. Simon Musall, Matthew T. Kaufman, Ashley L. Juavinett, Steven Gluf, and Anne K. Churchland, "Single-trial neural dynamics are dominated by richly varied movements," *Nature Neuroscience* 22(2019): 1677-1689.

28. Nuo Li, Kayvon Daie, Karel Svoboda, and Shaul Druckmann, "Robust neuronal dynamics in premotor cortex during motor planning," *Nature* 532(2016): 459-464.

29. Kasper Winther Andersen and Hartwig Roman Siebner, "Mapping dexterity and handedness: Recent insights and future challenges," *Current Opinion in Behavioral Sciences* 20(2018): 123-129.

30. S. Knecht, B. Dräger, M. Deppe, L. Bobe, H. Lohmann, A. Flöel, E-B. Ringelstein, and H. Henningsen, "Handedness and hemispheric language dominance in healthy humans," *Brain* 123(2000): 2512-2518.

31. Vyacheslav R. Karolis, Maurizio Corbetta, and Michel Thiebaut de Schotten, "The architecture of functional lateralisation and its relationship to callosal connectivity in the human brain," *Nature Communications* 10(2019): 1417.

32. 뇌 분할 환자의 능력을 포괄적으로 조망하려면 다음 문헌을 참조하라. Michael S. Gazzaniga, "Cerebral specialization and interhemispheric communication: Does the corpus callosum enable the human condition?" *Brain* 123(2000): 1293-1326.

5장 실패

1. Anthony Zador, "Impact of synaptic unreliability on the information transmitted by spiking neurons," *Journal of Neurophysiology* 79(1998): 1219-1229; Amit Manwani and Christof Koch, "Detecting and estimating signals over noisy and unreliable synapses: Information-theoretic analysis," *Neural Computation* 13(2001): 1-33.

2. Neal A. Hessler, Aneil M. Shirke, and Roberto Malinow, "The probability of transmitter release at a mammalian central synapse," *Nature* 366(1993): 569-572.

3. Christina Allen and Charles F. Stevens, "An evaluation of causes for unreliability of synaptic transmission," *Proceedings of the National Academy of Sciences USA* 91(1994): 10380-10383.

4. 예컨대 신경교세포형 사이뉴런neurogliaform interneuron의 축삭돌기가 선조체의 가시형 투사뉴런spiny projection neuron과 만나 형성한 시냅스는 (기록 기간 내내) 실패하지 않는다고 보고되었다. Osvaldo Ibáñez-Sandoval, Fatuel Tecuapetla, Bengi Unal, Fulva Shah, Tibor Koós, and James M. Tepper, "A novel functionally distinct subtype of striatal neuropeptide Y interneuron," *Journal of Neuroscience* 31(2011): 16757-16769.

5. Tiago Branco, Kevin Staras, Kevin J. Darcy, and Yukiko Goda, "Local dendritic activity sets release probability at hippocampal synapses," *Neuron* 59(2008): 475-485.

6. 시냅스의 강도를 더 엄밀하게 설명하면 이러하다. 시냅스에 도착하는 스파이크가 신경전달물질 N의 꾸러미를 확률 p로 방출시키고, 각각의 꾸러미가 표적 뉴런에서 q만큼의 효과를 일으킨다고 해보자. 보다시피 변수들은 시냅스 '강도'의 두 부분이다. $N \cdot q$는 표적 뉴런에서 발생하는 전압 펄스의 크기(전문용어로는 전도율conductance의 변화)다. 신경전달물질 꾸러미가 많아지면 수용체들이 더 많이 활성화되니까 말이다. 그리고 p는 그 전압 펄스가 발생할 확률이다. 따라서 시냅스의 강도 w는 예상되는 표적 뉴런의 변화에 비례한다. 즉 $w \sim p \cdot (N \cdot q)$다. 요컨대 ($N$ 또는/그리고 q를 바꿔) 반응의 크기를 바꿈으로써, 또는 반응이 일어날 확률(p)을 바꿈으로써 시냅스의 강도를 바꿀 수 있다. 예컨대 Christof Koch, *Biophysics of Computation*, MIT Press, 1999의 4장과 13장을 참조하라.

7. Tony M. Zador and Lynn E. Dobrunz, "Dynamic synapses in the cortex," *Neuron* 19(1997): 1-4; Koch, *Biophysics of Computation*, chapter 13.

8. Charles F. Stevens and Yanyan Wang, "Changes in reliability of synaptic function as a mechanism for plasticity," *Nature* 371(1994): 704-707.

9. William B. Levy and Robert A. Baxter, "Energy-efficient neuronal computation via quantal synaptic failures," *Journal of Neuroscience* 22(202): 4746-4755.

10. 56퍼센트라는 수치의 출처는 다음 문헌이다. Julia J. Harris, Renaud Jolivet, and David Attwell, "Synaptic energy use and supply," *Neuron* 75(2012): 762-777.

11. Harris, Jolivet, and Attwell, "Synaptic energy use and supply."

12. 당연한 말이지만, 스파이크를 보내는 뉴런과 표적 뉴런 사이에 다수의 시냅스가 형성되는 다른 이유들이 있다. 중요한 이유 하나는, 스파이크를 보내는 뉴런이 표적 뉴런의 전압을 대폭 상승시킴으로써 표적 뉴런에 대한 통제를 주도하려 하는 것이다.

13. Tiago Branco, Kevin Staras, Kevin J. Darcy, and Yukiko Goda, "Local dendritic activity sets release probability at hippocampal synapses," *Neuron* 59(2008): 475-485.

14. L. F. Abbott, J. A. Varela, K. Sen, and S. B. Nelson, "Synaptic depression and cortical gain control," *Science* 275(1997): 220-224.

15. Charles F. Stevens and Tetsuhiro Tsujimoto, "Estimates for the pool size of releasable quanta at a single central synapse and for the time required to refill the pool," *Proceedings of the National Academy of Sciences* USA 92(1995): 846-849.

16. Lynn E. Dobrunz and Charles F. Stevens, "Heterogeneity of release probability, facilitation, and depletion at central synapses," *Neuron* 18(1997): 955-1008.

17. Wolfgang Maass, and Tony M. Zador, "Dynamic stochastic synapses as computational units," *Neural Computation* 11(1999): 903-917.

18. 시냅스 실패가 스파이크 발생률의 진동을 걸러내는 필터의 구실을 하는 방법에 관한 나의 설명은 두 논문에서 비롯되었다. 첫째는 어떻게 단기 저하 덕분에 시냅스가 자동으로 고진동수 입력들을 걸러내게 되는지를 다룬 다음과 같은 고전적 논문이다. L. F. Abbott, J. A. Varela, K. Sen, and S. B. Nelson, "Synaptic depression and cortical gain control," *Science* 275(1997): 220-224. 둘째는 그 필터의 작동을 상세히 서술한 다음 논문이다. Robert Rosenbaum, Jonathan Rubin, and Brent Doiron, "Short term synaptic depression imposes a frequency dependent filter on synaptic information transfer," *PLoS Computational Biology* 8(2012): e1002557.

19. Mark D. Humphries, "The unreasonable electiveness of deep brain stimulation," *The Spike*, January 30, 2017, https://medium.com/the-spike/the-unreasonable-electiveness-of-deep-brain-stimulation-7d84a9849140.

20. Robert Rosenbaum, Andrew Zimnik, Fang Zheng, Robert S. Turner, Christian Alzheimer, Brent Doiron, and Jonathan E. Rubin, "Axonal and synaptic failure suppress the transfer of firing rate oscillations, synchrony and information during high frequency deep brain stimulation," *Neurobiology of Disease* 62(2014): 86-99.

21. Dominic A. Evans, Vanessa Stempel, Ruben Vale, Sabine Ruehle, Yaara Lefler, and Tiago Branco, "A synaptic threshold mechanism for computing escape decisions," *Nature* 558(2018): 590-594.

22. 이 실험의 흥미로운 면모 하나는, 달아나는 생쥐가 딱 한 번 들어가본 대피소로 돌아갈 수 있게 되어 있다는 점이다. 따라서 본능적인 듯한 이 "달아나!" 행동은 사실상 상당한 수준의 학습과 계획을 사용한다. 다음을 참조하라. Ruben Vale, Dominic A. Evans, and Tiago Branco, "Rapid spatial learning controls instinctive defensive behavior in mice," *Current Biology* 27(2017): 1342-1349.

23. 신경망들이 과적합화되는 이유는 회귀regression 기법이 데이터 점들을 과적합화하는 이유와 똑같다. 핵심 문제는 자유 변수들이 너무 많다는 것이다. 회귀 기법에서 우리는 이를테면 가계소득과 〈왕좌의 게임〉에 매긴 인터넷 영화 데이터베이스IMDb 평가점수를 관련짓는 데이터 점들에 부합하게 곡선을 그릴 수 있다. 그 곡선은 소득과 평가 점수 사이의 관계를 말해준다. 곡선이 더 복잡할수록 곡선은 기존 데이터 점들에 더 잘 부합하지만 새로운 데이터 점들과는 어긋날 개연성이 더 높다. 신경망도 똑같은 작업을 한다. 신경망은 입력들에 부합하도록 매우 복잡한 곡선을 그려 출력에 도달한다.

24. 연결 제거에 관한 보고는 학회에 발표된 논문에서(Wan et al.) 처음 이루어졌다. 나는 연결 제거가 "널리 쓰인다"고 말했는데, 실제로 이 논문은 2019년 5월 20일 현재까지 6년 동안 1,274회 인용되었다(출처: 구글 스칼라). Li Wan, Matthew Zeiler, Sixin Zhang, Yann Le Cun, and Rob Fergus, "Regularization of neural networks using DropConnect," *Proceedings of the 30th International Conference on Machine Learning(ICML-13)* (2013): 1058-1066.

아울러 연결 제거는 '떨어내기DropOut' 아이디어에 기초를 둔다는 점을 언급할 필요가 있다. 떨어내기 기법은 연결망에서 무작위하게 선택한 많은 단위를 제거했다. 떨어내기를 본격적으로 다룬 다음 논문은 2014년에 출판되었다. Nitish Srivastava, Geoffrey Hinton, Alex Krizhevsky, Ilya Sutskever, and Ruslan Salakhutdinov, "DropOut: A simple way to prevent neural networks from overfitting," *Journal of Machine Learning Research* 15(2014): 1929-1958.

25. 일부 검색 알고리즘은 다수의 초기 해를 생산한 다음에 그것들을 동시에 다듬고(거나) 재조합할 것이다(유전 알고리즘을 비롯한 진화 알고리즘에서처럼).

26. 왜 뇌의 검색 알고리즘이 잡음을 사용한다고 생각해야 할까? 검색 알고리즘들을 구현하는 신경망들도 잡음을 사용하기 때문이다. 가장 유명한 예로

"볼츠만 기계Boltzmann machine"(Ackley, Hinton, and Sejnowski)가 있다. 일찍이 1989년에 버노드와 코른은 시냅스 실패가 볼츠만 기계에서의 잡음과 어느 정도 유사할 수 있다고 추측했다. 그 추측의 기초는 실패 확률이 신속하게 변화하여 뉴런이 입력들에 반응하는 방식을 바꾼다는 것이었다(높은 실패율은 뉴런의 반응에 많은 입력이 필요함을 의미한다). 그 추측은 포유동물의 뇌에 있는 시냅스에 대해서는 그럴싸하지 않은 듯하지만, 시냅스 실패와 검색을 관련지은 최초의 견해였다. David H. Ackley, Geoffrey E. Hinton, and Terrence J. Sejnowski, "A learning algorithm for Boltzmann machines," *Cognitive Science* 9(1985): 147-169; Y. Burnod and H. Korn, "Consequences of stochastic release of neurotransmitters for network computation in the central nervous system," *Proceedings of the National Academy of Sciences USA* 86(1989): 352-356.

6장 암흑뉴런 문제

1. 이 대목에서 '왜 시냅스 실패는 안 따지지?'라고 묻고 싶은 독자가 있을 것이다. 시냅스 실패까지 따지면, 뉴런에 도착하는 스파이크의 총수가 줄어들지 않을까? 옳은 지적이다. 그 총수는 줄어들 것이다. 그러나 단일 뉴런으로 건너가는 시냅스들의 실패율이 모두 50퍼센트에 달하더라도, 그 뉴런은 여전히 초당 2만 5000개의 입력을 받게 되고 예상되는 출력률은 초당 250개의 스파이크다. 그런데 우리가 얻으려는 출력률은 초당 5개다. 초당 5만 개의 입력 스파이크로부터 초당 5개의 출력 스파이크를 얻으려면, 모든 시냅스에서 실패율이 99퍼센트에 달해야 할 것이다.

2. 대략적으로 설명하면, 뉴런이 전송하는 스파이크 각각은 실제로 그 뉴런 본체의 내부에서 떠다니는 칼슘의 양을 증가시킨다. 그리고 우리가 사용하는 화학물질―형광성 표지물질―은 칼슘과 결합한다. 그 화학물질이 더 많이 결합할수록 형광이 더 많이 발생한다. 따라서 뉴런 본체 내부 형광의 밝기는 뉴런이 전송한 스파이크의 개수에 비례한다. 대략 그러하다. 현실에서는 여러 문제가 존재한다. 한 문제는 스파이크들과 칼슘 사이의 관계가 비선형이라는 것이다. 스파이크 하나가 추가될 때마다 증가하는 칼슘의 양은 일정하지 않다. 또 하나의 문제는 칼슘의 변화가 스파이크보다 훨씬 더 느리다는 점이다. 따라서

짧은 시간 안에 다수의 스파이크가 전송되면 칼슘 신호는 뒤죽박죽이 된다.

3. Jason N. D. Kerr, David Greenberg, and Fritjof Helmchen, "Imaging input and output of neocortical networks in vivo," *Proceedings of the National Academy of Science USA* 102(2005): 14063-14068.

4. Christopher D. Harvey, Philip Coen, and David W. Tank, "Choice-specific sequences in parietal cortex during a virtual-navigation decision task," *Nature* 484(2012): 62-68.

5. Simon P. Peron, Jeremy Freeman, Vijay Iyer, Caiying Guo, and Karel Svoboda, "A cellular resolution map of barrel cortex activity during tactile behavior," *Neuron* 86(2015): 783-799.

6. Tomáš Hromádka, Michael R. DeWeese, and Anthony M. Zador, "Sparse representation of sounds in the unanesthetized auditory cortex," *PLoS Biology* 6(2008) e16.

7. Daniel H. O'Connor, Simon P. Peron, Daniel Huber, and Karel Svoboda, "Neural activity in barrel cortex underlying vibrissa-based object localization in mice," *Neuron* 67(2010): 1048-1061.

8. Alison L. Barth and James F. A. Poulet, "Experimental evidence for sparse firing in the neocortex," *Trends in Neurosciences* 35(2012): 345-355.

9. 뉴런의 대다수가 암흑뉴런이라는 초기 단서 하나에 대한 논의는 다음을 참조하라. David A. Robinson, "The electrical properties of metal microelectrodes," *Proceedings of the IEEE* 56(1968): 1065-1071.

전극의 기록 반경 안에 약 100개의 뉴런이 있다는 진술의 출처는 다음 문헌이다. D. A. Henze, Z. Borhegyi, J. Csicsvari, A. Mamiya, K. D. Harris, and G. Buzsáki, "Intracellular features predicted by extracellular recordings in the hippocampus in vivo," *Journal of Neurophysiology* 84(2000): 390-400.

10. 암흑뉴런에 관한 초기 증거를 간략히 보고자 한다면 2006년에 출판되어 이 주제에 대한 나의 관심을 불러일으킨 다음 문헌을 참조하라. Shy Shoham, Daniel H. O'Connor, and Ronen Segev, "How silent is the brain: Is there a 'dark matter' problem in neuroscience?" *Journal of Comparative Physiology A* 192(2006): 777-784.

11. 재미 삼아 언급하는데, 암흑뉴런의 존재는 우리가 "뇌의 10퍼센트만 사용

한다"라는 오래된 뜬소문과 우연히 들어맞는다. 물론 그 뜬소문은 완전히 헛소리다. fMRI 연구들이 더없이 명확하게 보여주듯이, 뇌 속 모든 곳에서 항상 혈류가 흐르니까 말이다. 그러나 임의로 주어진 1초 동안에는, 실제로 겉질 뉴런들 가운데 (대략) 10퍼센트만 활동한다.

12. Adrien Wohrer, Mark D. Humphries, and Christian Machens, "Population-wide distributions of neural activity during perceptual decision-making," *Progress in Neurobiology* 103(2013): 156-193.

13. 겉질의 에너지 예산에 대해서는 다음을 참조하라. Peter Lennie, "The cost of cortical computation," *Current Biology* 13(2003): 493-497.

14. 겉질 회색질의 에너지 사용을 다룬 고전적 논문은 다음이다. David Attwell and Simon B. Laughlin, "An energy bud get for signaling in the grey matter of the brain," *Journal of Cerebral Blood Flow and Metabolism* 21(2001): 1135-1145. 업데이트된 최신 연구들은 다음 문헌들을 참조하라. Biswa Sengupta, Martin Stemmler, Simon B. Laughlin, and Jeremy E. Niven, "Action potential energy efficiency varies among neuron types in vertebrates and invertebrates," *PLoS Computational Biology* 6(2010): e1000840; Julia J. Harris, Renaud Jolivet, and David Attwell, "Synaptic energy use and supply," *Neuron* 75(2012): 762-777.

15. Bruno A. Olshausen and David J. Field, "What is the other 85% of V1 doing?" in *23 Problems in Systems Neuroscience*, ed. J. L. van Hemmen and T. J. Sejnowski, Oxford University Press, 2006.

16. L. F. Abbott, J. A. Varela, K. Sen, and S. B. Nelson, "Synaptic depression and cortical gain control," *Science* 275(1997): 220-224.

17. D. Huber, D. A. Gutnisky, S. Peron, D. H. O'Connor, J. S. Wiegert, L. Tian, T.G. Oertner, L. L. Looger, and K. Svoboda, "Multiple dynamic representations in the motor cortex during sensorimotor learning," *Nature* 484(2012): 473-478.

18. Jose M. Carmena, Mikhail A. Lebedev, Craig S. Henriquez, and Miguel A. L. Nicolelis, "Stable ensemble per for mance with single-neuron variability during reaching movements in primates," *Journal of Neuroscience* 25(2005): 10712-10716.

19. Evan S. Hill, Sunil K. Vasireddi, Angela M. Bruno, Jean Wang, and William

N. Frost, "Variable neuronal participation in stereotypic motor programs," *PLoS One* 7(2012): e40579; Evan S. Hill, Sunil K. Vasireddi, Jean Wang, Angela M. Bruno, and William N. Frost, "Memory formation in tritonia via recruitment of variably committed neurons," *Current Biology* 25(2015): 2879-2888; Angela M. Bruno, William N. Frost, and Mark D. Humphries, "A spiral attractor network drives rhythmic locomotion," *eLife* 6(2017): e27342.

20. Silvia Maggi, Adrien Peyrache, and Mark D. Humphries, "An ensemble code in medial prefrontal cortex links prior events to outcomes during learning," *Nature Communications* 9(2018): 2204.

21. Wohrer, Humphries, and Machens, "Population-wide distributions of neural activity during perceptual decision-making."

22. Christian K. Machens, Ranulfo Romo, and Carlos D. Brody, "Functional, but not anatomical, separation of 'what' and 'when' in prefrontal cortex," *Journal of Neuroscience* 30(2010): 350-360.

23. David Raposo, Matthew T. Kaufman, and Anne K. Churchland, "A category- free neural population supports evolving demands during decision-making," *Nature Neuroscience* 17(2014): 1784-1792.

7장 스파이크의 의미

1. 이 '뉴런 코드화' 논쟁을 다룬 멋진 초기 문헌으로, 1968년 신경과학 연구 프로그램Neurosciences Research Program 회의에 관한 퍼클과 불록의 보고서가 있다. 그 회의는 뉴런 코드화 문제를 해결하기 위해 열렸다. 그러나 그 문제를 해결하기는커녕 참석자들은 단일 뉴런이 스파이크를 사용하여 메시지를 전송하는 방식에 관한 서로 다른 독특한 견해 15가지를 품고 헤어졌다. 한 가지는 스파이크의 개수를 주목하는 견해, 나머지 열네 가지는 타이밍을 주목하는 견해였다. Donald H. Perkel and Theodore H. Bullock, "Neural coding," *NRP Bulletin* 6(1686): 221-248. 뉴런 코드화에 관한 현재의 견해들을 알고자 하는 독자에게 필수적인 출발점은 다음과 같은 고전적인 책이다. *Spikes: Exploring the Neural Code* by Fred Rieke, David Warland, Rob de Ruyter van Stevninck, and

William Bialek, MIT Press, 2007.

2. 단일 뉴런의 운동 방향에 대한 튜닝의 고전적 사례 하나는 다음을 참조하라. Apostolos P. Georgopoulos, John F. Kalaska, Roberto Caminiti, and Joe T. Massey, "On the relations between the direction of two-dimensional arm movements and cell discharge in primate motor cortex," *Journal of Neuroscience* 2(1982): 1527-1537. 상세한 최신 설명은 다음을 참조하라. Apostolos P. Georgopoulos, Hugo Merchant, Thomas Naselaris, and Bagrat Amirikian, "Mapping of the preferred direction in the motor cortex," *Proceedings of the National Academy of Sciences USA* 104(2007): 11068-11072.

3. Nicholas G. Hatsopoulos, "Encoding in the motor cortex: Was Evarts right after all?" *Journal of Neurophysiology* 94(2005): 2261-2262.

4. J. O'Keefe and J. Dostrovsky, "The hippocampus as a spatial map: Preliminary evidence from unit activity in the freely-moving rat," *Brain Research* 34(1971): 171-175:. J. O'Keefe and D. H. Conway, "Hippocampal place units in the freely moving rat: Why they fire where they fire," *Experimental Brain Research* 31(1978), 573-590.

5. 해마와 그 주변에 있는 모든 공간 코드화 세포 유형들을 개관하려면 다음 문헌을 참조하라. Tom Hartley, Colin Lever, Neil Burgess, and John O'Keefe, "Space in the brain: How the hippocampal formation supports spatial cognition," *Philosophical Transactions of the Royal Society of London: Series B, Biological Sciences* 369(2014): https://royalsocietypublishing.org/doi/full/10.1098/rstb.2012.0510

6. C. E. Carr and M. Konishi, "A circuit for detection of interaural time differences in the brain stem of the barn owl," *Journal of Neuroscience* 10(1990): 3227-3246.

7. Michael R. DeWeese, Michael Wehr, and Anthony M. Zador, "Binary spiking in auditory cortex," *Journal of Neuroscience* 23(2003): 7940-7949.

8. Michael J. Berry, David K. Warland, and Markus Meister, "The structure and precision of retinal spike trains," *Proceedings of the National Academy of Sciences USA* 94(1997): 5411-5416.

9. Tim Gollisch and Markus Meister, "Rapid neural coding in the retina with relative spike latencies," *Science* 319(2008): 1108-1111.

10. Zachary F. Mainen and Terrence J Sejnowski, "Reliability of spike timing in neocortical neurons," *Science* 268(1995): 1503-1506.

11. Wyeth Bair and Christof Koch, "Temporal precision of spike trains in extrastriate cortex of the behaving macaque monkey," *Neural Computation* 8(1996): 1185-1202. MT 영역에서 스파이크 시간의 정밀함에 대한 더 자세한 분석은 다음을 참조하라. Giedrius T. Buračas, Anthony M. Zador, Michael R. DeWeese, and Thomas D. Albright, "Efficient discrimination of temporal patterns by motion-sensitive neurons in primate visual cortex," *Neuron* 20(1998): 959-969.

12. 일반적인 논증은 이러하다. 겉질 뉴런들의 연결망은 조건의 미세한 변화에 너무 민감하다. 한 뉴런이 특정한 스파이크 계열을 높은 정확도로 반복하려면 연결망에 속한 나머지 뉴런들이 처한 조건이 변함없이 유지되어야 하는데, 그럴 개연성은 희박하다. 이 논증을 가장 명확하게 제시하는 문헌은 다음과 같다. Michael London, Arnd Roth, Lisa Beeren, Michael Häusser, and Peter E. Latham, "Sensitivity to perturbations in vivo implies high noise and suggests rate coding in cortex," *Nature* 466(2010): 123-127. 또한 다음을 참조하라. Arunava Banerjee, Peggy Seriès, and Alexandre Pouget, "Dynamical constraints on using precise spike timing to compute in recurrent cortical networks," *Neural Computation* 20(2008): 974-993.

13. Eugene M. Izhikevich and Gerald M. Edelman, "Large-scale model of mammalian thalamocortical systems," *Proceedings of the National Academy of Sciences USA* 105(2008): 3593-3598.

14. 관련 모형들은 선형-비선형 푸아송 모형linear-nonlinear Poisson model, LNP이나 일반화된 선형 모형generalized linear model, GLM이다. 특히 GLM은 훨씬 더 복잡하게 제작할 수 있기 때문에 널리 사용된다. 즉 그 모형으로 들어오는 입력들을 변형할 수 있는데, 다른 뉴런들에서 유래한 스파이크를 입력에 포함할 수도 있고, 뉴런의 출력이 그 뉴런 자신의 과거 활동(예컨대 각각의 스파이크가 발생한 후에 반응 없이 침묵하는 기간)에 어떻게 의존하는지 알아보기 위해 뉴런 자신의 과거 스파이크들을 입력에 포함할 수도 있다. GLM 아이디어들을 개관하는 문헌들로 다음을 참조하라. Wilson Truccolo, Uri T. Eden, Matthew R.

Fellows, John P. Donoghue, and Emery N. Brown, "A point process framework for relating neural spiking activity to dpiking history, neural ensemble, and extrinsic covariate effects," *Journal of Neurophysiology* 93(2005): 1074-1089; Liam Paninski, Jonathan Pillow, and Jeremy Lewi, "Statistical models for neural encoding, decoding, and optimal stimulus design," *Progress in Brain Research* 165(2007): 493-507.

15. Jonathan W. Pillow, Jonathon Shlens, Liam Paninski, Alexander Sher, Alan M. Litke, E. J. Chichilnisky, and Eero P. Simoncelli, "Spatio-temporal correlations and visual signalling in a complete neuronal population," *Nature* 454(2008): 995-999.

16. Michael R. Bale, Kyle Davies, Oliver J. Freeman, Robin A. A. Ince, and Rasmus S. Petersen, "Low-dimensional sensory feature representation by trigeminal primary afferents," *Journal of Neuroscience* 33(2013): 12003-12012; Dario Campagner, Mathew H. Evans, Michael R. Bale, Andrew Erskine, and Rasmus S. Petersen, "Prediction of primary somatosensory neuron activity during active tactile exploration," *eLife* 5(2016): https://elifesciences.org/articles/10696

17. 예측 모형의 명확한 실패 사례를 보고하는 논문은 발견하기 어렵다. 실패가 모형이 틀렸기 때문에 발생했는지(이것은 흥미로운 경우다), 아니면 단지 모형이 제대로 구현되지 않았기 때문에 발생했는지(이것은 흥미롭지 않은 경우다) 알아내기가 어려울 수 있기 때문이다. 또 사람들은 실패를 보고하지 않는 경향이 있다. 그러나 발표된 사례들이 있다. 한 사례에서 린제이와 동료들은 위치와 운동에 기초하여 앞이마엽겉질에서의 스파이크를 예측하기는 어렵다고 보고했다. 어쩌면 이것은 놀라운 보고가 아닐 것이다. 하이트먼과 동료들은 심지어 망막 신경절세포들에 대해서도 예측 모형이 자연적 이미지에 반응하는 스파이크를 예측하는 성능이 때때로 낮을 수 있다고 보고했다. Adrian J. Lindsay, Barak F. Caracheo, Jamie J. S. Grewal, Daniel Leibovitz, and Jeremy K. Seamans, "How much does movement and location encoding impact prefrontal cortex activity? An algorithmic decoding approach in freely moving rats," *eNeuro* 5(2018): ENEURO.0023-18.2018; Alexander Heitman, Nora Brackbill, Martin Greschner, Alexander Sher, Alan M. Litke, and E. J. Chichilnisky, "Testing pseudo-linear models of responses to natural scenes in primate retina" (2016): https://www.biorxiv.org/content/10.1101/045336v2

18. 하지만 일차 수염 겉질 구역의 2층/3층에 있는 많은 뉴런에 대한 이 같은 형편없는 예측들은 칼슘 영상화 기법을 사용한 것들이다(Peron et al.). 그 겉질 구역 4층의 단일 뉴런 기록들은 수염이 물체를 건드릴 때 타이밍이 정확한 스파이크 코드가 발생함을 보여준다. 따라서 2층/3층에 대한 예측들이 형편없는 것이 뉴런 활동을 더 대략적이고 느리게 기록한 탓인지, 아니면 4층과 2층/3층 내부와 4층에서 2층/3층으로 가는 연결선들에 있는 국지적 회로들에 의해 추가 처리가 이루어지는 탓인지는 불분명하다. Simon P. Peron, Jeremy Freeman, Vijay Iyer, Caiying Guo, and Karel Svoboda, "A cellular resolution map of barrel cortex activity during tactile be havior," *Neuron* 86(2-15): 783-799; Samuel Andrew Hires, Diego A. Gutnisky, Jianing Yu, Daniel H. O'Connor, and Karel Svoboda, "Low-noise encoding of active touch by layer 4 in the somatosensory cortex," *eLife* 4(2015): e06619.

19. Mark Laubach, Marcelo S. Caetano, and Nandakumar S. Narayanan, "Mistakes were made: Neural mechanisms for the adaptive control of action initiation by the medial prefrontal cortex," *Journal of Physiology Paris* 109(2015): 104-117; Mehdi Khamassi, René Quilodran, Pierre Enel, Peter F. Dominey, and Emmanuel Procyk, "Behavioral regulation and the modulation of information coding in the lateral prefrontal and cingulate cortex," *Cerebral Cortex* 25(2015): 3197-3218

20. '뉴런 코드화'를 주제로 1968년에 열린 신경과학 연구프로그램 회의에 대한 퍼켈과 불록의 보고서에는 네 가지의 독특한 "앙상블ensemble" 코드도 등장한다. 즉 2개 이상의 뉴런들이 자기네 스파이크들을 조합하여 메시지를 전송하는 방식에 관한 아이디어들이 등장한 것이다. 그것들은 야심 찬 아이디어라고 표현되었다. 왜냐하면 당시에는 10개 이상의 뉴런을 동시에 기록하는 것이 먼 미래의 가능성으로 느껴졌기 때문이다.

21. 집단 탈코드화가 어떻게 작동하는지에 대한 개관은 다음을 참조하라. Rodrigo Quian Quiroga and Stefano Panzeri, "Extracting information from neuronal populations: Information theory and decoding approaches," *Nature Reviews Neuroscience* 10(2009): 173-185. 집단 탈코드화를 다룬 또 다른 홀

룡한 문헌은 다음과 같다. Andrew J. Pruszynski and Joel Zylberberg, "The language of the brain: Real-world neural population codes," *Current Opinion in Neurobiology* 58(2019): 30-36.

22. Philipp Berens, Alexander S. Ecker, R. James Cotton, Wei Ji Ma, Matthias Bethge, and Andreas S. Tolias, "A fast and simple population code for orientation in primate V4," *Journal of Neuroscience* 32(2012): 10618-10626.

23. Joel Zylberberg, "The role of untuned neurons in sensory information coding," *bioRxiv*(2018): https://www.biorxiv.org/content/10.1101/134379v6

24. Houman Safaai, Moritz von Heimendahl, Jose M. Sorando, Mathew E. Diamond, and Miguel Maravall, "Coordinated population activity underlying texture discrimination in rat barrel cortex," *Journal of Neuroscience* 33(2013): 5843-5855.

25. Mattia Rigotti, Omri Barak, Melissa R. Warden, Xiao-Jing Wang, Nathaniel D. Daw, Earl K. Miller, and Stefano Fusi, "The importance of mixed selectivity in complex cognitive tasks," *Nature* 49(2013): 585-590. 전문적인 수준에서 설명하면, 리고티와 동료들은 "모조 집단pseudo-population" 탈코드화 기법을 사용했다. 그들은 뉴런들을 개별적으로 기록했다. 그러나 과제는 정해진 시간 안에 일어나는 일련의 사건들로 구성되었다. 우선 현재 목표가 무엇인지 알려주는 신호가 제공되고, 이어서 첫째 그림, 그다음에 둘째 그림이 제시되었다. 따라서 모든 개별 뉴런들을 그 사건들을 기준으로 정렬할 수 있었고, 그런 식으로 뉴런 집단이 구성되었다.

26. Matthew L. Leavitt, Florian Pieper, Adam J. Sachs, and Julio C. Martinez-Trujillo, "Correlated variability modifies working memory fidelity in primate prefrontal neuronal ensembles," *Proceedings of the National Academy of Sciences of the USA* 114(2017): E2494-E2503.

27. Silvia Maggi and Mark D. Humphries, "Independent population coding of the past and the present in prefrontal cortex during learning," *bioRxiv*(2020): www.biorxiv.org/content/10.1101/668962v2

28. David Raposo, Matthew T. Kaufman, and Anne K. Churchland, "A category-free neural population supports evolving demands during decision-making," *Nature Neuroscience* 17(2014): 1784-1792.

29. 역방향의 탈코드화 오류도 있다. 즉 X나 Y를 탈코드화할 수 있다는 것은 해당 뉴런 군단이 아는 바가 X나 Y뿐이라는 증거가 아니다. 다음을 명심해야 하는데, 우리는 모형을 세계의 특정 특징들에 대응하는 스파이크 패턴들을 학습하도록 훈련해놓고, 탐구하려는 스파이크 패턴에서 그 특징들이 탈코드화되는지만 점검할 수 있다. 의심할 여지가 거의 없이, 뉴런 군단은 우리가 질문으로 요구하는 답을 아는 것보다 훨씬 더 많은 일을 할 것이다.

30. T. J. Brozoski, R. M. Brown, H. E. Rosvold, and P. S. Goldman, "Cognitive deficit caused by regional depletion of dopamine in prefrontal cortex of rhesus monkey," *Science* 205(1979): 929-932. 퍼트리샤 골드먼(재혼후 골드먼-러키시)의 실험실은 앞이마엽겉질의 큰 부분들을 제거하면 1~2초 이상 기억 내용을 붙잡아두는 능력이 완전히 상실된다는 것과 앞이마엽에서 도파민을 제거해도 똑같은 효과가 난다는 것을 보여주었다.

31. 작업기억 과제들을 수행하는 동안에 일어나는 앞이마엽겉질의 활동에 대한 고전적인 개관은 다음을 참조하라. Patricia S. Goldman-Rakic, "Cellular basis of working memory," *Neuron* 14(1995): 477-485. 업데이트된 견해는 다음을 참조하라. Earl K. Miller, Mikael Lundqvist, and André M. Bastos, "Working memory 2.0," *Neuron* 100(2018): 463-475.

32. S. Funahashi, C. J. Bruce, and P. S. Goldman-Rakic, "Mnemonic coding of visual space in the monkey's dorsolateral prefrontal cortex," *Journal of Neurophysiology* 61(1989): 331-349.

33. Carlos D. Brody, Adrián Hernández, Antonio Zainos, and Ranulfo Romo, "Timing and neural encoding of somatosensory parametric working memory in macaque prefrontal cortex," *Cerebral Cortex* 13(2003): 1196-1207.

34. 실제로 이 글을 쓰는 지금, 앞이마엽겉질의 개별 뉴런들이 메모리 버퍼에 담긴 내용을 어떻게 코드화하는지를 놓고 활발한 논쟁이 벌어지고 있다. 우리는 기억이 유지되는 동안 개별 뉴런들이 지속적으로 스파이크를 생산하는 것을 볼 수 있다. 그러나 이를 보려면 동일한 과제를 여러 번 수행하면서 그 뉴런들의 평균적인 활동을 기록해야 한다. 따라서 중요한 질문은 이것이다. 개별 뉴런 하나는 과제를 수행할 때마다 지속적으로 스파이크를 생산할까? 콘스탄틴 디스와 동료들은 그렇다고 말하는 반면, 런드크비스트와 동료들은 아니라고 말한다. 대신에 런드크비스트 등의 주장에 따르면, 매번의 과제 수행에서 앞이

마엽겉질 뉴런 집단 하나가 작업기억이 필요한 시간 내내 지속적으로 스파이크를 생산했지만, 매번 동일한 뉴런들이 그렇게 한 것은 아니다. 이 주장의 의미는 기억이 집단에 의해 코드화된다는 것이다. 우리는 이 책에서 뉴런 집단에 의한 기억의 코드화를 곧 보게 될 것이다. Christos Constantinidis, Shintaro Funahashi, Daeyeol Lee, John D. Murray, Xue-Lian Qi, Min Wang, and Amy F. T. Arnsten, "Persistent spiking activity underlies working memory," *Journal of Neuroscience* 38(2018): 7020-7028; Mikael Lundqvist, Pawel Herman, and Earl K. Miller, "Working memory: Delay activity, yes! Persistent activity? Maybe not," *Journal of Neuroscience* 38(2018): 7013-7019.

35. Christian K. Machens, Ranulfo Romo, and Carlos D. Brody, "Functional, but not anatomical, separation of 'what' and 'when' in prefrontal cortex," *Journal of Neuroscience* 30(2010): 350-360. 뇌 기능 향상을 위한 운동을 하고자 한다면, 마켄스 등이 진동 탈코드화와 그밖에 앞이마엽겉질에서 뉴런 집단의 활동을 탈코드화한 주요 결과 4개를 보여주기 위해 쓴 다음 논문도 참조하라. Dmitry Kobak, Wieland Brendel, Christos Constantinidis, Claudia E. Feierstein, Adam Kepecs, Zachary F. Mainen, Xue-Lian Qi, Ranulfo Romo, Naoshige Uchida, and Christian K. Machens, "Demixed principal component analysis of neural population data," *eLife* 5(2016): e10989.

36. MatthewL. Leavitt, Florian Pieper, Adam J. Sachs, and Julio C. Martinez-Trujillo, "Correlate variability modifies working memory fidelity in primate prefrontal neuronal ensembles," *Proceedings of the National Academy of Sciences of the USA* 114(2017): E2494-E2530.

37. Silvia Maggi, Adrien Peyrache, and Mark D. Humphries, "An ensemble code in medial prefrontal cortex links prior events to outcomes during learning," *Nature Communications* 9(2018): 2204.

38. 모든 결정이 이 겉질 구역들에서 이루어지는 것은 아니다. 6장에서 보았듯이, 단순한 달아나기 결정은 중간뇌 급속 처리 중추에서 쌓인 증거에 기초를 둔다. 그보다 훨씬 더 빠른 결정―이를테면 뜨거운 오븐 쟁반에 닿은 손을 급히 떼기―은 전적으로 척수와 뇌간에 의해 이루어진다.

39. K. H. Britten, W. T. Newsome, M. N. Shadlen, S. Celebrini, and J. A. Movshon, "A relationship between behavioral choice and the visual responses of neurons in macaque MT," *Visual Neuroscience* 13(1996): 87-100.

40. 마이클 섀들런의 실험실은 증거 축적이 등가쪽앞이마엽겉질(Kim and Shadlen)과 마루엽겉질(예컨대 Roitman and Shadlen)에서 이루어진다는 것에 관한 핵심 논문들을 발표했다. 같은 실험실의 키라 등은 형식적 증거 축적 이론들에 대한 마루엽겉질에서의 직접 검증을 다룬 논문을 썼다. 행크스 등은 쥐가 결정을 내릴 때, 인간의 앞이마엽겉질과 마루엽겉질에 해당하는 쥐의 뇌 부분들에 증거가 축적됨을 보여준다. 이 분야의 많은 연구는 Hanks and Summerfield에 잘 정리되어 있다. Jong-Nam Kim and Michael N. Shadlen, "Neural correlates of a decision in the dorsolateral prefrontal cortex of the macaque," *Nature Neuroscience* 2(1999): 176-185; Jamie D. Roitman, and Michael N. Shadlen, "Response of neurons in the lateral intraparietal area during a combined visual discrimination reaction time task," *Journal of Neuroscience* 22(2002): 9475-9489; Shinichiro Kira, Tianming Yang, and Michael N. Shadlen, "A neural implementation of Wald's sequential probability ratio test," *Neuron* 85(2015): 861-873; Timothy D. Hanks, Charles D. Kopec, Bingni W. Brunton, Chunyu A. Duan, JeIrey C. Erlich, and Carlos D. Brody, "Distinct relationships of parietal and prefrontal cortices to evidence accumulation," *Nature* 520(2015): 220-223; Timothy D. Hanks and Christopher Summerfield, "Perceptual decision making in rodents, monkeys, and humans," *Neuron* 93(2017): 15-31.

41. Jamie D. Roitman and Michael N. Shadlen, "Response of neurons in the lateral intraparietal area during a combined visual discrimination reaction time task," *Journal of Neuroscience* 22(2002): 9475-9489.

42. Jochen Ditterich, Mark E. Mazurek, and Michael N. Shadlen, "Microstimulation of visual cortex aIects the speed of perceptual decisions," *Nature Neuroscience* 6(2003): 891-898

43. 원숭이에 대한 연구: Leor N. Katz, Jacob L. Yates, Jonathan W. Pillow, and Alexander C. Huk, "Dissociated functional significance of decision-related activity in the primate dorsal stream," *Nature* 35(2016): 285-288; 쥐에 대한 연구: Jeffrey C. Erlich, Bingni W. Brunton, Chunyu A. Duan, Timothy D. Hanks, and Carlos D. Brody, "Distinct effects of prefrontal and parietal cortex inactivations on an accumulation of evidence task in the rat," *eLife* 4(2015): e05457.

44. 증거 수집 뉴런들을 보유했다는 증거가 가장 명백한 겉질 아래 구역은 선조체다(Ding and Gold, "Caudate"). 우리는 다음 장에서 선조체를 다루게 될 것이다. 최근에 나온 증거는 들어오는 감각 증거에 기초하여 결정을 내리는 데 선조체가 인과적으로 꼭 필요할 가능성이 있음을 보여준다(Ding and Gold, "Separate"; Yartsev et al.). Long Ding and Joshua I. Gold, "Caudate encodes multiple computations for perceptual decisions," *Journal of Neuroscience* 30(2010): 15747-15759; Long Ding and Joshua I. Gold, "Separate, causal roles of the caudate in saccadic choice and execution in a perceptual decision task," *Neuron* 75(2012): 865-874; Michael M. Yartsev, Timothy D. Hanks, Alice Misun Yoon, and Carlos D. Brody, "Causal contribution and dynamical encoding in the striatum during evidence accumulation," *eLife* 7(2018): 34929.

45. 뇌가 잉여가 풍부한 시스템이라는 추가 증거는 자극 실험에서 나온다. MT 영역을 자극할 때 발생하는 극적인 효과와 달리, 마루엽겉질의 핵심 부분(가쪽마루엽속겉질lateral intraparietal cortex)을 자극하면 결정이 약간만 달라진다. 이 차이는 그 부분이 결정에 대한 고유의 인과적 통제력을 거의 지니지 않았음을 시사한다. 다음을 참조하라. Timothy D. Hanks, Jochen Ditterich, and Michael N. Shadlen, "Microstimulation of macaque area LIP affects decision-making in a motion discrimination task," *Nature Neuroscience* 9(2006): 682-689.

46. Miriam L. R. Meister, Jay A. Hennig, and Alexander C. Huk, "Signal multiplexing and single-neuron computations in lateral intraparietal area during decision-making," *Journal of Neuroscience* 33(2013): 2254-2267.

47. Il Memming Park, Miriam L. R. Meister, Alexander C. Huk, and Jonathan W. Pillow, "Encoding and decoding in parietal cortex during sensorimotor decision-making," *Nature Neuroscience* 17(2014): 1395-1403.

48. Roozbeh Kiani, Christopher J. Cuev, John B. Reppas, and William T. Newsome, "Dynamics of neural population responses in prefrontal cortex indicate changes of mind on single trials," *Current Biology* 24(2014): 1542-1547. 집단 탈코드화 접근에 관해서는 다음을 참조하라. Park et al., "Encoding and decoding in parietal cortex during sensorimotor decision-making."

49. 뉴런 군단은 어떻게 결정을 내릴까? 그리고 어떻게 개수를 세지 않고 그럴 수 있을까? 한 가능성은, 예컨대 '왼쪽으로 움직이기'를 표상하는 뉴런 군단에 속한 다양한 뉴런이 점들을 보는 동안의 다양한 순간에 침체된 활동에서 활발한 활동으로 도약하는 것이다. 그러면 뉴런 집단 전체의 스파이크 총수가 그 선택의 증거가 된다(관련 이론들은 Okamoto et al., Marti et al.). 이도약이 마루엽겉질의 개별 뉴런들에서 일어난다는 증거가 있다(Latimer et al.). 그러나 이 주장은 논란이 없지 않다(Zylberberg and Shadlen). Hiroshi Okamoto, Yoshikazu Isomura, Masahiko Takada, and Tomoki Fukai, "Temporal integration by stochastic recurrent network dynamics with bimodal neurons," *Journal of Neurophysiology* 97(2007): 3859-3867; Daniel Martí, Gustavo Deco, Maurizio Mattia, Guido Gigante, and Paolo Del Giudice, "A Ouctuation-driven mechanism for slow decision processes in reverberant networks," *PLoS ONE* 3(2008): e2534; Kenneth W. Latimer, Jacob L. Yates, Miriam L. R. Meister, Alexander C. Huk, and Jonathan W. Pillow, "Single-trial spike trains in parietal cortex reveal discrete steps during decisionmaking," *Science* 349(2015): 184-187. 이 논문에 대한 반응들 가운데 다음 논문을 참조하라. Ariel Zylberberg and Michael N. Shadlen, "Cause for pause before leaping to conclusions about stepping," *bioRxiv*(2016): DOI: 10.1101/085886. 이 논쟁에 대한 최신 업데이트는 다음을 참조하라. David M. Zoltowski, Kenneth W. Latimer, Jacob L. Yates, Alexander C. Huk, and Jonathan W. Pillow, "Discrete stepping and nonlinear ramping dynamics underlie spiking responses of LIP neurons during decision-making," *Neuron* 102(2019): 1249-1258.

8장 운동

1. 마이클과 동료들은 보기에서 움켜쥐기까지의 경로 전체를 재현하는 모형을 제시했다. 그들은 마루엽겉질 구역, 운동앞겉질 구역, 운동겉질 구역 각각에서의 뉴런 활동을 다음과 같은 모형으로 재현할 수 있음을 보여준다. 그 모형은 (a) 특정한 '하기 고속도로'(등쪽 흐름) 모형으로부터 시각 정보를 입력받고 (b) 손 내밀어 움켜쥐기 동작 동안 근육 50개의 속도들을 재현하도록 훈련되었

다. 그밖에 필요한 것은 없다. 그것만으로 그 모형은 언급한 세 구역에서 기록된 뉴런 활동의 많은 부분을 재현할 뿐 아니라, 대상을 향해 손을 내미는 동안 일어날 뉴런 활동도 예측한다. 후자의 뉴런 활동은 그 모형을 훈련할 때 사용하지 않은 것이다. 다음을 참조하라. Jonathan A. Michaels, Stefan SchaIelhofer, Andres Agudelo-Toro, and Hansjörg Scherberger, "A neural network model of flexible grasp movement generation," *bioRxiv*(2019): www.biorxiv.org/content/10.1101/742189v1

2. Rodrigo Quian Quiroga, Lawrence H. Snyder, Aaron P. Batista, He Cui, and Richard A. Andersen, "Movement intention is better predicted than attention in the posterior parietal cortex," *Journal of Neuroscience* 26(2006): 3615-3620; Richard A. Andersen and He Cui, "Intention, action planning, and decision making in parietal-frontal circuits," *Neuron* 63(2009): 568-583; Michaels et al., "A neural network model of Oexible grasp movement generation."

3. Krishna V. Shenoy, Maneesh Sahani, and Mark M. Churchland, "Cortical control of arm movements: A dynamical systems perspective," *Annual Review of Neuroscience* 36(2013): 337-359.

4. Mark M. Churchland, John P. Cunningham, Matthew T. Kaufman, Stephen I. Ryu, and Krishna V. Shenoy, "Cortical preparatory activity: Representation of movement or first cog in a dynamical machine?" *Neuron* 68(2010): 387-400.

5. Churchland et al., "Cortical preparatory activity: Representation of movement or first cog in a dynamical machine?"; Mark M. Churchland, Byron M. Yu, John P. Cunningham, et al., "Stimulus onset quenches neural variability: A widespread cortical phenomenon," *Nature Neuroscience* 13(2014): 440-448.

6. Matthew T. Kaufman, Mark M. Churchland, Stephen I. Ryu, and Krishna V. Shenoy, "Cortical activity in the null space: Permitting preparation without movement," *Nature Neuroscience* 17(2014): 440-448.

7. Sergey D. Stavisky, Jonathan C. Kao, Stephen I. Ryu, and Krishna V. Shenoy, "Motor cortical visuomotor feedback activity is initially isolated from downstream targets in output-null neural state space dimensions," *Neuron* 95(2017): 195-208.

8. 바닥핵이 행동 선택에서 핵심 역할을 한다는 것에 관한 논의를 보

려면 다음 문헌들을 참조하라. Jonathan W. Mink, "The basal ganglia: Focused selection and inhibition of competing motor programs," *Progress in Neurobiology* 50(1996): 381-425; Peter Redgrave, Tony J. Prescott, and Kevin Gurney, "The basal ganglia: A vertebrate solution to the selection problem?" *Neuroscience* 89(1999): 1009-1023; Mark D. Humphries and Tony J. Prescott, "The ventral basal ganglia, a selection mechanism at the crossroads of space, strategy, and reward," *Progress in Neurobiology* 90(2010): 385-417; Mark D. Humphries, "Basal ganglia: Mechanisms for action selection," in *Encyclopedia of Computational Neuroscience*, ed. D. Jaeger and R. Jung, Springer, 2014, 1-7.

9. A. J. McGeorge and R. L. Faull, "The organization of the projection from the cerebral cortex to the striatum in the rat," *Neuroscience* 29(1989): 503-537; Nicholas R. Wall, Mauricio De La Parra, Edward M. Callaway, and Anatol C. Kreitzer, "Differential innervation of direct-and indirectpathway striatal projection neurons," *Neuron* 79(2013): 347-360; Barbara J. Hunnicutt, Bart C. Jongbloets, William T. Birdsong, Katrina J. Gertz, Haining Zhong, and Tianyi Mao, "A comprehensive excitatory input map of the striatum reveals novel functional organization," *eLife* 5(2016): e19103.

10. Garrett E. Alexander and Mahlon R. DeLong, "Microstimulation of the primate neostriatum, I: Physiological properties of striatal microexcitable zones," *Journal of Neurophysiology* 53(1985): 1401-1416.

11. Petr Znamenskiy and Anthony M. Zador, "Corticostriatal neurons in auditory cortex drive decisions during auditory discrimination," *Nature* 497(2013): 482-485; Qiaojie Xiong, Petr Znamenskiy, and Anthony M. Zador, "Selective corticostriatal plasticity during acquisition of an auditory discrimination task," *Nature* 521(2015): 348-351.

12. Michael M. Yartsev, Timothy D. Hanks, Alice Misun Yoon, and Carlos D. Brody, "Causal contribution and dynamical encoding in the striatum during evidence accumulation," *eLife* 7(2018): https://elifesciences.org/articles/34929; Y. Kate Hong, Clay O. Lacefield, Chris C. Rodgers, and Randy M. Bruno, "Sensation, movement, and learning in the absence of barrel cortex," *Nature* 561(2018): 542-546.

13. 선조체의 직접 경로나 간접 경로를 자극할 때 발생하는 구체적인 효과를 다루는 핵심 논문 중 일부는 아래와 같다. Alexxai V. Kravitz, Benjamin S. Freeze, Philip R. L. Parker, Kenneth Kay, Myo T. Thwin, Karl Deisseroth, and Anatol C. Kreitzer, "Regulation of parkinsonian motor behaviours by optogenetic control of basal ganglia circuitry," *Nature* 466(2010): 622-626; Fatuel Tecuapetla, Sara Matias, Guillaume P. Dugue, Zachary F. Mainen, and Rui M. Costa, "Balanced activity in basal ganglia projection pathways is critical for contraversive movements," *Nature Communications* 5(2014): 4315; Fatuel Tecuapetla, Xin Jin, Susana Q. Lima, and Rui M. Costa, "Complementary contributions of striatal projection pathways to action initiation and execution," *Cell* 166(2016): 703-715; Claire E. Geddes, Hao Li, and Xin Jin, "Optogenetic editing reveals the hierarchical organization of learned action sequences," *Cell* 174(2018): 32-43.e15.

14. 주요 선조체 뉴런이 스파이크를 생산하게 만드는 데 필요한 입력의 개수에 대한 우리의 추정은 Mark D. Humphries, Ric Wood, and Kevin Gurney, "Dopamine-modulated dynamic cell assemblies generated by the GABAergic striatal microcircuit," *Neural Networks* 22(2009): 1174-1188에 들어 있다. 그 추정의 기반은 Kim T. Blackwell, Uwe Czubayko, and Dietmar Plenz, "Quantitative estimate of synaptic inputs to striatal neurons during up and down states in vitro," *Journal of Neuroscience* 23(2003): 9123-9132에 제시되어 있는 결정적 데이터다.

15. 선조체의 주요 뉴런이 까다롭게 반응하도록 설계된 듯하다는 생각을 가장 잘 반영한, 그 뉴런의 모형들 중 일부는 아래와 같다. John A. Wolf, Jason T. Moyer, Maciej T. Lazarewicz, Diego Contreras, Marianne Benoit-Marand, Patricio O'Donnell, and Leif H. Finkel, "NMDA/AMPA ratio impacts state transitions and entrainment to oscillations in a computational model of the nucleus accumbens medium spiny projection neuron," *Journal of Neuroscience* 25(2005): 9080-9095; Jason T. Moyer, John A. Wolf, and Leif H. Finkel, "Effects of dopaminergic modulation on the integrative properties of the ventral striatal medium spiny neuron," *Journal of Neurophysiology* 98(2007): 3731-3748; Mark D. Humphries, Nathan Lepora, Ric Wood, and Kevin Gurney, "Capturing dopaminergic modulation and bimodal membrane behaviour of striatal medium spiny neurons in accurate, reduced models," *Frontiers in Computational Neuroscience* 3(2009): 26.

16. 바닥핵 출력 뉴런들은 흑색질그물부substantia nigra pars reticulate(그물 모양 부분)와 안쪽창백핵globus pallidus pars interna에 있다. 설치동물에서는 창백핵을 entopeduncular nucleus라고 부른다. 내가 그냥 "출력 뉴런"이라는 용어를 사용하는 것은 이렇게 낯선 명칭들을 피하기 위해서다.

17. J. M. Deniau and G. Chevalier, "The lamellar organization of the rat substantia nigra pars reticulata: Distribution of projection neurons," *Neuroscience* 46(1992): 361–377.

18. O. Hikosaka and R. H. Wurtz, "Visual and oculomotor functions of monkey substantia nigra pars reticulata, IV: Relation of substantia nigra to superior colliculus," *Journal of Neurophysiology* 49(1983): 1285–1301.

19. Thomas K. Roseberry, Moses Lee, Arnaud L. Lalive, Linda Wilbrecht, Antonello Bonci, and Anatol C. Kreitzer, "Cell-type-specific control of brainstem locomotor circuits by basal ganglia," *Cell* 164(2016): 526–537; V. Caggiano, R. Leiras, H. Goñi-Erro, D. Masini, C. Bellardita, J. Bouvier, V. Caldeira, G. Fisone, and O. Kiehn, "Midbrain circuits that set locomotor speed and gait selection," *Nature* 553(2018): 455–460.

20. K. Takakusaki, T. Habaguchi, J. Ohtinata-Sugimoto, K. Saitoh, and T. Sakamoto, "Basal ganglia efferents to the brainstem centers controlling postural muscle tone and locomotion: A new concept for understanding motor disorders in basal ganglia dysfunction," *Neuroscience* 119(2003): 293–308.

21. F. A. Middleton and P. L. Strick, "Basal-ganglia 'projections' to the prefrontal cortex of the primate," *Cerebral Cortex* 12(2002): 926–935; Ágnes L. Bodor, Kristóf Giber, Zita Rovó, István Ulbert, and László Acsády, "Structural correlates of effcient GABAergic transmission in the basal ganglia-thalamus pathway," *Journal of Neuroscience* 28(2008): 3090–3102.

22. G. Chevalier and J. M. Deniau, "Disinhibition as a basic process in the expression of striatal function," *Trends in Neurosciences* 13(1990): 277–280; Jeremy R. Edgerton and Dieter Jaeger, "Optogenetic activation of nigral inhibitory inputs to motor thalamus in the mouse reveals classic inhibition with little potential for rebound activation," *Frontiers in Cellular Neuroscience* 89(2014): 86.

23. O. Hikosaka and R. H. Wurtz, "Modification of saccadic eye movements by GABArelated substances, II: Elects of muscimol in monkey substantia nigra pars reticulata," *Journal of Neurophysiology* 53(1985): 292-308.

24. Arthur Leblois, Wassilios Meissner, Erwan Bezard, Bernard Bioulac, Christian E. Gross, and Thomas Boraud, "Temporal and spatial alterations in GPi neuronal encoding might contribute to slow down movement in Parkinsonian monkeys," *European Journal of Neuroscience* 24(2006): 1201-1208; Mark D. Humphries, Robert D. Stewart, and Kevin N. Gurney, "A physiologically plausible model of action selection and oscillatory activity in the basal ganglia," *Journal of Neuroscience* 26(2006): 12921-12940.

25. Dorothy E. Oorschot, "Total number of neurons in the neostriatal, pallidal, subthalamic, and substantia nigral nuclei of the rat basal ganglia: A stereological study using the cavalieri and optical disector methods," *Journal of Comparative Neurology* 366(1996): 580-590.

26. 바닥핵의 회로가 행동들 중 하나를 정확히 어떻게 선택하고 활성화하는 지는 매혹적이지만 솔직히 아찔할 정도로 어려운 주제다. 다른 학자들과 나는 선조체에서 나오는 직접 경로와 간접 경로가 정확히 어떻게 경쟁하고 바닥핵 의 다른 핵들은 어떤 기여를 하는지에 관한 상세한 모형을 많이 제작했다. 이 를 개관하려면 우선 Mark D. Humphries, "Basal ganglia: Mechanisms for action selection," in *Encyclopedia of Computational Neuroscience*, ed. D. Jaeger and R. Jung, Springer, 2014. 1-7을 참조하라. 주요 모형들은 다음 문헌들을 참조하라. Kevin Gurney, Tony J. Prescott, and Peter Redgrave, "A computational model of action selection in the basal ganglia I: A new functional anatomy," *Biological Cybernetics* 85(2001): 401-410, 412-423; Mark D. Humphries, Robert D. Stewart, and Kevin N. Gurney, "A physiologically plausible model of action selection and oscillatory activity in the basal ganglia," *Journal of Neuroscience* 26(2006): 12921-12942; Michael J. Frank, "Dynamic dopamine modulation in the basal ganglia: A neurocomputational account of cognitive deficits in medicated and nonmedicated Parkinsonism," *Journal of Cognitive Neuroscience* 17(2005): 51-72.

27. Apostolos P. Georgopoulos, Andrew B. Schwartz, and Ronald E. Kettner, "Neuronal population coding of movement direction," *Science* 233(1986): 1416-1419.

28. 운동겉질에 있는 튜닝된 뉴런들로부터 팔 운동 방향을 탈코드화한 성과는 "벡터vector" 탈코드화의 첫 사례였다. 제각각 선호하는 운동 방향이 있는 뉴런들의 집합이 있다고 해보자. 몇몇 뉴런은 팔이 위 오른쪽으로 비스듬히 운동할 때 가장 많은 스파이크를 전송하고, 몇몇은 아래 왼쪽으로 운동할 때, 나머지는 여러 다른 방향으로 운동할 때 가장 많은 스파이크를 전송할 것이다. 벡터 탈코드화는 이 뉴런들의 선호를 평균함으로써 이루어진다. 첫째, 현재 현재의 팔 운동에 대해서, 각각의 뉴런이 전송하고 있는 스파이크의 개수에 따라 그 뉴런에 가중치를 부여한다. 그런 다음에 그 뉴런들이 선호하는 방향들의 가중평균weighted average을 구한다(가중치가 높은 뉴런은 가중평균에 더 많이 기여하게 된다). 이렇게 얻은 평균은 실제 팔 운동 방향과 매우 유사하다.

29. Jose M. Carmena, Mikhail A. Lebedev, Roy E. Crist, Joseph E. O'Doherty, David M. Santucci, Dragan F. Dimitrov, Parag G. Patil, Craig S. Henriquez, and Miguel A. L. Nicolelis, "Learning to control a brain-machine interface for reaching and grasping by primates," *PLoS Biology* 1 (2003): E42; Jose M. Carmena, Mikhail A. Lebedev, Craig S. Henriquez, and Miguel A. L. Nicolelis, "Stable ensemble performance with single-neuron variability during reaching movements in primates," *Journal of Neuroscience* 25(2005): 10712-10716.

30. Stefan SchaIelhofer, Andres Agudelo-Toro, and Hansjörg Scherberger, "Decoding a wide range of hand configurations from macaque motor, premotor, and parietal cortices," *Journal of Neuroscience* 35(2015): 1068-1081.

31. Mark M. Churchland, John P. Cunningham, Matthew T. Kaufman, Justin D. Foster, Paul Nuyujukian, Stephen I. Ryu, and Krishna V. Shenoy, "Neural population dynamics during reaching," *Nature* 487(2012): 953-966.

32. Abigail A. Russo, Sean R. Bittner, Sean M. Perkins, Jeffrey S. Seely, Brian M. London, Antonio H. Lara, Andrew Miri, Najja J. Marshall, Adam Kohn, Thomas M. Jessell, Laurence F. Abbott, John P. Cunningham, and Mark M.

Churchland, "Motor cortex embeds muscle-like commands in an untangled population response," *Neuron* 97(2018): 953-966.

33. Russo et al., "Motor cortex embeds muscle-like commands in an untangled population response."

34. Chethan Pandarinath, Daniel J. O'Shea, Jasmine Collins, Rafal Jozefowicz, Sergey D. Stavisky, Jonathan C. Kao, Eric M. Trautmann, Matthew T. Kaufman, Stephen I. Ryu, Leigh R. Hochberg, Jaimie M. Henderson, Krishna V. Shenoy, L. F. Abbott, and David Sussillo, "Inferring single-trial neural population dynamics using sequential auto-encoders," *Nature Methods* 15(2018): 805-815.

35. Juan A. Gallego, Matthew G. Perich, Stephanie N. Naufel, Christian Ethier, Sara A. Solla, and Lee E. Miller, "Cortical population activity within a preserved neural manifold underlies multiple motor behaviors," *Nature Communications* 9(2018): 4233.

36. Maria Soledad Esposito, Paolo Capelli, and Silvia Arber, "Brainstem nucleus MdV mediates skilled forelimb motor tasks," *Nature* 508(2014): 351-356.

37. Bror Alstermark and Tadashi Isa, "Circuits for skilled reaching and grasping," *Annual Review of Neuroscience* 35(2012): 559-578.

38. Rune W. Berg, Aidas Alaburda, and Jorn Hounsgaard, "Balanced inhibition and excitation drive spike activity in spinal half-centers," *Science* 315(2007): 390-393; Peter C. Petersen and Rune W. Berg, "Lognormal Cring rate distribution reveals prominent Ouctuation-driven regime in spinal motor networks," *eLife* 5(2016): e18805.

39. Masaki Ueno, Yuka Nakamura, Jie Li, Zirong Gu, Jesse Niehaus, Mari Maezawa, Steven A. Crone, Martyn Goulding, Mark L. Baccei, and Yutaka Yoshida, "Corticospinal circuits from the sensory and motor cortices differentially regulate skilled movements through distinct spinal interneurons," *Cell Reports* 23(2018): 1286-1300.

40. Roger N. Lemon, "Descending pathways in motor control," *Annual Review of Neuroscience* 31(2008): 195-218.

9장 자발성

1. Alan Peters and Bertram R. Payne, "Numerical relationships between geniculocortical afferents and pyramidal cell modules in cat primary visual cortex," *Cerebral Cortex* 3(1993): 69-78; Bashir Ahmed, John C. Anderson, Rodney J. Douglas, Kevan A. C. Martin, and J. Charmaine Nelson, "Polyneuronal innervation of spiny stellate neurons in cat visual cortex," *Journal of Comparative Neurology* 341(1994): 39-49.

2. 뇌의 디폴트 연결망에 관한 고전적이며 읽기 쉬운 개관은 다음을 참조하라. Randy L. Buckner, Jessica R. Andrews-Hanna, and Daniel L. Schacter, "The brain's default network: Anatomy, function, and relevance to disease," *Annals of the New York Academy of Sciences* 1124(2008): 1-38; 업데이트된 개관은 다음을 참조하라. Randy L. Buckner and Lauren M. DiNicola, "The brain's default network: Updated anatomy, physiology, and evolving insights," *Nature Reviews Neuroscience* 20(2019): 593-608. 디폴트 연결망의 활동은 또한 해당 구역들 전체에서 동시에 강해지고 약해지기를 꾸준히 반복한다. 예컨대 다음을 참조하라. Michael D. Fox, Abraham Z. Snyder, Justin L. Vincent, Maurizio Corbetta, David C. Van Essen, and Marcus E. Raichle, "The human brain is intrinsically organized into dynamic, anticorrelated functional networks," *Proceedings of the National Academy of Sciences USA* 102(2006): 9673-9678.

3. 수면 중 겉질 뉴런들의 스파이크 생산에 관한 이 언급은 다음 문헌들에 기초를 둔다. Edward E. Evarts, "Temporal patterns of discharge of pyramidal tract neurons during sleep and waking in the monkey," *Journal of Neurophysiology* 27(1964) 152-171; Alain Destexhe, Diego Contreras, and Mircea Steriade, "Spatiotemporal analysis of local field potentials and unit discharges in cat cerebral cortex during natural wake and sleep states," *Journal of Neuroscience* 19(1999): 4595-4608; M. Steriade, I. Timofeev, and F. Grenier, "Natural waking and sleep states: A view from inside neocortical neurons," *Journal of Neurophysiology* 85(2001): 1969-1985.

4. Elda Arrigoni, Michael C. Chen, and Patrick M. Fuller, "The anatomical, cellular, and synaptic basis of motor atonia during rapid eye movement sleep,"

Journal of Physiology 594(2016): 5391-5414.

5. 이 대목에서 내가 의지하는 것은 뇌 발달을 개관하면서 자발적 활동을 언급하는 다음과 같은 훌륭한 문헌들이다. N. Dehorter, L. Vinay, C. Hammond, and Y. Ben-Ari, "Timing of developmental sequences in different brain structures: Physiological and pathological implications," *European Journal of Neuroscience* 35(2012): 1846-1856; Alexandra H. Leighton and Christian Lohmann, "The wiring of developing sensory circuits—From patterned spontaneous activity to synaptic plasticity mechanisms," *Frontiers in Neural Circuits* 10(2016): 71; Heiko J. Luhmann, Anne Sinning, Jenq-Wei Yang, Vicente Reyes-Puerta, Maik C. Stüttgen, Sergei Kirischuk, and Werner Kilb, "Spontaneous neuronal activity in developing neocortical networks: From single cells to largescale interactions," *Frontiers in Neural Circuits* 10(2016): 40.

6. Nir Kalisman, Gilad Silberberg, and Henry Markram, "The neocortical microcircuit as a tabula rasa," *Proceedings of the National Academy of Sciences USA* 102(2005): 880-885.

7. Jean-Vincent Le Bé and Henry Markram, "Spontaneous and evoked synaptic rewiring in the neonatal neocortex," *Proceedings of the National Academy of Sciences USA* 103(2006): 13214-13219.

8. 자발적 스파이크에 대한 고전적 개관은 다음을 참조하라. Rodolfo R. Llinas, "The intrinsic electrophysiological properties of mammalian neurons: Insights into central ner vous system function," *Science* 242(1998): 1654-1664.

9. 바닥핵에서의 박동조율을 포괄적으로 다루는 문헌으로는 다음을 참조하라. D. James Surmeier, Jeff N. Mercer, and C. Savio Chan, "Autonomous pacemakers in the basal ganglia: Who needs excitatory synapses anyway?" *Current Opinion in Neurobiology* 15(2005): 312-318.

10. Leighton and Lohmann, "The wiring of developing sensory circuits—From patterned spontaneous activity to synaptic plasticity mechanisms"; Luhmann et al., "Spontaneous neuronal activity in developing neocortical networks: From single cells to large-scale interactions."

11. Morgane Le Bon-Jego and Rafael Yuste, "Persistently active, pacemaker-like neurons in neocortex," *Frontiers in Neuroscience* 1(2007): 123-129.

12. Bruce P. Bean, "The action potential in mammalian central neurons," *Nature Reviews Neuroscience* 8(2007): 451-465.

13. Bu-Qing Mao, Farid Hamzei-Sichani, Dmitriy Aronov, Robert C. Froemke, and Rafael Yuste, "Dynamics of spontaneous activity in neocortical slices," *Neuron* 32(2001): 883-898; Rosa Cossart, Dmitriy Aronov, and Rafael Yuste, "Attractor dynamics of network UP states in the neocortex," *Nature* 423(2003): 283-288.

14. Maria V. Sanchez-Vives and David A. McCormick, "Cellular and network mechanisms of rhythmic recurrent activity in neocortex," *Nature Neuroscience* 3(2000): 1027-1043. 겉질을 얇게 저민 조각을 올바른 화학물질 용액에 담그는 것이 왜 중요할까? 뉴런의 전압은 뉴런막 안팎 이온들의 농도 차이에 의해 결정되기 때문이다. 따라서 뇌 조각에 있는 뉴런이 살아 있는 뇌에 있는 것처럼 행동하려면, 그 뉴런을 둘러싼 용액의 정확한 조성이 결정적으로 중요하다.

15. Takuya Sasaki, Norio Matsuki, and Yuji Ikegaya, "Metastability of active CA3 networks," *Journal of Neuroscience* 27(2007): 517-528.

16. 한 피라미드 뉴런으로 돌아오는 되먹임 고리의 개수를 계산한 방법은 이러하다. 우리가 주목하는 원천 뉴런 근처에 피라미드 뉴런이 N개 있다고 해보자. 또 그 원천 뉴런이 근처의 뉴런 각각과 연결될 확률이 p라고 하자. 그러면 길이가 k인 되먹임 고리 개수의 기댓값은 대략 $E[k]=p^k N^{k-1}$이다($k=2$는 다른 뉴런 하나를 거쳐 곧바로 원천 뉴런으로 돌아오는 되먹임 고리에 해당한다). 본문에서 나는 겉질의 조건과 대략 유사하게 $N=10000$, $p=0.1$을 위 공식에 대입했다. 이 모형은 모든 연결의 개연성이 동등하다고 전제한다. 그러나 이 전제는 실제와 어긋난다. 첫째, 더 멀리 떨어진 뉴런들은 연결될 개연성이 더 낮다. 둘째, 앞에서 보았듯이, 시각겉질에서 튜닝이 유사한 피라미드 뉴런들은 서로 연결될 개연성이 더 높다.

17. Tom Binzegger, Rodney J. Douglas, and Kevan A. C. Martin, "A quantitative map of the circuit of cat primary visual cortex," *Journal of Neuroscience* 24(2004): 8441-8453.

18. Daniel J. Felleman and David C. Van Essen, "Distributed hierarchical processing in the primate cerebral cortex," *Cerebral Cortex* 1(1991): 1-47.

19. S. Murray Sherman, "Thalamic relays and cortical functioning," *Progress in*

Brain Research 149(2005): 107-126.

20. 뉴런 연결망의 자발적 활동이 그 연결망에 관한 세부사항에 어떻게 의존하는지를 다룬 핵심 문헌들 중 일부는 아래와 같다. Alfonso Renart, Rubén Moreno-Bote, Xiao-Jing Wang, and Néstor Parga, "Mean-driven and Ouctuation-driven persistent activity in recurrent networks," *Neural Computation* 19(2007): 1-46; David Sussillo and L. F. Abbott, "Generating coherent patterns of activity from chaotic neural networks," *Neuron* 63(2009): 544-557; H. Francis Song, Guangyu R. Yang, and Xiao-Jing Wang, "Training excitatory-inhibitory recurrent neural networks for cognitive tasks: A simple and Oexible framework," *PLoS Computational Biology* 12(2016): 2531-2560.

21. Wolfgang Maass, Thomas Natschlager, and Henry Markram, "Real-time computing without stable states: A new framework for neural computation based on perturbations," *Neural Computation* 14(2004): 2531-2560.

22. Guillaume Hennequin, Tim P. Vogels, and Wulfram Gerstner, "Optimal control of transient dynamics in balanced networks supports generation of complex movements," *Neuron* 82(2014): 1394-1406; David Sussillo, Mark M. Churchland, Matthew T. Kaufman, and Krishna V. Shenoy, "A neural network that finds a naturalistic solution for the production of muscle activity," *Nature Neuroscience* 18(2015): 1025-1033; Jonathan A. Michaels, Benjamin Dann, and Hansjörg Scherberger, "Neural population dynamics during reaching are better explained by a dynamical system than representational tuning," *PLoS Computational Biology* 12(2016): e1005175.

23. 운동을 산출하는 연결망들―이른바 중심 패턴 발생기들central pattern generator―에 대한 개관은 다음 문헌을 참조하라. Eve Marder and Dirk Bucher, "Central pattern generators and the control of rhythmic movements," *Current Biology* 11(2001): R986-R996; Alan I. Selverston, "Invertebrate central pattern generator circuits," *Philosophical Transactions of the Royal Society of London B: Biological Science* 365(2010): 2329-2345.

24. Xiao-Jing Wang, "Synaptic basis of cortical persistent activity: The importance of NMDA receptors to working memory," *Journal of Neuroscience* 19(1999): 9587-9605; Francesca Barbieri and Nicolas Brunel, "Can attractor network models account for the statistics of firing during persistent activity in prefrontal cortex?" *Frontiers in Neuroscience* 2(2008): 114-122.

25. Valerio Mante, David Sussillo, Krishna V. Shenoy, and William T. Newsome, "Context-dependent computation by recurrent dynamics in prefrontal cortex," *Nature* 503(2013): 78-84.

26. Xiao-Jing Wang, "Probabilistic decision making by slow reverberation in cortical circuits," *Neuron* 36(2002): 955-968; Kong-Fatt Wong and Xiao-Jing Wang, "A recurrent network mechanism of time integration in perceptual decisions," *Journal of Neuroscience* 26(2006): 1314-1328.

27. Javier A. Caballero, Mark D. Humphries, and Kevin N. Gurney, "A probabilistic, distributed, recursive mechanism for decision-making in the brain," *PLoS Computational Biology* 14(2018): e1006033.

28. 이 가설은 진짜 암흑뉴런들에도 확장 적용될 수 있다. 어쩌면 우리는 그 암흑뉴런들을 영영 보지 못할 것이다. 그 뉴런들이 창출하는 자족적 역동을 필요로 하는 과제를 뇌에 부여하지 않기 때문이다.

10장 단지 한순간

1. Lionel G. Nowak and Jean Bullier, "The timing of information transfer in the visual system," in *Extrastriate Cortex in Primates*, ed. Kathleen S. Rockland, Jon H. Kaas, and Alan Peters, Springer, 1997, 205-241.

2. 뇌가 무언가를 처리할 때 얼마나 긴 시간이 걸리는지 연구하는 분야를 "정신적 시간 측정학mental chronometry"이라고 한다. 이 절에서 보겠지만, 뇌의 정보 처리 방식에 대한 놀랄 만큼 심오한 통찰들을 그저 영리한 실험 설계와 스톱워치만으로 얻을 수 있다. 관련 역사를 간략히 서술한 문헌으로는 다음을 참조하라. Michael I. Posner, "Timing the brain: Mental chronometry as a tool in neuroscience," *PLoS Biology* 3(2005): e51.

3. Simon Thorpe, Denis Fize, and Catherine Marlot, "Speed of processing in the human visual system," *Nature* 381(1996): 520-522; Michele Fabre-Thorpe, Arnaud Delorme, Catherine Marlot, and Simon Thorpe, "A limit to the speed of processing in ultra-rapid visual categorization of novel natural scenes," *Journal of Cognitive Neuroscience* 13(2001): 171-180.

4. Terrence R. Stanford, Swetha Shankar, Dino P. Massoglia, M. Gabriela Costello, and Emilio Salinas, "Perceptual decision making in less than 30 milliseconds," *Nature Neuroscience* 13(2010): 379-385.

5. Stanislas Dehaene, "The organization of brain activations in number comparison: Eventrelated potentials and the additive-factors method," *Journal of Cognitive Neuroscience* 8(1996): 47-68.

6. 이 절에 등장하는, 무작위한 점 운동 과제에서의 반응 시간 데이터는 아래 문헌들에서 따온 것이다. Jamie D. Roitman and Michael N. Shadlen, "Response of neurons in the lateral intraparietal area during a combined visual discrimination reaction time task," *Journal of Neuroscience* 22(2002): 9475-9489; Jon Palmer, Alexander C. Huk, and Michael N. Shadlen, "The effect of stimulus strength on the speed and accuracy of a perceptual decision," *Journal of Vision* 5(2005): 376-404.

7. 한 출발점 뉴런에서 뻗어나갈 수 있는 경로들의 개수를 계산해보자. 시냅스 틈새를 건너 도달할 수 있는 표적 뉴런들이 N개 있고, 각각의 시냅스에서 실패율이 f(이를테면 0.75, 곧 75퍼센트)라고 하자. 또 표적 뉴런이 10밀리초 내에 스파이크를 전송할 확률이 p[스파이크]라고 하자. 그러면 가능한 전진 경로의 개수는 $N \times (1-f) \times p$[스파이크]다. 본문에 등장하는 수들을 이 공식에 대입하면 아래 결과가 나온다.

$$7,500 \times (1-0.75) \times 0.01 = 19 뉴런(반올림)$$

하지만 두 번 건너간다면, 전진 경로상의 표적 뉴런 19개도 제각각 19개의 가능한 표적을 가질 것이다. 따라서 가능한 전진 경로의 개수는 $19 \times 19 = 3,516$이 된다. 세 번 건너간다면, 그 개수는 $19 \times 19 \times 19$가 되고, 이런 식으로 건너가기가 많아질수록 전진 경로의 개수가 폭증한다.

8. 뉴런 집단이 자발적 활동에 의해 준비를 갖출 수 있다는 아이디어에 관한 추가 설명은 다음 문헌들을 참조하라. Bruce W. Knight, "Dynamics of encoding in a population of neurons," *Journal of General Physiology* 59(1972):

734-766; Wulfram Gerstner, "How can the brain be so fast?" in *23 Problems in Systems Neuroscience*, ed. J. Leo van Hemmen and Terence J. Sejnowski, Oxford University Press, 2006, 135-142; Tatjana Tchumatchenko, Aleksey Malyshev, Fred Wolf, and Maxim Volgushev, "Ultrafast population encoding by cortical neurons," *Journal of Neuroscience* 31(2011): 12171-12179; Maxim Volgushev, "Cortical specializations under lying fast computations," *Neuroscientist* 22(2016): 145-164.

9. Marcus E. Raichle, "Two views of brain function," *Trends in Cognitive Sciences* 14(2010): 180-190.

10. Colin Blakemore and Grahame F. Cooper, "Development of the brain depends on the visual environment," *Nature* 228(1970): 477-478.

11. D. H. Hubel and T. N. Wiesel, "The period of susceptibility to the physiological effects of unilateral eye closure in kittens," *Journal of Physiology* 206(1970): 419-436.

12. 시각겉질 구역들이 눈에서 오는 정보를 어떻게 예측하는지를 다루는 이 이론에는 여러 버전이 있다. 핵심적인 관련 논문들 중 일부는 아래와 같다. Rajesh P. N. Rao and Dana H. Ballard, "Predictive coding in the visual cortex: A functional interpretation of some extra-classical receptive-field effects," *Nature Neuroscience* 2(1999): 79-87; Tai Sing Lee and David Mumford, "Hierarchical Bayesian inference in the visual cortex," *Journal of the Optical Society of America: A* 20(2003): 1434-1448; Gergö Orbán, Pietro Berkes, József Fiser, and Máté Lengyel, "Neural variability and sampling-based probabilistic representations in the visual cortex," *Neuron* 92(2016): 530-543.

13. Michael L. Platt and Paul W. Glimcher, "Neural correlates of decision variables in parietal cortex," *Nature* 400(1999): 233-238.

14. Michael N. Shadlen and William T. Newsome, "Neural basis of a perceptual decision in the parietal cortex (area LIP) of the rhesus monkey," *Journal of Neurophysiology* 86(2001): 1916-1936.

15. Hans Supèr, Chris van der Togt, Henk Spekreijse, and Victor A. F. Lamme, "Internal state of monkey primary visual cortex (V4) predicts figure-ground perception," *Journal of Neuroscience* 23(2003): 3407-3414.

16. Guido Hesselmann, Christian A. Kell, Evelyn Eger, and Andreas Kleinschmidt, "Spontaneous local variations in ongoing neural activity bias perceptual decisions," *Proceedings of the National Academy of Sciences USA* 105(2008): 10984-10989.

17. Rafal Bogacz, Eric Brown, JeI Moehlis, Philip Holmes, and Jonathan D. Cohen, "The physics of optimal decision making: A formal analysis of models of performance in two alternative forced-choice tasks," *Psychological Review* 113(2006): 700-765; Birte U. Forstmann, Scott Brown, Gilles Dutilh, Jane Neumann, and Eric-Jan Wagenmakers, "The neural substrate of prior information in perceptual decision making: A model-based analysis," *Frontiers in Human Neuroscience* 4(2010): 40; Javier A. Caballero, Mark D. Humphries, and Kevin N. Gurney, "A probabilistic, distributed, recursive mechanism for decision-making in the brain," *PLoS Computational Biology* 14(2018): e1006033.

18. Michael D. Fox, Abraham Z. Snyder, Justin L. Vincent, and Marcus E. Raichle, "Intrinsic fluctuations within cortical systems account for intertrial variability in human behavior," *Neuron* 56(2007): 171-184.

19. Joshua I. Glaser, Matthew G. Perich, Pavan Ramkumar, Lee E. Miller, and Konrad P. Kording, "Population coding of conditional probability distributions in dorsal premotor cortex," *Nature Communications* 9(2018): 1788.

20. József Fiser, Pietro Berkes, Gergő Orbán, and Máté Lengyel, "Statistically optimal perception and learning: From behavior to neural representations," *Trends in Cognitive Sciences* 14(2010): 119-130.

21. Dario L. Ringach, "Spontaneous and driven cortical activity: Implications for computation," *Current Opinion in Neurobiology* 19(2009): 439-444.

22. Amos Arieli, Alexander Sterkin, Amiram Grinvald, and Ad Aertsen, "Dynamics of ongoing activity: Explanation of the large variability in evoked cortical responses," *Science* 273(1996): 1868-1871; M. Tsodyks, T. Kenet, A. Grinvald, and A. Arieli, "Linking spontaneous activity of single cortical neurons and the under lying functional architecture," *Science* 286(1999): 1943-1946; Tal Kenet, Dmitri Bibitchkov, Misha Tsodyks, Amiram Grinvald, and Amos

Arieli, "Spontaneously emerging cortical representations of visual attributes," *Nature* 425(2003): 954-956.

23. József Fiser, Chiayu Chiu, and Michael Weliky, "Small modulation of ongoing cortical dynamics by sensory input during natural vision," *Nature* 431(2004): 573-578.

24. Artur Luczak, Péter Barthó, and Kenneth D. Harris, "Spontaneous events outline the realm of possible sensory responses in neocortical populations," *Neuron* 62(2009): 413-425.

25. Abhinav Singh, Adrien Peyrache, and Mark D. Humphries, "Medial prefrontal cortex population activity is plastic irrespective of learning," *Journal of Neuroscience* 39(2019): 3470-3483.

26. Pietro Berkes, Gergő Orbán, Máté Lengyel, and József Fiser, "Spontaneous cortical activity reveals hallmarks of an optimal internal model of the environment," *Science* 331(2011): 83-87.

27. 유발된 스파이크 분포와 자발적 스파이크 분포가 거의 다르지 않은 경우에 관한 몇몇 증거를 보려면 다음 문헌을 참조하라. Adrien Wohrer, Mark D. Humphries, and Christian Machens, "Population-wide distributions of neural activity during perceptual decision-making," *Progress in Neurobiology* 103(2013): 156-193.

28. Graham E. Budd, "Early animal evolution and the origins of nervous systems," *Philosophical Transactions of the Royal Society B: Biological Sciences* 370(2015): https://royalsocietypublishing.org/doi/10.1098/rstb.2015.0037

29. Travis Monk and Michael G. Paulin, "Predation and the origin of neurons," *Brain, Behavior, and Evolution* 84(2014): 246-261.

30. Gáspár Jékely, Fred Keijzer, and Peter Godfrey-Smith, "An option space for early neural evolution," *Philosophical Transactions of the Royal Society B: Biological Sciences* 370(2015): https://royalsocietypublishing.org/doi/10.1098/rstb.2015.0181

31. 더 느린 시간 규모에서 뇌에 어떤 일이 일어나는지에 관한 훨씬 더 상세한 논의는 다음을 참조하라. Robert Sapolsky's monumental *Behave*, Vintage Books, 2017.

결말: 스파이크의 미래

1. 2011년 당시, 동시에 기록 가능한 뉴런의 개수가 두 배로 늘어나는 시간은 다음 문헌에서 따왔다. Ian Stevenson and Konrad Kording, "How advances in neural recording affect data analysis," *Nature Neuroscience* 14(2011): 139–142. 이 글을 쓰는 2020년 초반 현재, 그 시간은 이언 스티븐슨의 실험실 웹사이트 https://stevenson.lab.uconn.edu/scaling/에서 따왔다.

2. James J. Jun, Nicholas A. Steinmetz, Joshua H. Siegle, Daniel J. Denman, Marius Bauza, Brian Barbarits, Albert K. Lee, Costas A. Anastassiou, Alexandru Andrei, Çağatay Aydin, Mladen Barbic, Timothy J. Blanche, Vincent Bonin, João Couto, Barundeb Dutta, Sergey L. Gratiy, Diego A. Gutnisky, Michael Häusser, Bill Karsh, Peter Ledochowitsch, Carolina Mora Lopez, Catalin Mitelut, Silke Musa, Michael Okun, Marius Pachitariu, Jan Putzeys, P. Dylan Rich, Cyrille Rossant, Wei-lung Sun, Karel Svoboda, Matteo Carandini, Kenneth D. Harris, Christof Koch, John O'Keefe, and Timothy D. Harris, "Fully integrated silicon probes for highdensity recording of neural activity," *Nature* 551(2017): 232–236.

3. Nicholas A. Steinmetz, Peter Zatka-Haas, Matteo Carandini, and Kenneth D. Harris, "Distributed coding of choice, action, and engagement across the mouse brain," *Nature* 576(2019): 266–273.

4. Valentin Braitenberg and Almut Schuz, *Cortex: Statistics and Geometry of Neuronal Connectivity*, 2nd ed., Springer, 1998.

5. 이 글을 쓰는 현재, 포유동물에서 이루어진 최대 규모의 성취는 다음 문헌들의 저자들이 생쥐에서 약 1만 개의 뉴런을 기록한 것이다. Carsen Stringer, Marius Pachitariu, Nicholas Steinmetz, Charu Bai Reddy, Matteo Carandini, and Kenneth D. Harris, "Spontaneous behaviors drive multidimensional, brainwide activity," *Science* 364(2019): 255; Carsen Stringer, Marius Pachitariu, Nicholas Steinmetz, Matteo Carandini, and Kenneth D. Harris, "Highdimensional geometry of population responses in visual cortex," *Nature* 571(2019): 361–365. 실험 대상을 막론한 최대의 성취는 다음 문헌들의 저자들이 제브라피시 치어에서 몇만 개의 뉴런을 기록한 것이다. Misha B. Ahrens, Jennifer M. Li,

Michael B. Orger, Drew N. Robson, Alexander F. Schier, Florian Engert, and Ruben Portugues, "Brain-wide neuronal dynamics during motor adaptation in zebrafish" *Nature* 485(2012): 471-477; Nikita Vladimirov, Yu Mu, Takashi Kawashima, Davis V. Bennett, Chao-Tsung Yang, Loren L. Looger, Philipp J. Keller, Jeremy Freeman, and Misha B. Ahrens, "Light-sheet functional imaging in Cctively behaving zebrafish," *Nature Methods* 11(2014): 883-884.

6. Peter Ledochowitsch, Lawrence Huang, Ulf Knoblich, Michael Oliver, Jerome Lecoq, Clay Reid, Lu Li, Hongkui Zeng, Christof Koch, Jack Waters, Saskia E. J. de Vries, and Michael A. Buice, "On the correspondence of electrical and optical physiology in in vivo population-scale two-photon calcium imaging," *bioRxiv*(201): DOI: 10.1101/800102.

7. 뉴런에 대한 전압 영상화 연구의 최초 20년 역사를 개관한 문헌으로 다음을 참조하라. M. Zochowski, M. Wachowiak, C. X. Falk, L. B. Cohen, Y. W. Lam, S. Antic, and D. Zecevic, "Imaging membrane potential with voltage-sensitive dyes," *Biological Bulletin* 198(2000): 1-21.

8. 거머리: Kevin L. Briggman, Henry D. I. Abarbanel, and William B. Kristan Jr., "Optical imaging of neuronal populations during decision-making," *Science* 307(2005): 896-901; 바다민달팽이: Jian-young Wu, Lawrence B. Cohen, and Chun Xiao Falk, "Neuronal activity during different behaviors in Aplysia: A distributed organ ization?" *Science* 263(1994): 820-823.

9. 2019년 후반기에 포유동물에서의 전압 영상화의 획기적 발전을 보고하는 중요한 논문 네 편이 발표되었다. 그 논문들을 발표된 순서대로 나열하면 이러하다. 5월: Y. Adam et al., "Voltage imaging and optogenetics reveal behaviour-dependent changes in hippocampal dynamics," *Nature* 569(2019): 413-417. 8월: A. S. Abdelfattah et al., "Bright and photostable chemigenetic indicators for extended in vivo voltage imaging," *Science* 365(2019): 699-704. 10월: K. D. Piatkevich et al., "Population imaging of neural activity in awake behaving mice," *Nature* 574(2019): 413-417. 12월: V. Villette et al., "Ultrafast two-photon imaging of a high-gain voltage indicator in awake behaving mice," *Cell* 179(2019): 1590-1608.

10. 더 많은 뇌 데이터가 우리에게 도움이 될지를 유쾌하게 비판한 견해

는 다음을 참조하라. Yves Fregnac, "Big data and the industrialization of neuroscience: A safe roadmap for understanding the brain?" *Science* 358(2017): 470–477.

11. A. R. Powers, C. Mathys, and P. R. Corlett, "Pavlovian conditioning-induced hallucinations result from overweighting of perceptual priors," *Science* 357(2017): 596–600

12. 파킨슨병: Jones G. Parker, Jesse D. Marshall, Biafra Ahanonu, Yu-Wei Wu, Tony Hyun Kim, Benjamin F. Grewe, Yanping Zhang, Jin Zhong Li, Jun B. Ding, Michael D. Ehlers, and Mark J. Schnitzer, "Diametric neural ensemble dynamics in parkinsonian and dyskinetic states," *Nature* 557(2018): 177–182. 취약 X 증후군: Cian O'Donnell, J. Tiago Gonçalves, Carlos Portera-Cailliau, and Terrence J. Sejnowski, "Beyond excitation/inhibition imbalance in multidimensional models of neural circuit changes in brain disorders," *eLife* 6(2017): e26724.

13. Elon Musk and Neuralink, "An integrated brain-machine interface platform with thousands of channels," *bioRxiv* (2019): DOI: 10.1101/703801.

14. Ryan M. Neely, David Piech, Samantha R. Santacruz, Michel M. Maharbiz, and Jose M. Carmena, "Recent advances in neural dust: Towards a neural interface platform," *Current Opinion in Neurobiology* 50(2018): 64-71.

15. Raviv Pryluk, Yoav Kfir, Hagar Gelbard-Sagiv, Itzhak Fried, and Rony Paz, "A tradeoff in the neural code across regions and species," *Cell* 176(2019): 597–609.

16. 신경과학적 사실에 기반을 두지 않은 새로운 분야나 개념을 만들기 위해 접두어 '신경neuro'을 온갖 단어에 붙이는 행위를 일컬어 "신경헛소리neurobollocks"라고 한다. 다음을 참조하라. Steven Poole, "Your brain on pseudoscience: The rise of popular neurobollocks," *New Statesman* 6(September 2012): www.newstatesman.com/culture/books/2012/09/your-brain-pseudoscience-rise-popular-neurobollocks. 그런 분야나 개념이 존재한다는 증거를 보려면 예컨대 아래 문헌들을 참조하라. 신경마케팅: Eben Harrell, "Neuromarketing: What you need to know," *Harvard Business Review* 23(January 2019): https://hbr.org/2019/01/neuromarketing-what-you-need-to-know.

신경법학: Eryn Brown, "The brain, the criminal and the courts," *Knowable Magazine*, August 30, 2019, www.knowablemagazine.org/article/mind/2019/ neuroscience-criminal-justice. 신경문학비평: Rob Horning, "Neurocriticism and neurocapitalism," *PopMatters*, April 22, 2010, www.popmatters.com/ neurocriticism-and-neurocapitalism-2496196908.html

17. Mark Humphries, "How your brain learns to fear," *Medium*, June 1, 2017, https://medium.com/s/theories-of-mind/how-your-brain-learns-to-fear-a7bd3ab38ed9

18. Joseph E. LeDoux, "Coming to terms with fear," *Proceedings of the National Academy of Sciences of the USA* 111(2014): 2871-2878; Lisa Feldman Barrett, *How Emotions Are Made*, Pan Books, 2017.

19. Benjamin F. Grewe, Jan Gründemann, Lacey J. Kitch, Jerome A. Lecoq, Jones G. Parker, Jesse D. Marshall, Margaret C. Larkin, Pablo E. Jercog, Francois Grenier, Jin Zhong Li, Andreas Lüthi, and Mark J. Schnitzer, "Neural ensemble dynamics under lying a long-term associative memory," *Nature* 543(2017): 670-675.

20. A. Demertzi, E. Tagliazucchi, S. Dehaene, G. Deco, P. Barttfeld, F. Raimondo, C. Martial, D. Fernández-Espejo, B. Rohaut, H. U. Voss, N. D. SchiI, A. M. Owen, S. Laureys, L. Naccache, and J. D. Sitt, "Human consciousness is supported by dynamic complex patterns of brain signal coordination," *Science Advances* 5(2019): eaat7603.

21. Giulio Tononi and Olaf Sporns, "Measuring information integration," *BMC Neuroscience* 4(2003): 31; Giulio Tononi, "An information integration theory of consciousness," *BMC Neuroscience* 5(2004): 42.

22. Roger Penrose, *The Emperor's New Mind*, Oxford University Press, 1989; Roger Penrose, *Shadows of the Mind*, Oxford University Press, 1994.

23. Lynne Rudder Baker, "Review of Con temporary Dualism: A Defense," *Notre Dame Philosophical Reviews*, October 16; 2016, https://ndpr.nd.edu/news/ contemporary-dualism-a-defense/

ㄱ

가락모양 얼굴영역(방추상 얼굴영역)
28, 284, 304

가자니가, 마이클 135~136

가장자리앞겉질(변연전피질) 216

가지돌기(수상돌기) 36, 68~70, 72~73,
77~78, 86, 91~96, 102, 104, 110~112,
114~115, 141~142, 146~147, 164, 206,
213, 215~216, 227, 259, 264, 267~268,
290, 314~315, 325, 336

감각 겉질 246~267

감정 332~335

개구리 46, 57~59, 313

개수주의자 195~197, 203, 209, 211,
218, 234, 241

검색 알고리즘 160, 164

겉질(피질) 16~20, 25, 31, 51, 55,
62~63, 67~70, 75~76, 78~80, 82~83,
85~89, 92, 95~97, 102~104, 108,
112~118, 123, 129~137, 141, 146,
151~152, 158, 162, 167~170, 172~179,
181, 186, 189~192, 199, 202, 204~211,
213~217, 219~221, 224, 235, 240~241,
243~246, 248~252, 254, 256, 258~259,
264~267, 270~272, 274~275, 277~279,
284, 290~291, 295, 297, 307~308, 310,
315, 320~321, 324, 326~328

겉질-겉질 뉴런 115

겉질-시상 뉴런 115

게오르고풀로스, 아포스톨로스 254

겨울잠쥐 41

격자 세포 198~199

경계 세포 198

골드먼-래킥, 퍼트리샤 228

골디락스 구역 79, 85

골리시, 팀 203

공포 31, 334~335

과적합화 161~162

관자엽(측두엽) 117, 123~124, 129,
168, 214, 301

군단 74~75, 79, 96, 103, 108, 118~119,
122~124, 126~127, 141, 185, 218, 220,
222~225, 230, 234~236, 239~243,
253~256, 258, 272, 275~276, 295, 297,

307, 309~310, 325, 336
궁둥신경 → 좌골신경
균형입력 이론 82
그린발드, 아미람 309
글루타메이트 72, 115
글림처, 폴 303
기린 53~55
기능성 자기공명영상 → fMRI
기저핵 → 바닥핵
긴 꼬리 178~180, 187, 258
꺼짐 유형 신경절세포 57~58, 212

ㄴ

나트륨 이온 38~41
노르아드레날린 269
뇌간(뇌줄기) 115, 152, 156, 205, 246,
　251, 253, 257, 266, 283, 293, 328
뇌들보(뇌량) 132, 134, 137
뇌 분할 134~136
뇌 장애 325~326, 329, 337
뇌전증 25, 79, 134, 326, 330
뉴런 오케스트라 86~87
뉴럴더스트 331
뉴럴레이스 331
뉴럴링크 331
뉴로픽셀스 탐침 320
뉴섬, 빌 82

ㄷ

단기 저하 148, 150~152, 186
단기 촉진 149~151
단순 세포 88~89, 101~102, 104~106,

108~109, 118, 169, 176, 181, 191, 196,
　220, 264
담창구 → 창백핵
데카르트적 이원론 335~336
데헤네, 스타니슬라스 286
도파민 247, 269, 315
되먹임 84~85, 113, 130, 272~274, 278
　~ 고리 30, 84, 115, 269, 272~276,
　278~279, 313
　~ 연결망 277~278, 313
두정엽 → 마루엽
드럭먼, 샤울 133
드위스, 마이클 R. 202
등가쪽앞이마엽겉질(배외측전전두피질)
　129
따분한 세계 논증 183

ㄹ

라포소, 데이비드 223
러셀, 버트런드 41~42
레비, 윌리엄 144~146
레트빈, 제리 42, 57~59
렘 수면 266
로모, 라눌포 228

ㅁ

마기, 실비아 223
마라발, 미구엘 221
마루엽(두정엽) 127, 235, 241, 303
　~겉질 117, 172, 189, 192, 214~216,
　223, 225, 231, 233~236, 239, 246, 263,
　278, 304

마스, 볼프강 149

마이스터, 마르쿠스 203

마헨스, 크리스티안 178, 191

막전위 37, 39~40

망막 44~46, 51, 53, 55~63, 68, 72, 74,
86, 88~89, 91, 104, 108, 112, 120~121,
123, 138, 156, 181, 202~203, 205, 212,
264~266, 270, 283~285, 290, 292~293,
295, 300

매컬러, 워런 35, 37, 41~43, 46, 58

메모리 버퍼 226~227, 239~240, 246,
277, 305~307

몸감각겉질 169, 172, 178, 191

무엇 고속도로 116~117, 125~126,
128~130, 215, 224, 239, 246, 263, 279,
284~285, 290, 300~301

무축삭뉴런 45

므르식-플로걸, 토머스 105~106, 108,
131

미엘린 53, 258

ㅂ

바닥핵(기저핵) 31, 245, 247~253,
268~269, 278, 283

박동조율기 뉴런 269~271

방추상 얼굴영역 → 가락모양 얼굴영역

배럿, 리사 펠드먼 335

배외측전전두피질 → 등가쪽앞이마엽겉
질

백색질 116~118, 120, 123, 125, 132,
137, 167, 216, 245, 249

백스터, 로버트 144~146

베런스, 필립 58

베르그, 루네 258

베르케스, 피에트로 310

베어, 와이어스 207

베이든, 톰 58~59, 62, 340

베이지언 위계 추론 302

베일, 마이클 47

베타아밀로이드 327~328

변연전피질 → 가장자리앞겉질

병렬성 290, 293

보러, 아드리앙 178, 191

보조운동영역 18

복합 세포 108~109, 176, 181

볼록함 탐지기 57

불규칙 스파이크 역설 82, 85, 90

브랑코, 티아고 147, 154~158, 340

브레이튼버그, 발렌티노 75~76

비셀, 토르스텐 176

뾰족뒤쥐 51

ㅅ

사이뉴런 45, 112~113, 264, 269, 275

생쥐 26, 61~62, 75~76, 105~106, 111,
131, 133, 142, 155~158, 172~173, 175,
189, 201~202, 221, 246~247, 270, 277,
320, 324

섀들런, 마이클 82

선조체 245~249, 252~253, 266, 269,
327

세로토닌 269, 315

셰노이, 크리슈나 255

소프트키, 윌리엄 79~80

수다쟁이 뉴런 270~271
수면 266~267, 310
수상돌기 → 가지돌기
슈츠, 알무트 75~76
스보보다, 카렐 133, 173, 175
스탠퍼드, 테리 285
스티븐스, 찰스 144
스파이크 실패 142~143, 160, 209
시각겉질 105, 109, 111, 120, 129, 131,
    177, 179, 182, 210, 214, 221, 264~265,
    267, 274, 278, 283~284, 295, 299~300,
    302, 308, 310~311
시간주의자 195, 199, 203, 209, 211, 218
시냅스 76, 141~152, 164, 169, 182, 184,
    206, 213, 250, 253~254, 259, 267, 271,
    273, 275, 289~292, 300, 314~315, 325
    ~ 실패 143, 146~148, 151~154, 160,
    162, 164, 186, 205
    ~틈새 70
시상 115, 251, 253~254, 269, 274, 278,
    294
    ~밑핵 152, 269
    ~하부 294
시신경 58, 63
신경절세포 45, 56~63, 88~89, 121,
    202~203, 212, 284, 292~293
심층신경망 129, 160~161

ㅇ
아교세포 68
아래둔덕 156
알츠하이머병 327

암흑뉴런 30, 170, 176~179, 181~188,
    190, 221, 252, 325, 336
앞이마엽겉질(전전두피질) 31, 164,
    179, 182, 189~191, 209, 214~218,
    222~224, 226~231, 233, 235~236, 239,
    246, 263, 277~278, 283, 285, 297, 307,
    310, 312, 315~316
애트웰, 데이비드 146
양극세포 44~45
억제 72~73, 76, 78~79, 82~85, 91, 94,
    112, 185, 205, 245, 250~253, 258, 266,
    270, 272, 275~276, 315
에이드리언, 에드거 195
연결 제거 161~162
영공간 243~244, 263, 315
예측 모형 212~213, 215
오실로스코프 35, 170
오일러, 토머스 58
오코너, 댄 175, 178
오쿤, 마이클 87
올빼미 199~202
올스하우젠, 브루노 183
얀얀 왕 144
우울증 330
운동겉질 214, 216, 243~246, 254~258,
    263~264, 276, 278~279, 283, 287, 293,
    315
운동 뉴런 54, 187, 205, 240~241, 244,
    257~259, 266, 303~304
운동앞겉질 18, 241, 243, 245~246, 250,
    307
원뿔세포 44~45, 47, 56, 61~62,

120~123

원숭이 28, 191, 206~208, 222, 228, 231, 233~234, 236, 287, 303~304, 307

위둔덕 156~159, 251

의사결정 22, 179, 278, 305

의식 332, 335~336

이진법 35, 41, 43, 46, 202

　~ 스파이크 생산 202

인공 신경망 160~161

인공지능 95~96, 160, 181

인구 희박성 184

일차시각겉질 105, 109, 112

일차시각영역 → V1

일차운동겉질 18, 241

일치 이론 147

임계점 37, 39~41, 75~76, 79, 82, 89, 92~93, 96~97, 110, 114, 251, 259, 267~270, 289, 296~297, 315

잉여 이론 147

ㅈ

자발적 스파이크 30~31, 265~268, 270, 279, 295~298, 300, 302, 304~305, 308, 310, 312~316, 336

작업기억 227, 305

전압 영상화 322~323

전전두피질 → 앞이마엽겉질

제브라피시 26, 313, 321

제이더, 토니 149, 175

조현병 328, 330

졸리벳, 르노 146

좌골신경(궁둥신경) 38, 51

중간뇌 115, 251, 253, 266, 269

중심오목 62

쥐 22, 26, 47, 49~50, 52, 58, 61~62, 85, 105, 153, 172, 175, 190, 192, 199, 216, 223, 227, 229, 234, 252, 310

진화 26, 30~31, 58, 60, 86, 92, 154, 159~160, 182, 312~314

질버버그, 조엘 221

집단 탈코드화 220~222, 229~230, 236

ㅊ

차오, 도리스 28

창백핵(담창구) 269

처칠랜드, 마크 255, 340

처칠랜드, 앤 223~224

척수 16, 18, 20, 51~55, 115, 205, 240, 243~244, 246, 257~259, 266, 279, 283, 290, 295

청각겉질 169, 172, 175~176, 178~179, 186, 191, 197, 210, 246

촉각겉질 246

축삭돌기 36~39, 41, 50~54, 58, 63, 67~74, 77, 91, 101~105, 108, 110, 112~118, 123, 125~126, 128, 130, 132, 141, 144~147, 153, 182, 200~202, 216, 241, 245~248, 250, 252~253, 257~259, 267, 272~273, 275, 289~290, 314

취약 X 증후군 330

측두엽 → 관자엽

ㅋ

카란디니, 마테오 87, 340

카우프먼, 매슈 223
칼륨 이온 39~41
칼슘 영상화 321~322
커, 제이슨 172
켜짐 유형 신경절세포 57~58, 60, 212
켜짐-꺼짐 유형 신경절세포 57~58
코흐, 크리스토프 79~80, 207

ㅌ

타우 엉킴 328
탈코드화(해독) 210, 220~225, 236,
　254~256
탱크, 데이비드 172
투레트증후군 247
튜닝 105~106, 109, 113, 121, 176, 181,
　188~189, 191, 198, 221, 234, 241~242,
　254~255, 278~279, 299
　~ 곡선 196~198

ㅍ

파이저, 요제프 309~310
파킨슨병 24, 152~153, 247, 251,
　269~270, 330~331
패치 클램핑 174~175
페기(PeGy) 157~159
페럿 85, 310~311
페론, 사이먼 173, 189, 215
페테르센, 라스무스 47~49, 340
편도체 205, 294, 334
편측화 133~134, 136, 287
폰 노이만, 존 43
프라이발트, 빈리히 28

플라트, 마이클 303
피라미드 뉴런 69, 78, 92, 102,
　115~116, 118, 123, 145, 205, 246, 249,
　254, 257, 272~273, 275, 278, 291, 295
피라미드세포 68, 70, 112~115
피질 → 겉질
피츠, 월터 41~43, 46, 57~58

ㅎ

하기 고속도로 116~117, 125~127, 130,
　172, 215, 223~225, 231, 239, 246, 263,
　279, 284, 290, 300
하비, 크리스토퍼 172, 189
합창단 86~91, 96
해독 → 탈코드화
해마 25, 41, 142, 144, 147, 177, 198,
　205, 271, 293, 326, 328
허블, 데이비드 176
헉슬리, 앤드루 38~39, 77
헌팅턴병 247, 327
호이서, 미하엘 76
호지킨, 앨런 38~39, 77
호퍼, 소냐 111
화이트헤드, 앨프리드 노스 41
환각 328
후나하시 신타로 228
흐르마트카, 토마시 175, 178
흥분 44, 63, 72, 76, 78~79, 82~86,
　91, 94~95, 103, 112, 115, 142, 169,
　184~185, 249, 252, 258, 272~273,
　275~276, 291, 315

A~Z

fMRI(기능성 자기공명영상) 21~22,
  168, 307, 334~335

GABA 72, 94~97, 112, 205, 250~253,
  264, 268, 275, 296

MST 128

MT(V5) 117, 126~127, 206~208, 231,
  233~234, 274, 284, 297

PeGy → 페기

RNA 바코딩 130~131

V1(일차시각영역) 67, 79, 104, 107,
  116~119, 121~122, 124~127, 129~132,
  168~169, 176, 181, 183~184, 186~187,
  191, 197, 210, 220~221, 263~264, 274,
  279, 284, 297, 300~301, 304, 309~310,
  312

V2 117~120, 122, 124~126, 129~130,
  132, 274, 279, 284, 297, 300~301

V3 120

V4 117, 120, 122~124, 126, 129~130,
  168, 274, 279, 284, 297, 300~301

V5 → MT

VIP 128

숫자

2형 암흑뉴런 188, 192, 217, 221, 228,
  230, 235, 279

옮긴이 전대호

서울대학교 물리학과와 동 대학원 철학과에서 박사과정을 수료했다. 독일 쾰른 대학교에서 철학을 공부했다. 1993년 조선일보 신춘문예 시 부문에 당선되어 등단했으며, 현재는 과학 및 철학 분야의 전문번역가로 활동 중이다. 저서로『철학은 뿔이다』『정신현상학 강독 1』『정신현상학 강독 2』, 시집으로『가끔 중세를 꿈꾼다』『성찰』『지천명의 시간』등이 있다. 번역서로는『알고리즘이 지배한다는 착각』『수학의 언어』『동물 상식을 뒤집는 책』『물은 H$_2$O인가?』『로지 코믹스』『위험한 설계』『스티븐 호킹의 청소년을 위한 시간의 역사』『기억을 찾아서』『생명이란 무엇인가』『아인슈타인의 베일』『푸앵카레의 추측』『초월적 관념론 체계』등이 있다.

스파이크

1판 1쇄	2022년 6월 30일
1판 2쇄	2022년 8월 18일

지은이	마크 험프리스
옮긴이	전대호
펴낸이	김정순
편집	조장현 허영수 정일웅
디자인	김진영
마케팅	이보민 양혜림

펴낸곳	(주)북하우스 퍼블리셔스
출판등록	1997년 9월 23일 제406-2003-055호
주소	04043 서울시 마포구 양화로 12길 16-9(서교동 북앤빌딩)
전자우편	henamu@hotmail.com
홈페이지	www.bookhouse.co.kr
전화번호	02-3144-3123
팩스	02-3144-3121

ISBN   979-11-6405-162-5 03400

해나무는 (주)북하우스 퍼블리셔스의 과학·인문 브랜드입니다.